정원사 부모와 목수 부모

정원사 부모와 목수 부모

앨리슨 고프닉 지음
송길연 · 이지연 옮김

양육에서 벗어나 세상을 탐색할 기회를 주는 부모 되기

시그마북스
Sigma Books

정원사 부모와 목수 부모

발행일 2019년 8월 30일 초판 1쇄 발행
지은이 앨리슨 고프닉
옮긴이 송길연 · 이지연
발행인 강학경
발행처 시그마북스
마케팅 정제용
에디터 신영선, 장민정, 최윤정
디자인 최희민, 김문배

등록번호 제10-965호
주소 서울특별시 영등포구 양평로 22길 21 선유도코오롱디지털타워 A402호
전자우편 sigmabooks@spress.co.kr
홈페이지 http://www.sigmabooks.co.kr
전화 (02) 2062-5288~9
팩시밀리 (02) 323-4197
ISBN 979-11-90257-01-5(03590)

이 도서의 국립중앙도서관 출판예정도서목록(CIP)은 서지정보유통지원시스템 홈페이지(http://seoji.nl.go.kr)와
국가자료공동목록시스템(http://www.nl.go.kr/kolisnet)에서 이용하실 수 있습니다.
(CIP제어번호: CIP2019030204)

* 시그마북스는 (주) 시그마프레스의 자매회사로 일반 단행본 전문 출판사입니다.

차례

| 역자 서문 |

몇 년 전 손주가 태어나자 나는 신이 내게 큰 선물을 주셨다고 생각했습니다. 손주는 정말 특별한 존재였습니다. 나의 인생 전체를 몇 배로 보상받은 느낌 그것으로 난 더 행복한 사람이 되었습니다. 그 행복감을 이 세상에 되갚을 방법을 생각하고 있을 때 『정원사 부모와 목수 부모』를 알게 되었습니다.

이 책의 저자 앨리슨 고프닉은 심리학자이자 할머니로서 부모 되기에 대한 큰 방향을 제시해줍니다. 부모들은 아이를 잘 키울 수 있는 확실한 양육 방법을 알고자 합니다. 그런데 세상에 그런 방법은 없습니다. 칭찬이 좋다는데 그 칭찬이 아이들을 망치기도 합니다. 그것은 좋은 영양제 하나로 우리의 모든 건강을 지킬 수 없는 것과 같습니다. 사실 우리 주변에는 많은 양육 기법에 대한 정보들이 넘쳐납니다. 어느 것을 언제 어떻게 써야 하는지, 그리고 그것이 우리 아이에게 맞는지를 알지 못하고 쓴다면 큰 어려움을 겪게 되겠지요. 이러한 기법을 사용하기 전에 아이들은 어떻게 자라고 그것이 어떤 의미를 갖는지를 알 필요가 있습니다. 그래야 필요할 때 알고 있는 기법들을 적절하게 잘 사용할 수 있기 때문입니다. 고프닉은 우리에게 그 이야기를 해줍니다.

고프닉은 '양육'에 반대합니다. 많이 당황스러우실 겁니다. 그럼 아이를 그냥 내버려두란 말인가? 양육은 부모의 책임이 아닌가? 그녀는 양육 대신에 먼저 아이를 사랑하고 친밀한 관계를 맺는 부모가 되라고 말합니다. 그리고 그것이 아이의 미래 적응과 생존에 얼마나 더 좋은 결과를 가져오는지 발달심리학 및 진화심리학의 연구 결과들을 통해서 설명합니다.

'목수 부모'들이 갖는 양육 모델은 아이가 어떠어떠한 사람이 되어야 한다는 목표가 있습니다. 부모들은 그 목표를 달성하기 위한 계획을 세웁니다. 하지만 우리가 어떤 목표를 갖고 아이를 키운다 해도 그 목표가 반드시 이루어진다는 보장이 없습니다. 부모가 아이 삶의 목표를 정하고 계획을 세우는 것이 적절한지, 세운 계획은 의도한 바대로 이루어질지, 이루어지더라도 아이가 행복할지에 대한 고민을 할 필요가 있습니다. 더 중요한 건 계획을 세운 시기와 아이들이 성인이 되어 그 결과가 나타나는 시기 사이에 삶의 환경들이 크게 바뀔 것이라는 점입니다. 최근에는 그 변화 속도가 더 빨라진 것 같습니다. 그러니 부모의 계획이 바뀔 세상에 맞는 계획일 가능성은 앞으로 더 작아질 수밖에 없습니다.

뛰어난 인간의 아이들이 다른 동물들보다 더 오랜 기간을 부모에게 의지하며 보내는 것은 어떤 이익이 있을까요? 아이들은 그 시기 동안 자유롭게 탐색을 합니다. 탐색을 통해 다양한 도전이 있는 예측하기 어려운 삶에 적응하는 방법을 배우고 힘을 기릅니다.

이 시기에 부모는 무얼 할까요? 부모는 아이가 자유롭게 탐색할 안전하고 안정된 환경을 제공합니다. 안전하고 안정된 환경이란 물리적 측면과 심리적 측면 둘 다를 의미합니다. 이 '정원사 부모'는 아이가 잘 자랄 수 있는 안전하고 안정된 환경을 제공하는 데 초점을 둡니다. 사랑하며 친밀한 관계를 맺고 다양한 탐색을 통해 아이가 자신을 성장시키도록 도와줍니다.

부모들이 조급해지는 것은 대부분 불안 때문입니다. 목수 부모들은 목표지향적인 양육 모델을 갖고 아이를 기르기 때문에 비교하고 경쟁하기 쉽습니다. 그것이 더 큰 불안을 가져오고 조급하게 만듭니다. 정원사 부모들은 아이들 각자가 다르다는 것을 인정합니다. 부모의 역할은 서로 다른 아이들이 자신을 스스로 성장시키고 키울 기회를 제공하는 것이라고 생각합니다. 그래서 아이를 믿고 지원하는 환경을 만들면서 다른 사람과 비교하고 경쟁하기보다는 다양한 탐색 기회를 통해 저 스스로 노력하며 성공과 실패를 다루어 나가도록 도와줍니다. 그들은 아이를 믿기 때문에 덜 불안합니다. 부모가 전혀 불안하지 않기는 어렵습니다. 그 불안의 정도가 크고 그래서 잘 조절이 안 되고 아이에게 부정적인 영향을 주는 게 문제가 되는 거지요. 목수 부모들은 그러기 쉽다는 것입니다.

그러면 이러한 탐색은 어떤 방식으로 주어져야 할까요? 탐색은 교육을 통해 이루어지는 게 아니라 놀이를 통해 이루어져야 합니다. 그 자체의 활동으로 즐거움을 주는 것이 놀이입니다. 거친 신체놀이는 다른 아이들과 상호작용하는 방법을 배우는 데 도움이 됩니다. 탐색놀이는 사물이 작동하는 방식을 배우는 데 도움이 됩니다. 가장놀이pretend play는 다양한 가능성에 대해 생각하고 타인의 마음을 이해하는 데 도움이 됩니다. 어른들은 놀이마저 교육으로 바꾸진 말아야 합니다. 최근 우리 사회에서 놀이를 교육하는 현상들이 나타나고 있습니다. 적응에 어려움이 있는 아이들은 그런 도움이 필요합니다. 하지만 그렇지 않은 아이들은 놀이는 놀이 자체로 경험하게 해야 합니다.

잘 놀고 제대로 논 아이가 변화를 예측하기 어려운 세상에서 잘 살아갈 수 있습니다. 이 말은 이전에도 들어왔던 그저 그런 이야기처럼 들릴 수 있습니다. 하지만 고프닉은 진화심리학 영역의 다양한 연구들을 근거로 제시합니다. 한 까마귀 종은 알에서 깨어나 독립하기까지 2년간 어미에 의지해 지냅니다. 다른 새들뿐만 아니라 다른 동물들에 비해서도 긴 아동기입니다. 그동안 새끼 까마귀들은 나뭇가지로 도구를 만들어 먹이를 잡는 기술을 획득합니다. 놀이를 통해서. 충분히 생각하고 시도할 기회를 갖게 되어 까마귀는 다른 새들보다 더 유연하게 적응하는 새로 자랍니다. 무엇을 배우는가 보다 더 중요한 점은 변화하는 상황에 맞춰 자신의 역량을 얼마나 유연하게 쓸 수 있는 가입니다. 그리고 이런 힘은 어린 시절 자유로운 놀이와 탐색을 했던 사람들에서 더 크게 나타납니다. 그러니 학교를 가서도 교육과 함께 탐색은 계속되어야 합니다.

이제 여러분은 목수 부모와 정원사 부모 중에서 어느 부모가 더 아이에게 도움이 되는지를 알게 되실 겁니다.

사랑하는 나의 특별한 손주 '민기와 하준이' 그리고 여러분의 특별한 '아이들'이 즐거운 경험을 통해 삶의 정원에서 건강하고 활기 있게 자라길 바랍니다.

역자 대표

왜 부모가 될까? 아이 돌보기는 때론 부담스럽고 우리를 지치게 한다. 그렇지만 더없이 흐뭇한 일이기도 하다. 왜 그럴까? 무엇이 그 모든 것을 가치 있게 만들까?

특히 오늘날 대부분의 중산층 아버지와 어머니들은 부모이기 때문에 '양육'을 할 수 있다고 대답한다. '양육하기'는 목표지향적 동사다. 그것은 직업이며 일이다. 양육의 목표는 아이를 더 나은, 더 행복한, 성공적인 어른이 되게 하는 것이다. 양육하지 않을 때보다 더 나은, 혹은 (비록 작은 소리로 속삭여야 하지만) 옆집 아이보다 더 나은 아이로 만드는 것이다. 올바른 양육은 올바른 아이를 키워낼 것이고, 결국 이 아이는 올바른 어른으로 성장할 것이다.

물론 사람들은 때로 단지 부모들이 실제로 하는 일을 묘사하기 위해 '양육'이라는 단어를 사용한다. 그러나 더 자주, 특히 지금 '양육'은 부모들이 해야 하는 어떤 일을 의미한다. 이 책에서 나는 이런 규범적인 양육 그림이 기본적으로 부모들을 잘못 안내하고 있다고 주장한다. 개인적인 관점뿐 아니라 과학적·철학적·정치적 관점에서도 그렇다. 그것은 부모와 아이들이 실제로 생각하고 행동하는 방식을 잘못 이해한 것이고, 특히 그들이 생각하고 행동해야 할 방식에 대한 잘못된 비전을 제공한다. 그것은 실제로 아이들이나 부모의 삶을 더 나쁘게 만든다. 더 좋게 만드는 것이 아니다.

양육 아이디어는 널리 퍼져 있고 매력적이어서 명백하고 논쟁의 여지가 없으며 분명하다. 그러나 동시에 이 책을 쓰고 있는 나를 포함한 대부분의 부모는 양육 모델이 물러가고 있음을 느끼고 있다. 또한 무언가 잘못되었음을 느끼기 시작했다. 우리는 아이들이 학교에서 충분히 잘하지 못하면 어쩌나 하는 걱정과 함께, 학교에서 잘할 수 있게 만들려는 압력 때문에 아이가 힘들어하지는 않을까 하는 걱정을 동시에 한다. 내 아이를 옆집 아이와 비교하면서 한편으로는 그렇게 하는 것이 비열하다고 느낀다. 우리는 새로운 양육 처방을 칭찬하거나 공격하는 최근 뉴스를 클릭하고 난 다음, 약간 과장된 목소리로 결국 우리는 단지 본능에 따라 행동할 뿐이라고 말한다.

대부분의 기업에서 바람직한 모델은 특정 결과를 성취하기 위해 일하는 것이다. 그것은 목수나 작가나 사업가들을 위한 좋은 모델이다. 당신은 당신이 만든 의자나 책, 혹은 당신이 이룬 최종 결과에 의해 좋은 목수인지 좋은 작가인지 좋은 최고경영자인지를 판단받는다. 양육 그림에서 양육도 같은 모델을 따른다. 부모는 일종의 목수다. 그러나 목표는 의자와 같은 어떤 상품을 만드는 것이 아니라 어떤 종류의 사람으로 기르는 것이다.

일에 있어 전문성은 성공으로 이끈다. 양육은 부모가 습득해야 하는 어떤 기법들, 어떤 특정한 전문적 기술들이 있으며 이것들은 부모가 아이들의 삶을 조형하려는 목표를 성취하는 데 도움이 된다고 말한다. 그리고 그런 전문적 기술을 알려준다고 약속하는 많은 산업이 등장했다. 아마존의 양육 분야에는 대략 6만 권의 책이 있고, 그것들 대부분이 제목 어딘가에 '~하는 방법how to'이라는 말을 담고 있다.

물론 양육 방법에 대한 많은 책들은 '부모 되기'에 대한 실질적인 조언을 한다. 그러나 더 많은 책들이 부모가 올바른 기법들을 실천하기만 하면 실제로 아이를 다르게 키울 수 있다고 약속한다.

그렇지만 양육 모델은 책들에서 발견하는 방법론이 아니다. 그것은 사람들이 아이들의 발달에 대해 일반적으로 어떻게 생각할지를 결정한다. 나는 발달학자다. 나는 아이들의 마음이 어떤지 그리고 왜 그런지를 알아내기 위해 노력한다. 그러나 실제 나와 인터뷰했던 모든 사람들은 부모들이 무엇을 해야 하는지 그리고 그들이 한 행동의 장기적 효과는 무엇일지에 대해 질문한다.

양육 아이디어는 부모들의 주된 고민거리이기도 하다. 특히 엄마들이 그렇다. 그것은 결코 끝나지 않는 '엄마의 전쟁'을 부채질한다. 만일 양육을 일로 받아들인다면 당신은 그 일과 다른 일 중에서 선택해야 한다. 특히 엄마들은 부모로서 그리고 직업에서 모두 성공할 수 있는지에 대해 끝없이 갈등한다. 어머니 시기의 중요성을 덜 강조하거나 경력을 단절하는 것 중에서 선택하라는 압력을 느낀다. 같은 딜레마가 아버지들에게도 영향을 미치는데, 아버지의 양육은 덜 인정되기 때문에 압력은 더 크다.

그 결과 부분적으로 부모 되기의 중요성을 평가 절하하게 만드는 충동이 일어난다. 그래서 여성들이 어머니 시기에 대한 양가감정을 고백하는 뒤틀린 회고록들에서 상쇄충동이 나타난다. 무엇보다 만일 부모 되기가 성공적인 어른을 만들어내는 것이 목표인 일이라면, 긴 시간 동안 무보수로 수많은 귀찮은 일을 감당해야 하는 정말 형편없는 일이다. 그리고 20년 동안 그것을 잘했는지 어떤지조차 알 수 없다. 그 사실 자체가 긴장하게 하고 죄책감을 불러온다. 그러나 만일 일이 아니라면, 왜 우리는 '부모 되기'를 해야 하는가? 만일 특정한 어른을 창조하는 것이 핵심이 아니라면 무엇이 핵심인가?

나는 불안한 중산층의 일하는 부모들 중 한 명이고, 나의 모든 삶은 양육 모델의 영향력과 그것에 반대하는 반응 모두를 느껴왔다. 세 아들은 모두 성장했고, 상당히 행복하고 성공했으며, 자신의 아이를 갖기 시작했다. 그러나 나는 그들 삶의 부침에 대해 내 책임은 없는지 집요하게 평가하고 있다. 막내가 여덟 살 때 매일 걸어서 학교에 데려다주었던 것은 과보호였나? 아홉 살 때 더 이상 데려다주지 않았던 것은 무관심이었나? 나는 내 아이들이 자신들의 길을 가고 자신들의 재능을 발견하기를 원했다. 그러나 나는 첫째 아이가 음악가가 되기 위해 노력하기보다는 대학을 마쳐야 한다고 주장해야 했을까? 나는 좋은 공립학교가 모든 아이들에게 최선이라고 믿었고, 여전히 믿고 있다. 그러나 첫째와 둘째가 지역 공립 고등학교에서 힘들어할 때 막내처럼 그들을 교외에 있는 근사한 사립학교에 보냈어야 했을까? 막내에게 컴퓨터를 끄고 책을 읽으라고 강요하거나 코딩을 배우게 해야 했을까? '재능 있는' 둘째 아이가 놀 수 있는 자유시간도 많고 숙제도 하고 동시에 심화수학 개인 교습과 발레 수업에 갈 거라고 어떻게 확신했을까? 이 모든 것들 중에서 가장 힘들었던 것은 막내가 고등학교를 마쳤을 때 내가 이혼한 것이다. 나는 더 일찍 혹은 더 늦게 이혼해야 했을까 혹은 하지 말아야 했을까?

발달에 대한 직업적 전문성과 지식이 나를 다른 사람보다 더 답에 가깝게 데려가지는 못했다. 부모로서 나의 40여 년을 돌아볼 때 내가 생각하는 최선의 답은 질문이 잘못되었다는 것이다.

부모로서 나의 경험을 보고 당신은 양육에 회의적이 될 수 있다. 그러나 다른 부모와 아이들에 대한 생각도 마찬가지로 양육 모델이 만족스럽지 못한 것으로 보이게 만든다. 무엇보다 우리 세대의 사람들, 행복하게 보호받았던 유복한 베이비부머들은 암울함과 전쟁의 비참함 속에서 성장했던 위대한 세대(1900년대 초부터 1920년대 중반에 출생한 집단-옮긴이) 부모보다 실질적으로 크게 더 나아지지 않았다. 그리고 우리 모두는 힘든 아동기를 보내고 성장해서 멋진 어른이 되고, 그 자신이 다정한 부모가 된 사람들을 알고 있다. 그리고 비극적이게도 불행한 아이들을 갖는 것으로 끝난 좋은 부모들을 알고 있다.

양육 모델에 대한 가장 인상적이고 가슴 아픈 부분은 결코 성인이 되지 못할 아이들의 부모를 생각할 때다. 2011년 에밀리 랩이 자신의 아들 로난에 대해 쓴 기사는 매우 감동적이었다. 에밀리는 로난

이 세 살이 되기 전 테이삭스 병으로 죽게 될 것을 알고 있었다. 하지만 그것은 그녀가 아들에 대해 느끼는 사랑의 강도에 어떤 영향도 주지 못했다. 로난은 결코 어른이 되지 못할 것이다. 그렇지만 우리는 에밀리 랩과 같은 사람들이 부모 되기의 의미를 보여주는 가장 심오한 예라고 느낀다.

부모 되기가 가치 있는 이유를 찾는 것이 중요한가? 부모와 아이들에 대한 걱정은 라이프스타일 섹션과 맘 블로그들로 밀려났다. 그러나 나는 이 책에서 실제로 일상적인 걱정들이 인간 조건 그 자체에 대한 진실하고 심오한 측면을 반영한다고 주장할 것이다. 그것은 인간인 우리 안에 내재되어 있는 긴장들이다. 생물학적 관점에서 볼 때 매우 길고 무기력한 아동기와 아이들에 대한 막대한 투자는 우리를 인간으로 만드는 중요한 부분이다. 그 투자의 목적은 무엇일까? 그것은 왜 진화했을까?

부모 되기가 가치 있는 이유를 찾는 것은 그저 개인적이거나 생물학적인 질문이 아니라 사회적이고 정치적인 질문이기도 하다. 아이를 돌보는 것은 인류 역사에서 결코 생물학적 어머니와 아버지의 역할이었던 적이 없었다. 매우 초기부터 그것은 어떤 인간 공동체들에서나 중요한 프로젝트였다. 이것은 여전히 사실이다. 예를 들면 교육은 단순하게 말하면 아이들을 돌보는 것이다.

다른 사회 제도들처럼 우리가 아이를 돌보는 방식은 과거에도 변해왔고 미래에도 계속해서 변할 것이다. 만일 그런 변화들에 대해 좋은 결정을 내리길 바란다면 우선 아이를 돌보는 것이 무엇인지에 대해 신중하게 생각할 필요가 있다. 유치원은 어때야 하는가? 공립 학교는 어떻게 개혁할 수 있는가? 아이들 복지에 대한 결정은 누가 하는가? 새로운 테크놀로지들은 어떻게 다루어야 하는가? 아이를 돌보는 것은 과학적이고 개인적인 주제일 뿐 아니라 정치적인 주제다. 그리고 긴장과 패러독스는 더 크거나 혹은 더 작은 크기로 나타난다.

아이들에 대해 생각하는 방식은 앞서 말한 '방법'이나 뒤틀린 회고록을 넘어서야 한다. 과학과 철학에서 말하는 장기적 전망도 도움이 될 수 있다. 나는 최근에 할머니가 되었고, 할머니의 관점은 더 나은 시야를 줄 수도 있을 것이다. 할머니가 되는 것은 당신이 예전에 했던 젊은 엄마의 실수와 승리(시간적으로 둘이 서로 떨어져 있다고 말할 수 없는) 그리고 당신 아이들의 다툼 모두로부터 거리를 두고 더 공감할 수 있게 만든다.

따라서 이 책은 과학자와 철학자의 작품이자 할머니[나의 유대인 할머니가 말했던 것 같은 부바(이디시어로 할머니-옮긴이)]의 작품이 될 것이다. 그러나 버클리의 부바는 옛날이야기를 하고 블루베리 팬케이크를 만드는 사이에 인지과학 실험실로 달려가 철학 논문을 쓰는 할머니다. 할머니 과학자들과 철학자들은 과거에는 드물었다. 따라서 아마도 두 관점을 조합하면 우리가 부모 되기의 가치를 양육을 넘어서는 방식으로 이해하는 데 도움이 될 것이다.

양육으로부터 부모 되기로

만일 양육이 잘못된 모델이라면 올바른 모델은 무엇인가? '부모'는 실제로 동사가 아니며 일이 아니다. 그것은 아이를 특정한 종류의 어른으로 조각하려는 목표를 향한 것이 아니며 그렇게 하지도 말아야 한다. 대신에 부모 되기—아이를 돌보는 것—는 심오하고 독특한 인간관계의 일부가 되는 것이고, 어떤 종류의 사랑에 참여하는 것이다. 일은 인간 삶의 중심이다. 우리는 일 없이 지낼 수 없다. 그러나 프로이트와 엘비스 둘 다 말했듯이, 일과 사랑은 삶을 가치 있게 만드는 중요한 두 가지다.

아이를 돌보는 것과 함께하는 특별한 사랑은 단지 생물학적 어머니와 아버지에게만 국한된 것이 아니라 학계에서는 양육자로 부르고, 영국인들은 보다 고상하게 돌보는 사람이라고 부르는 사람들 모두를 포함한다. 그것은 생물학적 부모들에게 한정되지 않는 형태의 사랑이며, 적어도 잠재적으로 우리 모두의 삶의 일부다.

우리는 일과 다른 관계들, 즉 종류가 다른 사랑들 간의 차이를 알고 있다. 아내가 되는 것은 'wifing(아내 일을 하다)'을 하는 것이 아니고, 친구 되기는 'friend(친구 일을 하다)'가 아니다. 페이스북에서조차 그렇다. 우리는 어머니와 아버지에게 'child(아이 일을 하다)' 하지 않는다. 그렇지만 이런 관계들이 우리가 누구인지의 중심이 된다. 충분히 만족스런 삶을 살고 있는 사람들은 그런 사회적 연결에 몰두한다. 그리고 이것은 철학적 진실일 뿐 아니라 생물학에 깊이 뿌리를 둔 것이다.

사랑에 대해, 특히 아이들에 대한 부모의 사랑에 대해 말하는 것은 너무 감상적이고 단순하고 당연하게 들릴 수 있다. 그러나 모든 인간관계들처럼 아이들에 대한 사랑은 우리 삶의 일상적 구조—어디에나 존재하고, 피할 수 없고, 우리가 하는 모든 것의 배경이 되는—의 일부이기도 하고, 매우 복잡하고 다양하고 모순적이기까지 하다.

우리는 사랑을 일로 생각하지 않고 더 나은 사랑을 하려는 열망이 있다. 좋은 아내나 남편이 되기 위해 열심히 노력한다거나 좋은 친구나 더 나은 자식이 되는 것이 우리에게 중요하다고 말할 수 있다. 하지만 나는 남편의 성격이 결혼한 몇 년 내에 향상되었는지를 측정해서 내 결혼의 성공 여부를 평가할 수 없다. 나는 내 친구가 처음 만났을 때보다 더 행복하거나 더 성공했는지를 가지고 오랜 우정의 질을 평가하지 않을 것이다. 우리 모두는 실제로 우정은 가장 어려운 시기에 가장 잘 드러난다는 사실을 알고 있다. 그러나 우리는 은연 중에 양육은 측정될 수 있다는 생각을 갖고 있다. 그것은 부모로서 당신의 특성들이 당신의 아이에 의해 평가될 수 있고, 평가되어야 한다고 말한다.

만일 부모 되기, 특히 어린아이의 부모 되기가 매우 놀라운 일이라면 그것은 매우 위대한 사랑이다. 적어도 우리 대부분에게 그렇다. 어린아이들에게 우리가 느끼는 사랑과 어린아이들이 우리에게 느끼는 사랑은 무조건적인 동시에 친밀하고, 도덕적으로 심오하고 감각적으로 즉각적이다. 부모 되기의 가장 중요한 보상은 아이들이 받은 성적이나 트로피가 아니며, 졸업이나 결혼도 아니다. 이런 특별한 아이들과 함께 있을 때 순간순간 느끼는 신체적이며 심리적인 기쁨, 그리고 당신과 함께 있는 순간순간 아이가 보이는 기쁨이 보상이다.

사랑은 목표나 기준, 청사진이 없다. 그러나 목적이 있다. 사랑의 목적은 사랑하는 사람들을 변화시키는 것이 아니라 그들이 성장하는 데 필요한 것을 주는 것이다. 사랑의 목적은 사랑하는 사람의 운명을 조형하는 것이 아니라 그들 스스로 조형하도록 돕는 것이다. 길을 보여주는 것이 아니라 길을 발견하도록 돕는 것이다. 비록 그들이 가는 길이 우리가 선택한 것이 아니고 혹은 우리가 그들을 위해 선택할 것이 아닐지라도 그래야 한다.

특히 아이들에 대한 사랑의 목적은 무기력한 어린 인간들에게 풍요롭고 안정되고 안전한 환경을 주는 것이다. 이것은 다양성과 혁신, 참신함이 꽃필 수 있는 환경이다. 이것은 생물학적이고 진화적인 관점, 개인적이고 정치적인 관점 모두에서 진실이다. 아이들을 사랑하는 것은 그들에게 목적지를 주는 것이 아니라 여행을 위한 자양물(음식과 물)을 주는 것이다.

패 러 독 스

부모 되기는 간단히 말하면 아이들을 사랑하는 것이다. 다만 사랑은 결코 단순하지 않다. 수많은 사람들이 에로틱한 사랑의 모순·복잡성·독특한 열광에 대해 생각하고, 말하고, 글로 쓰고, 노래하고, 때로는 절규했다. 아이들에 대한 우리의 사랑도 못지않게 강력하고, 모순적이고, 복잡하고, 그만큼 독특하게 열광적이다. 그러나 부모와 아이들, 특히 어린아이들 간 관계에 대한 논의는 거의 전적으로 양육 방법에 대한 책이나 회고록에서만 이루어진다.

이 책에서 나는 두 종류의 패러독스에 초점을 맞출 것이다. 사랑의 패러독스와 학습의 패러독스다. 이런 패러독스들은 아동기의 진화적 본질로 구성된다. 양육 모델은 그것들을 다룰 수 없다. 그것들은 아동기를 과학적으로 그리고 개인적으로 생각할 때 등장한다. 실제로 최근의 과학적 연구는 이런 패러독스들을 특히 생생하게 만든다.

그러나 패러독스들은 단지 과학적이거나 철학적인 추상적 질문들이 아니다. 그것들은 부모들의 삶을 괴롭히는 실생활의 긴장과 딜레마들에 대한 예시다. 그리고 우리가 한 사회로서 아이들을 돌보려고 할 때 부딪치는 도덕적이거나 정치적인 어려운 결정들의 뿌리다.

사랑의 패러독스

첫 번째 딜레마는 의존성과 독립성 간의 긴장에서 온다. 부모와 다른 양육자들은 거의 완전하게 의존적인 생명체인 인간 아기에 대해

전적인 책임을 져야 한다. 그러나 아기들은 또한 완전하게 의존적인 생명체에서 완전하게 독립적이고 자율적인 성인으로 변형되어야 한다. 우리는 음식을 먹이고 기저귀를 갈아주고 거의 하루 종일 아이를 안아주는데, 놀랄 정도로 만족하거나 심지어 행복해하면서 이 모든 행위를 한다. 시간이 흐른 후, 만일 운이 좋다면 우리는 아이들이 먼 도시에서 가끔씩 보내오는 애정 어린 문자를 받는 처지가 된다. 아이들은 높은 의존성으로부터 높은 독립성으로 옮겨간다.

아이 삶의 초기에 우리는 그들 삶의 세세한 부분을 그들 자신보다 더 많이 통제한다. 아이에게 일어나는 일 대부분이 부모나 양육자를 통해 일어난다. 그러나 만일 내가 좋은 부모라면 나는 성인이 된 내 아이의 삶에 그 어떤 통제도 하지 않을 것이다.

이런 긴장은 청소년기 동안 특히 두드러진다. 아이들은 우리로부터 독립해 자율적이 될 뿐 아니라 이전의 자신으로부터도 독립한다. 영아기와 친밀성은 함께한다. 즉 우리는 아기를 꼭 안는다. 성인이 된 우리의 아이들은 이방인이고 이방인이어야 한다. 그들은 미래의 주민이다.

두 번째 긴장은 아이들에 대한 우리 사랑의 특수함에서 온다. 나는 내 아이들을 특별한 방식으로 보살핀다. 내 아이들의 행복은 다른 누군가의 행복보다 중요하다. 다른 아이들이나 심지어 나 자신의 행복보다 중요하다. 내 아이의 복지를 향상시키는 데 인정사정을 볼 필요가 없고 심지어 그래야 한다. 열악한 지역에 사는 가난한 엄마에 대해 생각해보라. 주변의 다른 아이들 대부분이 갈 수 없는 좋은 사립학교에 보내기 위해 아끼고 절약한다. 엄마는 영웅이다. 이기적이거나 멍청하지 않다.

그러나 그것은 독특한 영웅주의다. 정치나 도덕성에 대한 전통적인 사고방식에 따르면 도덕적이고 정치적인 원칙들은 보편적이다. 공정·평등·정의는 모든 사람들에게 적용되어야 한다. 예를 들면 법에 대해 생각할 때 어떤 원칙들은 모든 사람에게 평등하게 적용된다. 그러나 나는 특별한 내 아이들을 돌보고 그들을 책임진다. 일반적인 아이들과는 아주 다른 아이들이다. 나는 그래야만 한다.

이런 특별한 헌신은 어디에서 오는가? 그것은 단지 유전적 친밀감의 문제가 아니다. 아이를 돌보는 사람은 모두 바로 그 특별한 어떤 기적을 사랑하게 될 것이다. 우리는 아이들에 대한 아주 특별한 사랑을 광범위한 아동 양육 정책 속에 어떻게 녹여낼 수 있는가? 그리고 이것은 공공정책에 어떤 의미를 부여하는가?

학습의 패러독스

두 번째 패러독스는 아이들이 어른들로부터 배우는 방식들과 관련있다. 학교교육이 성공을 결정하는 세상에서 양육은 아이들이 더 많이 배우고, 더 잘 배우고, 더 빨리 배우게 하는 것에 초점을 둔다. 또한 양육 모델은 많은 교육의 디폴트(기본 설정으로 정해져 있는-옮긴이) 모델이다. 어른들은 아이들이 무엇을 알고, 어떻게 생각하고 행동할지를 결정하도록 가르쳐야 한다는 것이다. 이 생각은 분명한 듯 하지만 과학과 역사 모두 다른 방식을 제안한다.

첫 번째 패러독스는 놀이와 일에 관련된다. 아이들이 놀이를 통해 배운다는 것은 자명하다. 그러나 놀이를 통해 어떻게 배우는가? 정의에 따르면 놀이는 특별히 어떤 많은 것을 성취하려고 고안된 것이 아닌 자발적이고 풍요로운 행위다. 그렇지만 아동기의 어디에나 존재하는 놀이는 분명히 어떤 특별한 기능에 기여하고 있다.

실제로 거의 모든 사람들은 아이들에게 놀 시간이 있어야 한다고 생각한다. 그러나 놀이시간은 우리가 아이들의 삶을 법률로 정하기 시작할 때 해야 할 첫 번째 일 중 하나다. 휴식은 읽기 훈련으로 대체되고, 월볼과 돌차기 놀이는 축구 연습에 자리를 내주고 있다. 양육 모델은 우리에게 아이들이 해야 할 긴 활동 목록을 준다. SAT 준비를 위한 중국어 수업부터 구몬수학 연습까지, 아이들에게는 놀 시간이 많지 않다.

관습적 도덕이나 정치 시스템은 엄격하고 진지한 인간의 일이다. 그것들은 개인이나 사회가 특정 목표를 성취하기 위해 어떻게 생각하고, 계획하고, 행동해야 하는지에 대한 것이다. 아이들은 왜 놀이를 하는가? 단지 개인적으로뿐만 아니라 도덕적이나 정치적으로도 노는 것을 어떤 식으로 소중하게 여겨야 하는가?

아이들이 가장 의존적인 피조물에서 가장 자율적인 피조물로 바뀌듯이, 그들은 주로 노는 사람에서 주로 일하는 사람으로 바뀌어야 한다. 이런 변형은 아이들의 마음과 두뇌에서 엄청난 변화를 요구한다. 어쨌든 부모나 양육자, 교사들은 놀이의 이득을 보존하는 동시에 일의 이득을 얻을 수 있는 방식으로 이런 전환이 일어나도록 해야 한다. 이런 전환을 관리하는 주요 제도인 학교는 둘 모두에 대해 엄청난 일을 한다. 더 잘할 수 있을까?

두 번째 긴장은 전통과 혁신에 관련된다. 영화와 책의 21세기 대전은 지금까지의 긴 전쟁 중에 일어난 최근의 작은 전투일 뿐이다. 우리 인류는 항상 옛것을 보존하는 것과 새것을 널리 알리는 것 사이에서 싸워왔다. 이런 긴장은 매우 오랜 시간 동안 지속되었다. 그것은 단지 테크놀로지 문화만의 특징이 아니라 진화 프로그램의 일부다. 아이들은 항상 그들의 본성대로 그 전쟁의 최전선에 서 있다.

많은 도덕적이고 정치적인 관점들, 특히 전통적이고 보수적인 관점들은 전통과 역사를 보존하는 것의 중요성을 강조한다. 과거의 문화적 정체성을 유지하는 것, 즉 전통 속에 자신을 위치시키는 것은 인간 삶의 깊고 만족스런 부분이다. 양육자는 아기를 보살피는 과정에서 전통들을 전달한다.

동시에 아동기의 기본적 기능 중 하나는 혁신과 변화를 허용하는 것이다. 실제로 과거 인류가 새로운 무언가를 하지 않았다면 전달해야 할 특별한 문화나 전통은 없었을 것이다. 전례 없는 새로운 사건들 없이는 역사도 없었을 것이다. 청소년기가 되면 아이들은 그들만의 새로운 방식으로 옷을 입고 춤을 추고 말하며, 심지어 새로운 방식의 생각을 만들어낸다. 우리는 어떻게 우리의 문화와 전통들을 소중하게 여기고 전달하면서 아이들에게 새로운 것들을 허용하고 격려할 수 있는가?

과학은 이런 사랑과 학습의 패러독스들에 대해 말한다. 나는 사랑과 학습이 어떻게 작동하는지를 이해하는 데 도움이 될 새로운 과학 연구들을 간단히 살펴볼 것이다. 진화생물학 연구는 아이들에 대한 우리 사랑의 근원, 의존성과 독립성, 특수성과 보편성이 그 사랑에서 어떤 역할을 하는지를 설명한다.

인지과학에는 학습에 대한 새로운 접근과 아이들이 자신을 돌보는 사람들로부터 어떻게 학습하는지에 대한 새로운 연구들이 있다. 아기들이나 매우 어린 아이들조차 사회적 규준과 전통들에 민감하고 양육자의 규칙들에 빠르게 적응한다.

지난 수년간의 큰 발견들 중 하나는 매우 어린 아이들도 새로운 가능성을 상상할 수 있고, 그들 자신이나 그들을 둘러싼 세계가 새롭게 될 수 있는 방식을 생각할 수 있다는 것이다. 새로운 연구들은 실제로 놀이가 학습에 기여하는 방식들을 증명하고 설명한다.

발달신경과학은 어린 뇌가 나이 든 뇌와 어떻게 다른지를 이해하기 시작했다. 우리는 놀이에 기반한 초기의 학습으로부터 이후 목표지향적 계획으로의 변환이 신경학적으로 어떻게 일어나는지를 이해하기 시작했다.

이 모든 과학 연구는 동일한 방향을 가리킨다. 아동기는 다양성과 가능성, 탐색과 혁신, 학습과 상상의 시기로 설계된 것이다. 이것은 특히 예외적으로 긴 인간의 아동기에서 사실이다. 그러나 놀랄 만한 인간의 학습과 상상 능력에는 비용이 든다. 탐색과 개발, 학습과 계획, 상상과 행동 간의 거래다.

그 거래에 대한 진화의 해결책은 새로운 인류에게 보호자를 주는 것이다. 취약한 아이가 확실하게 성장하고 학습하고 상상할 수 있도록 하는 사람들이다. 그런 보호자들은 이전 세대가 축적한 지식들을 전달한다. 그리고 아이에게 새로운 지식을 창출할 기회를 줄 수 있다. 물론 그 보호자는 대개 부모지만 조부모나 친구, 양육자도 보호자가 될 수 있다. 인간 양육자는 치열하게 아이를 보호하지만 그들이 어른이 되면 그 아이를 포기해야 한다. 그들이 놀고 일할 수 있게 해야 한다. 그들은 전통을 전달하고 혁신을 격려해야 한다. 부모 패러독스는 근본적인 생물학적 사실들의 결과다.

아동기의 독특함

나는 이런 패러독스에 대한 단순한 해결책이나 그것들로부터 나온 개인적이고 정치적인 딜레마에 대한 해결책을 제안하지 않을 것이다. 엄청난 의존성으로부터 엄청난 독립성으로의 변화를 다루는 단순한 방식은 없다. 우리는 한 아이만을 사랑하지만 여전히 일반적인 아이들에 대한 정책 결정을 해야 한다는 사실 간의 긴장을 해결할 공식은 없다. 일과 놀이, 혹은 전통과 혁신의 가치를 판단하는 단순한 알고리즘은 없다.

그러나 적어도 우리는 이런 패러독스들을 인식하고 그것들이 일반적인 양육에 대한 논의의 범위를 넘어선다는 것을 인정하는 노력을 할 수 있다. 우리는 특정 양육 기법의 결과가 좋은지 혹은 나쁜지에 대한 사고를 넘어설 필요가 있다. 보다 보편적이고 일반적인 관점에서, 보다 추상적인 방식으로 아동기에 대해 생각하는 것은 부모와 아이들에 대한 논의를 더 사려 깊지만 불화를 덜 일으키고, 더 복잡하지만 덜 고통스럽고, 더 미묘하지만 덜 단순하게 만드는 데 도움이 된다.

물론 내가 이 패러독스들을 해결할 수는 없지만 그것들에 접근하는 좋은 방식이 있다고 생각한다. 우리는 부모 되기—아이를 돌보는 것—가 관계라는 것을 단지 인식만 하는 것이 아니라 그것이 다른 관계들과 다르다는 것을 알아야 한다. 아이를 돌보는 것은 다른 종류의 인간 활동들과 비슷하지 않다는 것을 인식할 필요가 있다. 아이를 키우는 것은 특별하며, 그것은 우리 자신의 독특한 과학적이고 개인적인 사고와 정치적이고 경제적인 제도들이 필요하고, 또 그래야 한다.

실제로 아이를 돌보는 것의 독특한 예는 다른 어려운 도덕적·정치적 문제들을 해결하는 데 도움이 될 수 있다. 의존성과 독립성, 특수성과 보편성, 일과 놀이, 전통과 혁신 간 긴장은 아동기에 가장 분명하다. 그러나 그러한 긴장들은 처리하기 어려운 성인의 질문들 뒤에도 놓여 있다. 그것들은 낙태부터 노화나 예술에 이르기까지 모든 것을 어떻게 이해할지에 영향을 미친다. 그리고 아이들을 이해하는 것에서 얻는 통찰은 성인의 문제를 해결하는 데도 도움이 될 수 있다.

아이와 부모들의 현재 논의 대부분은 죄책감과 체념, 양육 매뉴얼과 개인적인 이야기, 성문화된 정치 분과로 이루어져 있다. 우리는 이 늪을 벗어나는 방식으로 아이들을 돌보는 것에 대한 생각을 시작할 수 있다. 우리는 아이들과 그들을 돌보는 사람들 간의 관계야말로 모든 인간관계 중에서 가장 중요하고 가장 독특하다는 것을 인식할 수 있다.

아이 정원

아이들과 우리의 관계에 대한 가장 좋은 비유는 옛말에서 찾을 수 있다. 아이를 돌보는 것은 정원을 돌보는 것과 비슷하고, 부모 되기는 정원사가 되는 것과 비슷하다는 말이다.

양육 모델에서 부모 되기는 목수가 되는 것과 비슷하다. 당신은 작업하고 있는 재료의 종류에 주의를 기울여야 하고, 그것은 만들고자 하는 것에 영향을 미칠 것이다. 그러나 기본적으로 당신의 일은 그 재료를 시작할 때 마음먹었던 설계에 맞는 최종 산물로 만드는 것이다. 그리고 완성품을 보면 당신이 얼마나 잘했는지를 평가할 수 있다. 문은 잘 맞는가? 의자는 튼튼한가? 혼란과 가변성은 목수의 적이다. 정확성과 통제는 동지다. 두 번 측정하고, 한 번에 잘라야 한다.

다른 한편, 정원을 가꿀 때 우리는 식물들이 잘 자라도록 보호하고 자양분이 많은 공간을 만든다. 그것은 힘든 노동과 이마의 땀을 필요로 한다. 기진맥진할 정도로 수없이 땅을 파고 비료를 뿌린다. 모든 정원사들이 알고 있듯이, 예상치 못한 결과들이 항상 우리를 좌절하게 만든다. 양귀비는 옅은 분홍 대신 네온 오렌지색이 되고, 울타리를 기어올라야 하는 장미는 고집스럽게 바닥에 남아 있고, 검은 반점과 병충해, 진딧물은 결코 사라지지 않는다.

그렇지만 원예에서 가장 큰 성취와 기쁨은 정원이 우리 통제에서 벗어났을 때 찾아온다. 잡초 우거진 하얀 야생 당근이 예상치 않게 어두운 주목 나무 앞의 적당한 자리에서 보일 때, 잊었던 수선화가 정원의 다른 쪽으로 여행을 해서 파란 물망초 사이에서 튀어나올 때, 수목에 조심스럽게 걸려 있어야 할 포도 덩굴이 나무들을 통해 주홍빛 시위를 할 때.

실제로 더 깊은 의미에서 그런 우연들은 좋은 원예의 증명이기도 하다. 물론 온실 난초를 키우거나 분재 나무를 훈련시키는 것처럼 특정한 결과를 목표로 하는 원예도 분명히 있다. 그런 원예는 유능한 목공처럼 놀랄 만한 전문성과 기술을 필요로 한다. 정원사의 나라인 영국에서는 불안한 중산층의 양육을 온실 재배라고 한다. 미국에서는 헬리콥터 부모라고 부르는 것이다.

그러나 목초지나 산울타리 혹은 별장 정원을 만든다고 생각해보라. 목초지의 영광은 혼란스러움이다. 환경이 달라지면서 여러 다른 풀과 꽃들이 번성하거나 사라진다. 어떤 식물이 가장 클지, 가장 적당할지, 가장 오래 꽃이 필지는 보장할 수 없다. 좋은 정원사는 서로 다른 강점과 아름다움, 서로 다른 약점과 문제점이 있는 다양한 식물들이 전체 생태계를 유지할 수 있는 비옥한 토양을 만들기 위해 일한다. 좋은 의자와 달리, 좋은 정원은 기후와 계절이 변하는 환경에 적응하면서 지속적으로 변한다. 그리고 결국 다양하고, 유연하고, 복잡하고 역동적인 시스템은 매우 주의 깊은 보살핌을 받은 온실의 꽃보다 더 강하고 더 큰 적응력을 갖게 될 것이다.

좋은 부모 되기는 아이를 똑똑하거나 행복하거나 성공적인 어른으로 바꾸지 못할 것이다. 그러나 강하고 적응력이 뛰어나고 탄력적이며, 미래에 그들이 대면할 불가피하고 예측할 수 없는 변화들을 더 잘 다룰 수 있는 새로운 세대가 되도록 도울 수 있다.

원예는 위험하고 자주 실망스럽다. 정원사라면 누구나 가장 잘 자랄 것 같던 새싹들이 갑자기 시드는 것을 보는 고통을 안다. 그런 위험이 없는, 그런 고통을 겪지 않는 유일한 정원은 플라스틱 데이지들이 가득 찬 인공잔디 정원뿐이다.

에덴의 이야기는 아동기에 대한 좋은 비유다. 우리는 어렸을 때 사랑과 보살핌의 정원에서 성장한다. 그 정원은 더없이 풍요롭고 안정적이다. 어렸을 때 우리는 그 뒤에 놓여 있는 노동과 생각을 알지 못한다. 청소년이 되면서 우리는 지식과 책임감의 세계, 노동과 고통의 세계로 들어간다. 또 다른 세대의 아이들을 그 세상으로 데려가는 것은 바로 노동의 고통이다. 우리의 삶은 에덴과 추락, 순수와 경험의 두 단계를 통해 인간적이 된다.

물론 어린아이들이 자주 우리를 전지전능하다고 생각할지라도, 우리 부모들은 우리에게 신성한 힘과 권위가 전혀 없다는 것을 너무나도 잘 인식한다. 여전히 부모들, 말 그대로 생물학적 부모와 아이를 돌보는 모든 사람은 인간 이야기 중 가장 매력적인 부분에 대한 목격자이자 주인공이다. 그리고 그것은 부모 되기를 무엇보다 가치 있게 만든다.

따라서 부모로서 우리의 일은 특정한 아이를 만드는 것이 아니다. 대신에 예측할 수 없는 많은 아이들이 성장할 수 있는 사랑, 안전, 안정성의 보호 공간을 제공하는 것이다. 우리의 일은 아이들의 마음을 조형하는 것이 아니라 그런 마음들이 세상에서 허용된 모든 가능성들을 탐색하게 하는 것이다. 우리의 일은 아이들에게 어떻게 놀지를 말하는 것이 아니라 아이들에게 장난감을 주고 놀이가 끝나면 다시 장난감을 줍는 것이다. 우리는 아이들이 학습하게 만들 수 없지만 그들이 학습하게 허용할 수는 있다.

1

양육하지 마라

: 양육에 반대하며

20세기 후반에 엄마, 아빠, 아이들에게 신기한 일이 일어났다. 우리는 그 일을 양육이라고 부른다.

동물이라면 다 자란 암컷과 수컷, 새끼가 있다. 호모 사피엔스라면 인간 엄마와 인간 아버지와 다른 누군가가 아이들을 특별히 돌본다. 말 그 자체만큼 오래전부터 '어머니'와 '아버지'가 있었고, '부모'는 적어도 14세기 이래로 계속 존재했다. 그러나 지금은 어디서나 보고 듣는 '양육'이라는 단어는 1958년 미국에서 처음 등장했고, 1970년대 들어 보편적이 되었다.

양육은 어디에서 왔는가? 양육 모델은 20세기 미국에서 일어났던 별개의 여러 사회적 변화들—이전과는 아주 다른 부모가 되도록 만들었던 변화들—때문에 영향력을 갖게 되었다. 가족의 크기가 줄어들고, 더 멀리 이동하고, 첫 아이를 더 늦게 갖게 되면서 학습곡선이 급격하게 달라졌다. 대부분의 인류사에서 인간은 많은 아이들이 있는 큰 확대가족들 속에서 성장했다. 대부분의 부모들은 자신의 아이를 갖기 전부터 아이를 돌보는 경험을 아주 많이 했다. 그리고 다른 사람들, 부모뿐 아니라 할머니, 할아버지, 이모(고모), 삼촌, 나이 든 사촌들이 아이 돌보는 것을 지켜보았다. 지금은 그런 지혜와 유능성—전문성과 다른—의 전통적 자원이 전반적으로 사라졌다. 양육 기술에 관한 책이나 웹사이트, 강연자들이 호소력을 갖는 이유는 그 틈새를 메우기 때문이다.

가족이 점점 작아지고 흩어지는 것과 동시에 사람들은 더 늦게 아이를 갖고, 중산층 부모들은 점점 더 많은 시간을 일하거나 공부하는 데 쓴다. 대부분의 중산층 부모들은 아이를 갖기 전 수년 동안 강의를 듣고 경력을 쌓고자 한다. 학교와 직장에 가는 것이 아이들을 돌보기 위한 오늘날의 부모 모델이라는 것은 놀랍지 않다. 당신은 마음속에 목표를 지니고 학교에 가고 일하러 간다. 당신은 공부를 하거나 일할 때 더 잘하도록 가르침을 받을 것이다.

양육 모델이 인기 있는 이유가 있다. 그러나 그것은 과학적 현실에 잘 들어맞지 않는다. 진화적 관점에서 인간 아이와 그들을 돌보는 어른들 간의 관계는 결정적이고 정말로 중요하다. 가장 독특하고 중요한 인간의 능력들—학습, 발명, 혁신의 능력과 전통, 문화, 도덕성과 같은—은 부모와 아이들 간 관계들 속에 뿌리내리고 있다.

이 관계들은 인간 진화에서 매우 중요하다. 그러나 기본적으로 '양육'이라는 단어에서 떠오르는 그림과는 다르다. 대신에 부모와 다른 양육자들은 다음 세대에게 보호 공간을 제공하도록 설계되었다. 그 보호 공간에서 다음 세대는 더 좋든 더 나쁘든 미리 예측했던 것과는 완전히 다른 새로운 사고방식과 행동방식을 만들어낼 수 있다. 이것은 진화생물학에서 나온 그림이고, 내 실험실에서 수행한 아동발달 경험연구들에서 나온 그림이기도 하다.

이것은 부모를 비롯해 다른 돌보는 어른들이 아이들에게 영향을 주지 않는다는 의미가 아니다. 반대로 그런 영향은 깊고 필수적이다. 아이들에게 안전하고 안정적인 성장 환경을 제공하는 것은 중요하다. 어렵게 말할 필요가 없다. 무엇보다 부모가 된다는 것은, 비록 나쁜 부모일지라도, 어떤 다른 인간관계보다 훨씬 더 많은 시간, 에너지, 주의를 투자하는 것이다. 나는 아침에 남편에게 인사를 한 뒤 하루 종일 그를 홀로 남겨놓고, 저녁식사를 준비하고, 잠자리에 들기 전 한두 시간 정도 다정하게 대화하며 보낸다. 그도 나를 위해 똑같이 한다.(그는 실제로 부엌을 청소하는데 요리보다 더 힘들다.) 그것은 나를 상당히 괜찮은 아내로 만들지만 만일 그가 말 그대로 아기였다면 아동학대 범죄가 될 것이다. 돌보는 어른은 단지 아이들의 삶에만 영향을 미치는 것이 아니다. 그들이 없다면 아이들은 결코 살아남지 못할 것이다.

그러나 부모 행동의 작은 차이들—양육의 초점이 되는 차이들—과 그 결과로서 아이들이 커서 성인이 되었을 때 보이는 특징들 간에 신뢰할 만한 관련성을 발견하기는 매우 어렵다. 함께 자거나 자지 않는 것, '울게' 놔두거나 잠들 때까지 안아주는 것, 숙제를 하라고 강요하거나 놀게 놔두는 것에 대한 의식적 결정이 아이가 어떤 사람이 될지에 장기적으로 영향을 미친다는 증거는 거의 없다. 경험적 관점에서 볼 때 양육은 쓸데없는 헛일이다.

물론 그런 과학적 사실들은 중요하지 않을 수 있다. 인간 진화의 유산은 결정적으로, 바로 그 유산을 폐기하거나 수정하는 능력을 포함한다. 양육은 상당히 최근의 문화적 발명품이지만 긍정적이고 유용한 발명품일 수 있다. 비록 잘하기가 극히 어렵고 효과는 아주 작을지라도, 우리는 여전히 시도할 가치가 있다고 느낄 수 있다. 이혼이 만연한다는 사실이 결혼의 가치(많이는 아니지만, 어쨌든 좋은)를 의심하게 만들지는 않는다. 그러므로 양육이 사람들의 성장에 도움이 되었는지가 판단 기준이 되어야 한다.

실제로 양육은 끔찍한 발명품이다. 그것은 아이와 부모의 삶을 향상시키지 못했고, 어떤 방식으로든 분명히 더 나쁘게 만들었다. 중산층 부모들의 경우, 아이들을 더 훌륭한 어른으로 만들려는 노력은 좌절과 짝을 이루며 끝없는 불안과 죄책감의 근원이 되기도 한다. 중산층 부모 아이들의 경우, 양육은 기대로 가득한 숨막히는 구름과 같다.

중산층 부모들은 양육 전문성을 습득하라는 압박에 사로잡혀 있다. 그들은 양육에 관한 조언과 양육용품들에 엄청난 비용을 지불한다. 그러나 동시에 양육의 위대한 창시자이며 진원지인 미국의 사회기관들은 다른 선진국들에 비해 아이들을 위한 지원에 인색하다. 많은 양육 서적들이 팔리고 있는 미국은 선진국들 중에서 영아 사망과 아동 빈곤율이 가장 높다.

미국에서 양육의 대두는 같은 시기 음식에 일어난 일과 매우 닮아 있다. 마이클 폴란은 이것을 '잡식동물의 딜레마'라고 불렀다. 과거 우리는 요리 전통에 참여함으로써 먹는 법을 배웠다. 사람들은 파이, 파스타, 군만두를 먹었는데, 엄마들이 그것을 요리했기 때문이다. 그리고 엄마들은 그들의 엄마가 그렇게 했기 때문에 그런 방식으로 요리했다. 그런 많은 다양한 전통들은 모두 상당히 건강한 결과들로 이끌었다. 20세기, 특히 미국 중산층의 20세기에 일어난 그런 전통의 침식은 '영양'과 '다이어트'의 문화로 이끌었는데, 양육 문화와 공통점이 많다.

두 경우 모두 전통들은 처방으로 대체되었다. 예전에는 경험의 문제였던 것이 이제 전문성의 문제가 되었다. 이전에 단순히 존재하는 방식이었던 것, 철학자 루트비히 비트겐슈타인이 삶의 형태로 불렀던 것들이 일종의 일이 되었다. 자발적이고 애정 어린 보살핌의 행위 대신에 관리계획이 되었다.

진화학자들은 요리는 자녀 양육만큼 인간 생존에 결정적인 요소라고 주장한다. 그렇지만 진화적 고찰과 과학적 연구에 따르면, '다이어트', 즉 우리가 요리하거나 먹는 것을 통제하려는 의식적 결정은 효과가 미미하다. 실제로 다이어트와 영양에 대한 조언의 급증은 비만의 급증과 함께한다.

여기에서 보이는 기본적 패러독스는 유사하다. 요리와 아이를 돌보는 것 둘 다 인간에게 기본적이고 독특하다. 우리는 그것들 없이는 종으로서 생존할 수 없었을 것이다. 그러나 우리가 건강해지기 위해 의도적이고 의식적으로 요리하고 먹을수록, 혹은 아이들을 행복하고 성공한 어른으로 만들기 위해 (의도적, 의식적으로) 양육할수록 우리와 우리 아이들은 덜 건강하고 덜 행복한 듯하다.

많은 다이어트 책들처럼 많은 양육 관련 책들은 그 자체로 무익함의 징표일 것이다. 만일 그것들 중 어떤 것이 실제로 효과가 있었다면, 그것의 성공이 나머지 것들을 시장 밖으로 몰아냈어야 한다. 그리고 사적 목표와 공적 정책 간의 격차는 음식의 경우에는 아주 선명하고, 양육의 경우에는 크게 벌어져 있다. 다이어트에 사로잡힌 사회는 비만율이 가장 높다. 양육에 사로잡힌 사회는 아동 빈곤율이 가장 높다.

문제는 우리가 지니를 다시 램프 속에 넣을 수 없다는 것이다. 일단 전통의 연속성이 깨지면 간단하게 그것을 회복할 방법이 없다. 우리의 부모와 조부모들이 그랬던 것처럼 의식하지 않고 요리를 하거나 아이들을 양육할 수는 없다. 우리는 하지 못할 것이다. 실제로 할머니로서 나는 전기착유기로 짜낸 냉동 모유를 병에 넣을 수 있음에 감사한다. 그것은 놀라운 육아 발명품이다. 의심의 여지없이 이동성, 다양성 및 선택은 그 자체로 상품이다. 분명히 나는 초밥이나 토르티야, 냉동 요구르트를 포기하고 할머니의 너무 익힌 고기와 나비넥타이로 돌아가는 걸 바라지 않는다. 마찬가지로 홍적세 선조들의 뿌리와 열매들로도 돌아가지 않을 것이다. 단지 이전 세대가 그러지 않았다는 이유로, 내가 착유기 사용이나 과학자로서의 경력을 포기하지는 않았을 것이다.

| 혼란에 대한 찬양 |

그러나 만일 양육의 세부 사항들이 실제로 아이들이 어떻게 될지를 결정하지 못한다면 우리는 왜 그렇게 많은 시간, 에너지와 감정—그리고 돈—을 아이들을 키우는 데 투자해야 하는가? 왜 그토록 부담스럽고 힘들고 불확실한 관계를 시작해야 하는가?

이것은 개인적이고 정치적인 질문이며, 진화적이고 과학적인 질문이다. 우리는 진화가 우리를 돌보게 만든다고 말할 수도 있다. 우리의 유전자들은 자신을 재생산하고자 노력한다. 그런데 왜 우리는 많은 동물들처럼 태어난 후 곧 자립자족하지 못하는가? 아이들은 왜 그렇게 많은 강력한 보살핌을 필요로 하는가? 그리고 만일 보살핌이 예상할 수 있는 차이를 만들지 못한다면, 왜 성인들은 아이들을 돌봐야 하는가?

이 책의 중심적인 과학적 아이디어는 무질서 속에 답이 있다는 것이다. 아이들은 부정할 수 없을 정도로 명백히 혼란스럽다. 부모가 되는 것의 보상이 무엇이든 정돈이 보상은 아니다. 실제로 연구기금을 받아 연구를 계속하는 동안, 나는 군대가 걸음마기 아이의 혼돈을 무기로 사용하게 하면 어떨까 하는 생각을 했다. 적군에게 아기의 혼돈을 풀어놓으라. 그러면 전투는커녕 아침에 집 밖으로 나오지도 못할 것이다.

과학자들에게는 혼란을 나타내는 다른 단어들이 있다. 다양성, 확률, 소음, 엔트로피, 무작위성이다. 그리스의 합리주의 철학자들은 이런 혼돈의 힘을 지식, 진보, 문명화의 적으로 보았다. 그리고 19세기 낭만주의는 혼돈을 자유, 혁신, 창조성의 원천으로 보았다. 낭만주의는 아동기를 찬양한다. 그들에게 있어 아이들은 혼돈의 미덕을 나타내는 본질적인 예였다.

새로운 과학은 낭만주의적 관점이 싸우는 데 도움이 될 정보를 제공한다. 뇌부터 아기, 로봇, 과학자들까지 혼란에는 이점이 있다. 무작위적일지라도 전환하고 달라지는 시스템은 변화하는 세계에 더 지적이고 유연한 방식으로 적응할 수 있다.

자연선택에 의한 진화는 물론 혼란의 이점이 보여주는 가장 좋은 예다. 무작위적인 생물학적 다양성으로 인해 유기체는 적응한다. 생물학자들도 '진화 능력'의 아이디어에 점점 더 많은 관심을 보이고 있다. 어떤 유기체들은 다른 유기체들보다 새로운 대안적인 형태를 더 잘 생성한다. 그런 다음 그 형태들은 자연선택에 의해 보존되거나 폐기될 수 있다. 진화 능력 그 자체가 진화할 수 있다는 증거들도 있다. 어떤 종들은 실제로 더 다양한 개체들을 생산하도록 진화했을 수 있다.

예를 들면 라임병을 일으키는 박테리아는 항체들에 저항할 수 있는 새로운 변이를 매우 잘 만들어낸다. 그것이 라임병을 치료하기 힘든 이유다. 그 박테리아가 많은 새로운 항체들에 노출되면 그것들은 더 다양해진다. 박테리아의 새로운 잠재적 방어가 지금 그것을 공격하는 특정 항체들에 반드시 효과적인 것은 아니다. 그러나 그 방어들 덕분에 그 박테리아가 미래에 다른 항체들의 또 다른 공격으로부터 살아남을 가능성을 높일 것이다.

인류는 특별히 광범위하고 다양하고 예측 불가능한 아이들의 혼합을 만들어낸다. 각 아이들은 독특한 기질과 능력, 강점과 약점, 여러 유형의 지식과 다양한 기술을 가지고 있다. 이것은 우리에게 '진화 가능한' 라임병과 같은 이점이 된다. 그것은 예측 불가능하게 변하는 문화와 환경에 적응할 수 있게 한다.

위험 감수에 대해 생각해보라. 우리는 매우 어린 시기부터 어떤 아이들은 소심한 반면 다른 아이들은 모험적이라는 것을 안다. 큰아들 알렉세이는 항상 정글짐의 꼭대기로 올라갔지만 내려갈 길을 확인하지 않고는 결코 가로대를 건너가지 않았다. 둘째 아들 니콜라스는 뒤도 보지 않고 저돌적으로 꼭대기로 올라갔다. 나라면 어떤 상황에서도 그런 높은 가로대 근처에 가지 않았을 것이다.

위험을 감수하는 아이들의 부모는 좋은 의미에서 매우 긴장하며 살 수 있다. 만일 위험을 감수하는 사람들이 정말로 더 많은 위험에 놓인다면, 왜 자연선택은 그런 특질들을 오래전에 제거하지 않았을까? 반대로 보상이 위험보다 더 크다면, 소심한 아이들은 왜 사라지지 않았을까?

예측 가능한 상황일 때는 보수적인 안전 우선 전략은 더 성공적일 것이다. 반면, 가변적인 상황일 때는 위험 감수가 중요하다. 이런 상황에서는 이전 환경에서 도움이 되었던 전략들이 더 이상 도움이 되지 않을 것이다. 물론 예측 불가능한 변화가 일어날 것인지 미리 말할 수는 없다.

따라서 주변에 여러 다른 성향의 사람들이 있다는 것, 어떤 사람은 소심하고 어떤 사람은 모험적이라는 것은 개인들의 생존 가능성이 더 높아진다는 의미다. 보수적인 사람들은 예측 가능한 상황일 때 위험을 감수하는 사람들이 안전성의 이점을 갖도록 보장하고, 대담한 사람들은 가변적인 상황일 때 소심한 사람들이 혁신의 이점을 갖도록 보장한다.

곧장 꼭대기 가로대로 직진했던 니콜라스는 결국 수백만 달러가 걸린 위험한 결정을 해야 하는 곳에서 큰 성공을 거두었다. 그러나 나는 그것을 생각하면 불안하다. 나는 분명히 위험과 불확실성으로 가득한 삶을 사는 어른으로 만들려는 목표로 양육한 적이 없었다. 그러나 그것이 바로 니콜라스의 삶이었다.

여기 또 다른 예가 있다. 사냥은 진화적 과거에서 중요한 부분이었다. 사냥을 할 때는 한 번에 모든 것에 주의를 기울여야 하고, 환경 내의 사소한 변화들에도 끊임없이 경계를 해야 한다. 따라서 사냥이 우리의 생존을 결정했던 때로 돌아가면, 사람들은 모두 그런 특질들을 발전시켰을 것이다. 한 번에 한 가지에만 몰두하고 다른 모든 것을 걸러내는 사람들도 약간의 다른 이점이 있었을 테지만, 그것들은 전반적으로 가치가 낮았을 것이다.

그러나 환경이 변했을 때 한 번에 하나에만 집중하는 초점화된 집중을 하는 사람들의 가치가 높아졌다. 일단 사냥보다 학교교육이 주요한 삶의 방식이 되자 초점화된 집중은 이점이 되었다. 이제 적응이 어려워진 사람은 광범위한 초점을 가진 아이들이다.

| 우리 대신 죽는 아이디어들 |

진화 능력이 어떻게 작용하는지는 여전히 논쟁 중이고, 어떻게 진화가 여러 환경에 대한 반응으로 다양한 피조물을 만들어내는지를 찾아내려는 많은 과학적 작업들이 여전히 진행되고 있다. 그러나 인간의 학습과 문화가 생물학적 진화보다 훨씬 더 빠르게 작동하는 진화 능력을 생성한다는 것에는 의문의 여지가 없다.

우리를 더 잘 적응된 생명체가 되게 하는 자연선택을 기다리는 대신, 우리는 세상에 대한 많은 다른 그림(다른 이론들)을 시험하고, 자료에 맞는 것은 유지하고 맞지 않는 것은 제거함으로써 우리 스스로 적응한다. 철학자 칼 포퍼는 과학은 우리의 이론들이 우리를 대신해서 죽게 한다고 말했다.

이것은 문화적 진보에도 적용된다. 우리는 세상이 어떤지에 대한 서로 다른 여러 그림들을 시험할 수 있으며, 또한 적극적으로 서로 다른 세상을 만들고자 노력할 수 있다. 우리는 새로운 도구와 테크놀로지들을 통해, 혹은 새로운 정치적·사회적 배열—새로운 법, 관습, 제도들—을 통해 이것을 할 수 있다. 그런 다음 어떤 테크놀로지와 기관들이 우리의 성장을 돕는지를 볼 수 있다.

따라서 인간의 성공 전략에는 두 부분이 있다. 시작은 서로 다른 가능성을, 적어도 부분적으로는 무작위로, 많이 만드는 것이다. 그런 다음 효과 있는 것을 보존한다. 그러나 대안들을 완전히 제거하지는 않는다. 대신에 우리는 새로운 환경이나 예상하지 못한 문제들을 다루기 위해 비축할 대안적 가능성들을 계속해서 만들어 낸다.

| 탐색 대 개발 |

그러나 이 전략은 약점이 있다. 모든 부모들이 알고 있듯이, 혼란과 효율성 간에 내적 긴장이 있다. 그것이 걸음마기 아이의 혼돈이 무기가 될 때 파괴적인 이유다. 미래에 유용할 수 있을 많은 대안들을 만드는 것과 바로 지금의 믿음직하고 평균적이고 빠르고 효율적인 시스템을 갖는 것 간의 거래다. 컴퓨터과학자들과 신경과학자들은 그것을 탐색과 개발 간 긴장이라고 부른다.

가능한 성격, 이론, 테크놀로지 혹은 문화 중 어느 것이든 가능성을 탐색하는 것은 혁신을 가능하게 한다. 새로운 환경에 직면할 때 그것은 당신에게 대안들을 찾게 해준다. 그러나 물론 이런 환경에서 당신은 즉각적으로도 행동해야 한다. 탐색은 당신에게 도움이 되지 못할 것이다. 당신을 겨누고 있는 마스토돈(신생대에 살고 있던 코끼리로 멸종되었음. 맘무트라는 이름으로 더 잘 알려져 있다.-옮긴이)을 다루기 위해 선택지들 모두를 고려할 필요는 없다. 위대한 장군과 행정가들은 가능한 계획 모두를 생각한 후에 절대적으로 최선인 것을 선택하는 게 아니다. 그들은 충분히 좋은 것을 선택하고 난 다음 자신 있고 단호하게 실행한다. 나처럼 안절부절못하는 과학자들조차 결국 모든 가능한 실험들 중에서 선택하고 단 하나를 실행해야 한다.

이런 문제를 해결하는 한 가지 방식은 탐색과 개발을 교대로 하는 것이다. 특별히 효과적인 전략은 탐색으로 시작한 다음 개발을 진행하는 것이다. 당신은 우선 무작위로 많은 변형들을 생성한 다음 효과 있는 것을 겨냥한다.

문제는 당신이 탐색하는 동안 살아남아야 한다는 점이다. 새총이나 창 중 어느 것이 효과적일지를 계속 생각하면서, 어떻게 당신은 그 마스토돈을 막을 수 있는가? 혹은 처음으로 새총과 창을 사용하는 법을 배우고 있는 동안은 어떻게 할 것인가?

한 가지 대답은 "엄마와 아빠를 불러라!"이다. 아동기에 보호를 받는 것은 탐색/개발 딜레마에 대한 한 가지 해결책이다. 우리는 어른일 때 개발할 수 있도록 아이일 때 탐색이 허락된다. 아동기와 양육은 동전의 양면이다. 아이는 보살핌 없이 존재할 수 없다. 동물에게 보호받는 어린 시기, 즉 확실하고 안정적이고 무조건적인 방식으로 필요가 충족되는 시기를 줌으로써 당신은 혼란, 다양성, 탐색이 가능한 공간을 제공할 수 있다.

인간은 분명히 가장 모험적인 종이다. 다른 종들은 자신들이 살고 있는 특정 환경에 정교하게 적응한다. 우리는 유목민이고 항상 유목민으로 살아왔다. 이런저런 환경들을 방랑하고 그곳에서 발견된다. 우리는 모든 곳에서 발견된다. 숲에서 대초원까지, 북극의 황무지에서 사하라 사막까지. 인간은 다른 종과 달리 새로운 환경을 창조한다. 우주에서도 거대 도시의 불빛들이 지구를 밝힌다. 상상과 창조성은 성공에 필수적이다. 우리는 우리가 탐색한 새로운 장소들과 우리가 만든 새로운 장소들이 어떻게 작용할지를 상상해야 한다.

우리가 다른 종들에 비해 훨씬 더 긴 아동기, 보호를 받는 훨씬 더 긴 미성숙의 시기를 갖는 것은 우연이 아니다. 이처럼 긴 아동기는 우리에게 탐색할 기회를 제공한다.

만일 아이들이 탐색하도록 설계되었다면, 그들이 어른들보다 훨씬 더 혼란스러운 것은 중요한 의미가 있을 것이다. 실제로 새로운 과학적 발견들은 아동의 혼란스러움이 인간 진화 능력에 특별한 기여를 한다고 제안한다. 다양성과 모험심은 아동기 동안 가장 높다.

가장 놀라운 발견 중 하나는 아동 초기 기질의 다양성이다. 미묘한 작은 유전적 변이는 경험과 상호작용해 성격의 차이를 가져온다. 소심함과 대범함 간의 차이는 어떤 유전적 변이들과 관련되어 있다. 그러나 그 외에도 다른 많은 초기 장점과 약점, 취약성과 탄력성이 있다.

그럼에도 불구하고 혼란의 기제는 유전자 그 자체의 다양성을 훨씬 넘어선다. 아동 초기에 일어나는 유전자와 환경 간의 복잡한 상호작용은 보다 많은 다양성을 가져온다.

가장 흥분되는 최근의 과학적 발달 중 하나는 후성학epigenetic 분야에서 일어나고 있다. 유전자를 몸과 마음의 최종적 형태들과 연결하는 길고 구불구불한 통로가 있다. 그 통로의 가장 중요한 부분이 유전자 표현이다. 유전자들은 아동기에 켜지거나 꺼질 수 있고, 그 과정은 어떤 성인이 될지에서 중요한 변화로 이어진다. 후성학 연구는 환경의 특징들, 양육자의 특질과 같은 아주 미묘한 것들조차 유전자가 활성화되거나 비활성화되게 만들 수 있다는 걸 보여준다. 예를 들면 생의 초기에 스트레스를 받은 생쥐들은 유전자들을 다르게 발현시킨다. 같은 일이 인간 아이들에게도 일어난다. 유전자들도 다르고, 아이들의 경험도 다르다. 이것은 유전자들이 어떻게 발현될지에 영향을 미친다.

단지 아이들의 유전자와 경험들만 다른 것이 아니다. 유전자와 환경은 상호작용한다. 그것은 더 복잡하다. 어떤 유전적 요인들은 아이들을 환경에 다소 민감하게 만든다. 어떤 아이들은 유연하다. 그들은 상황이 좋든 나쁘든 매우 잘 지낸다. 어디에서나 잘 자라는 민들레 같다. 다른 아이들은 주변 환경의 차이들에 더 민감하다. 풍요로운 환경에서는 잘하지만 열악한 환경에서는 저조하다. 그들은 난초와 같다. 정교한 보살핌과 풍부한 영양분이 있으면 번성하고 그것들이 없으면 시든다. 따라서 아이들은 서로 다를 뿐 아니라 각자의 환경에 다르게 반응한다.

행동유전학 연구자들은 유전자와 환경이 발달에 어떻게 기여하는지를 알아내고자 노력한다. 그들은 일란성 쌍둥이와 이란성 쌍둥이 형제간, 친자녀와 입양 자녀 간의 유사점과 차이점을 분석하고 부모와 비교한다. 예를 들면 쌍둥이들은 천성과 육성에 관한 일종의 자연 실험이다. 그러나 연구들은 단순하게 유전자와 환경의 비율을 알아내기보다 천성과 육성 간의 상호작용이 실제로 얼마나 복잡하고 예측할 수 없는지를 보여주었다.

한편으로 아이들은 부모가 아이들에게 영향을 미치는 것만큼 부모의 행동방식에 영향을 미친다. 실제로 유전자의 효과처럼 보이는 많은 것이 유전자들이 환경에서 받는 피드백의 결과일 수 있다. 만일 당신에게 위험 감수와 관련된 작은 유전적 경향성을 가진 아이가 있다면, 당신은 아마도 그를 소심한 형제와는 다르게 대할 것이다. 그것이 단지 무의식일지라도 말이다. 그런 육성의 차이가 천성의 차이를 크게 증폭할 것이다.

가장 놀라운 발견 중 하나는 비공유 환경과 관련 있다. 만일 양육 관점이 옳다면, 부모가 같은 형제들은 유전자의 대부분을 공유하므로 서로 매우 비슷할 것이다. 비공유 환경은 유전자와 양육을 포함해 가족 구성원이 공유하는 경험과는 다른, 아이들에게 영향을 미치는 요인들 모두를 말한다. 그런 요인들의 범위는 태내 영향부터 후천적 차이들, 출생 순서, 사고나 질병과 같은 순수하게 무작위적인 사건들까지 포함한다. 심지어 정확하게 아이가 부모의 행동을 해석하는 방식의 차이도 포함한다. 모험을 좋아하는 아기를 흔들리는 그네에 태우면 흥분한다. 그 아이와 형제간인 소심한 아기를 그네에 태우면 공포에 질린다.

행동유전학 연구에서 비공유 환경은 놀랄 정도로 어떤 아기가 될지에 영향을 미치는 듯하다. 다시 말하면, 형제들은 서로 매우 다르다는 것이다. 그 차이들이 무엇일지를 예측할 방법은 없다. 따라서 이런 계열의 연구는 다양성과 가변성이 인간 발달의 규칙임을 보여준다.

아이들의 학습을 연구할 때 같은 초기 가변성을 볼 수 있다. 아이들은 세상이 어떻게 작동하는지에 관한 매우 광범위한 아이디어들을 생각하고, 예측할 수 없게 한 아이디어에서 다른 아이디어로 자주 옮겨간다. 유치원생들에게 똑같은 질문을 여러 번 반복해서 물어보라. 그러면 매번 약간 다른 대답을 듣게 될 것이다. 이 같은 무작위적 가변성은 아이들이 비합리적이라고 생각하게 만든다. 무엇보다 한 순간은 한 가지 방식으로, 다음 순간엔 다른 방식으로 질문에 대답하는 것은 비합리적인 듯하다. 그러나 최근 연구들에 따르면, 이것이 아이들로 하여금 그렇게 많은 것을 배우게 하는 것일 수 있다.

우리는 이것을 발달하는 뇌에서 볼 수 있다. 어린 뇌는 나이 든 뇌보다 훨씬 더 '가소성(환경 경험에 의해 발달이 달라지는 역량-옮긴이)'이 크다. 새로운 연결을 더 많이 만들고 훨씬 더 유연하다. 실제로 한 살배기의 뇌는 당신의 뇌보다 두 배 많은 신경 연결을 갖는다.

어린 뇌는 나이 든 뇌보다 더 많은 연결을 만든다. 더 많은 연결이 가능하고, 그 연결들은 새로운 경험들에 따라 더 빠르고 더 쉽게 변한다. 그 연결들 각각은 상대적으로 약하다. 어린 뇌는 새로운 경험들이 쏟아지면 힘들이지 않고 스스로 재정렬할 수 있다.

점점 나이가 들면서, 많이 사용한 뇌 연결은 더 빠르고 더 효율적이 된다. 그 연결들은 더 먼 거리에 도달한다. 그러나 사용하지 않는 연결들은 '가지치기'되고 사라진다. 나이 든 뇌는 훨씬 덜 유연하다. 연결들의 구조는 구불구불하고 좁은 통로이던 것에서 직선의 장거리 정보 초고속도로로 변했다. 나이가 들어도 뇌는 여전히 변할 수 있지만, 압력을 받거나 노력과 주의를 기울일 때만 변할 것이다.

어린 뇌는 탐색하도록 설계되어 있고, 나이 든 뇌는 개발하도록 설계되어 있다.

| 보 호 하 는 부 모 |

새로운 세대의 아이들은 소음, 즉 약간의 무질서이며, 이전 세대의 안정적인 패턴을 흔들고 새로운 가능성들이 허용된다. 이것은 부모 되기가 새로운 의미를 갖는다는 뜻이다. 부모 되기는 '양육하는' 어떤 사람인 것과는 완전히 다르다.

우리가 돌보는 아이에 대해 느끼는 무조건적이고 개인적인 헌신은, 그들의 개인적 기질이나 성격이 무엇이든 상관없이, 광범위한 가변성이 미래에도 지속될 기회를 준다. 아이들이 대담하든 소심하든, 그들이 한 가지 일에만 초점을 맞춰 전체 세상을 걸러내든 모든 것에 개방적이든, 그들이 난초든 민들레든, 우리는 우리 아이들을 사랑한다.

그런 헌신적인 사랑은 아이들에게 지적으로 혼란하고, 개발을 하기 전에 탐색을 하며, 자신들을 대신해 아이디어들이 죽게 할 기회를 준다. 만일 아이들이 포퍼의 과학자들이라면, 우리는 대학 혹은 자금 지원 기관이다. 우리는 아이들에게 우리가 이전에 생각하지 못했던 문제들을 해결하는 데 필요한 자원, 도구, 인프라를 제공한다. 과학에서처럼, 돈과 에너지 모두를 한 연구에만 쏟는 것보다는 수천 개의 다른 기초 연구를 지원함으로써 훨씬 더 나은 결과들을 얻게 될 것이다.

우리는 아이들에게 탐색을 위한 공간을 제공할 수 있다. 양육의 출현은 거리, 놀이터, 이웃, 휴식을 줄어들게 했다. 양육 이전의 세상에서는 걸음마기 아이도 자신들이 성장할 환경—마을이나 농장, 작업장이나 부엌—을 탐색할 수 있었다. 중산층 아이들은 이제 삶의 많은 부분을 고도로 구조화된 환경에서 보낸다. 가난한 아이들의 환경은 훨씬 더 좁게 제한된다. 역설적이게도, 창의성과 혁신을 점점 더 가치 있게 여기는 사회에서 아이들이 탐색할 자유로운 기회들은 점점 더 적어지고 있다.

양육자의 일은 단지 아이들에게 탐색하고 학습하고 혼란을 만들 보호된 공간을 제공하는 것이 아니다. 아이들의 이런 탐색적

무질서로부터 새로운 통제로 전환되도록 안내하는 것도 양육자가 할 일이다. 새로운 통제는 새로운 성인의 능력들이 만들어낸 새로운 질서다. 그러나 우리는 그런 새로운 질서가 무엇인지 정확하게 예측할 수 없다. 그것이 인간의 세대 리부팅(운영 체제의 설정을 바꾸는 컴퓨터 용어-옮긴이)의 가장 큰 이유다.

2

왜 인간의 아동기는 길어졌을까

: 아동기의 진화

어떤 것이 어디에서 오는지 알면 그것을 이해하는 데 도움이 된다. 진화의 역사는 뇌와 마음이 어떻게 작용하는지를 설명하는 데 도움이 된다. 마치 진화가 위와 골격이 어떻게 작용하는지를 설명하는 데 도움이 되는 것과 같다. 만일 우리가 아이와 부모들 간의 관계를 깊이 이해하고 싶다면, 이런 관계들이 어떻게 진화했는지를 생각하는 것이 한 가지 방법이다.

우리는 인간 아이와 부모들이 어떻게 진화했는지 알고 있는가? 진화는 그들이 지금 행동하고 생각하는 방식에 대해 무슨 말을 하는가? 이 장에서 나는 커다란 진화 그림과 아동기, 사랑, 학습 간의 관련성에 대해 말할 것이다. 다음 장에서는 그런 관련성이 어떻게 우리로 하여금 아이들을 특별히 사랑하도록 이끄는지에 대해 보다 상세하게 언급할 것이다. 새로 등장할 부모와 아이의 모델은 양육 모델과 매우 다르다.

| 두 개의 그림 |

수백 개의 영화, 교과서 그림, 자연사 박물관의 디오라마(소형 입체 모형에 의한 실경-옮긴이)에서 익숙하게 접해왔던 장면이 있다. 발가벗은 채 턱은 돌출되고, 이마는 주름지고, 강렬한 표정을 짓고 있는 수염난 남자들 한 무리가 털이 난 자이언트 매머드를 쫓는다. 3미터 길이의 위협적인 엄니와 털로 뒤덮인 거대한 짐승이 작고 약한 사냥꾼 앞에서 갑자기 뒷발로 일어선다. 그러나 왜소한 크기에도 불구하고 인간들은 영리하게 팀으로 반응한다. 지도자는 일군의 남자들에게 괴물 뒤로 가서 돌을 던지라는 몸짓을 하고, 한 위대한 사냥꾼 쪽으로 점점 더 가까이 매머드를 몰아댄다. 사냥꾼은 용감하게 창을 휘두르고 짐승은 땅에 고꾸라진다. 행복한 무리는 거대한 고깃덩이와 갈비를 잘라내 나머지 종족이 있는 집으로 끌고 간다.

이처럼 치열하게 싸우는 원시 사냥의 그림을 내가 한 살 된 손자 어거스터스를 파머스 마켓으로 데려가는 평화롭고 조용한 화요일 오후와 비교해보라.

어기는 큰 파란 눈, 성긴 금발 곱슬머리, 기분 좋은 분홍빛 뺨을 가졌다. 그의 가장 큰 매력은 수줍은 미소이며, 지나가는 사람에게 적절하게 미소 짓는다. 그의 삼촌에 따르면, 병아리처럼 사람을 끌어당긴다고 한다.

파머스 마켓에서 마주친 쇼핑 바구니를 든 노부인들은 유모차 옆에 멈춰 서 "귀여워라!" 하고 말을 건다. 어린 여자아이는 무릎을 꿇고 엄마 같은 높은 목소리로 말한다. "와, 아기 좀 봐요!" 그는 여자아이들만 매혹하는 것이 아니다. 파스타 집 남자도 미소를 짓고 개암과 말린 체리가 든 과자를 건넨다.

그 아이의 자랑스러운 할머니인 나는 아이 엉덩이를 받쳐서 들어올리고 해바라기를 보여준다. "예쁜 꽃을 보렴. 어기!" 어기는 꽃을 주의 깊게 보다가 손으로 잡고 한 입 먹는다. 그러면 나는 비명을 지르며, "안 돼, 어기, 안 돼, 웩!" 그리고 대신에 복숭아나 토마토를 준다. 어기는 흥미로운 장면을 나에게 가리키려는 의도로 "저거!" "풍선!" "멍멍이!"라고 말한다.(캐나다 혈통을 존중해 위대한 하키 선수의 이름을 딴 그레츠키라는 개는 어기의 삶에서 가장 중요한 대상이다.)

우리는 (채식주의, 유기농) 셔벗 코너에 멈추고, 어기는 할아버지를 흉내 내어 열광적으로 나무 스푼으로 셔벗을 푸지만 잘 되지 않는다. 모퉁이에서는 젊은 남성이 첼로를 연주하며 동전을 벌고 있다. 어기는 그 자리에 못 박힌 듯 앉아서 눈으로 활의 모든 움직임을 쫓는다. 한 여자가 춤을 추기 시작하고, 어기는 덩달아 기분이 좋아지고, 나이 든 베이비부머의 부기(강하고 빠른 리듬의 블루스-옮긴이)에 맞춰 완벽한 리듬으로 작은 맨발을 흔든다.

어기의 할아버지는 내가 요리를 마칠 때까지 계속 음악으로 어기의 정신을 빼앗는다. 그러는 동안 어기 아빠와 삼촌이 도착해 어기를 앞뒤로 던지며 매우 즐거워한다. 마지막으로 우리 모두는 집으로 가고, 사랑하는 엄마가 어기를 돌보면 흥분이 모두 가라앉고 낮잠을 자기 위해 자리를 잡는다.

놀랍게도 가장 최근의 인류학 연구는 이 두 번째 그림이 실제로 친숙한 사냥꾼 이야기보다 진화적 과거를 더 잘 보여준다고 말한다. 독특한 인간 지능의 발달에서 사냥이 중요하지 않다거나 혹은 아무 역할을 하지 않는다고 말하는 것이 아니다. 그러나 우리의 진화에서 가장 의미 있는 변화는 남자들과 매머드 간의 관계보다 할머니와 아기들 간의 관계와 관련 있다.

초기의 인간 조상들처럼 시장은 과일, 뿌리, 견과를 채집하는 곳이다.(비록 분명히 차와 현금의 출현이 이 과정들을 훨씬 더 쉽게 만들었을지라도.) 우리의 초기 인지적 이점 중 많은 것은 '추출 채집'의 기술에 달려 있었다. 초기 인간들은 잠재적인 음식 자원의 자연적 방어—견과류의 껍질부터 카사바의 쓴 독까지—를 물리치거나 다루기 힘든 독으로부터 먹을 수 있는 것을 분류하는 독특한 방식을 발견했다. 그런 기술들은 사냥만큼 인간의 성공에 많은 기여를 했다. 홍적세(가장 최근 빙하기가 시작된 시기로 약 260만 년 전에서 1만 2,000년 전까지-옮긴이)에는 재활용 종이컵으로부터 맛있는 유기농 셔벗을 꺼내는 것이 아닌 나무에서 맛있는 유기농 흰개미들을 꺼내는 것이었다. 무기력한 어린 생명체와 음식을 공유하는 것도 마찬가지로 중요하다. 그래서 어떻게 그들이 스스로 꺼내고 채집할지, 어떤 과일과 뿌리를 간직하고 어떤 것을 버릴지를 가르치는 것이다.

개암과 말린 체리가 든 과자 만들기, 견과 깨기, 알갱이 추출하기, 갈기, 보존하기와 처리하기 기술들로 얻을 수 있는 칼로리는 어기와 같은 아기를 예쁘고 포동포동하게 만드는 데 필요하다. 최근 연구들은 초기 호모 사피엔스, 아마도 네안데르탈인들이 이미 전분을 만들어 요리하고 있었음을 보여준다. 집으로 과자를 가져가는 것 혹은 적어도 부들 뿌리를 가져가는 것은 집에 베이컨을 가져가는 것만큼이나 중요했다.

그러나 아기를 키우는 것은 무엇보다 중요한 기술이다. 파머스 마켓에서 볼 수 있는 일상의 모습은 인간이 아이들을 돌보는 방식의 가장 독특한 측면들을 보여준다. 우리는 이런 것들을 당연하게 여긴다. 그러나 그들은 진화의 역사에서 결정적인 역할을 했다. 아기와 관계를 맺는 부모, 조부모, 나이 든 아이들과 행인(반려견까지도)들은 독특한 인간 현상이다. 그렇게 많은 사람들이 아이 돌보는 일을 함께한다. 매머드를 넘어뜨리는 것만큼 도전적인 협력 작업이다.

할머니들은 특히 오래된 듯하지만(분명히 때로 그렇게 느낀다.) 진화적 관점에서 그들은 최근의 발명품이다. 우리는 더 이상 아이를 낳을 수 없는 나이가 지나서도 계속 살고, 성장하고, 아이를 돌보는 유일한 영장류다.

인간 아기들은 예외적으로 천천히 발달하고, 다른 영장류의 새끼들과 비교하면 무기력하다. 어기는 침팬지 새끼가 스스로 돌아

다니는 나이에도 여전히 안아주어야 한다. 반면에 인간 아기들은 다른 사람들이 자신을 돌보고 자신들이 알아야 할 것을 자신들에게 가르치도록 하기 위해, 흉내 낼 수 없는 매력을 매우 잘 사용하도록 설계된 듯하다. 아기였을 때도 어기는 다른 사람들의 마음에서 일어나는 것, 그들이 보는 것과 그들이 원하는 것을 이해할 수 있었다. 어기는 자신이 보는 것으로 내 주의를 끌 수 있고, 내가 보는 것에 주의를 기울일 수 있다. 어기는 내가 복숭아를 먹는 것은 좋지만 해바라기를 먹는 것은 미심쩍게 생각한다고 말할 수 있다.

인간 아이들은 또한 놀랄 정도로 효율적인 사회적 학습자들이다. 다른 어떤 동물들보다 훨씬 더 많이, 사람들이 사용하는 도구를 관찰하고 모방한다. 어기가 만일 첼로 활을 손으로 잡을 수 있다면, 나무 스푼으로 셔벗을 접시에 담는 것처럼, 바흐를 연주할 수 있다고 확신한다.

셔벗을 푸기 위해 스푼을 사용하는 것은 분명하게 실질적인 결과가 있다. 그러나 인간은 의식rituals도 공유한다. 우리는 분명히 실질적으로 어떤 결과도 얻지 못하는 방식으로 행동한다. 우리가 누구인지를 확인하는 것과 결속을 맺는 것은 중요하다. 춤은 좋은 예다. 다른 사람과 춤을 출 때, 그들이 우리와 비슷하고 우리가 그들과 비슷하다는 것을 확신한다. 그리고 인간의 경우 무형의 친화성은 즉각적인 실질적 이익보다 중요할 수 있다. 한 살밖에 되지 않았지만 어기는 이미 행위와 도구들뿐 아니라 춤 같은 몸짓과 의식에 조율되어 있다.

인간 아이들은 배우는 것, 특히 다른 사람으로부터 배우는 것에 독특하게 적응되어 있다. 인간 어른들은 아이들을 돌보는 동시에 가르치는 것에 독특하게 적응되어 있다. 많은 생물학자들은 그런 사실들이 진화적 성공에서 중요한 역할을 했다고 생각한다.

| 그저 그런 이야기★가 아닌 |

★ 정글북의 작가 러디어드 키플링이 어린아이들을 위해 쓴 동물 이야기로 원제는 Just-So Stories-옮긴이

더 나아가기 전에, 우리는 무엇보다 중요한 인간 마음의 진화에 대한 질문을 할 필요가 있다. 만일 선사 시대 과거 속에서 우리의 기원을 잃었다면, 우리가 진화한 방식을 어떻게 알 수 있을까?

생물학자들은 진화의 역사를 정확하게 검증할 수 있는 방법이 있다. 그들은 우리와 근접한 종들을 비교하고 어떤 특질들이 생존과 번식에 어떻게 도움이 되는지 볼 수 있다. 그들은 어떻게 검은 회색가지나방이 산업화된 북잉글랜드의 검댕투성이 환경에서 흰 회색가지나방에게 이겼는지를 보여줄 수 있다. 그들은 어떤 종이 잡아먹힐 가능성이 가장 높고 어떤 종이 살아남을 가능성이 가장 높은지를 알기 위해, 부엉이의 뱃속에 있는 서로 다른 종류의 생쥐들의 뼈를 세어볼 수 있다. 그들은 점이 붉은 큰가시고기가 점이 흐린 큰가시고기보다 짝짓기를 더 자주 하는지를 연구할 수 있다. 그들은 새로운 유전자를 생쥐에게 주입하고, 그 생쥐들이 어떻게 발달하는

지 그리고 얼마나 생존하는지를 볼 수 있다.

인간을 연구하는 심리학자들은 그것들 중 어떤 것도 할 수 없다. 인간들은 생존하고 있는 유일한 사람속 종이고, 따라서 그것들을 다른 근접한 변이들과 비교할 수 없다. 검치호랑이 뱃속에 있는 호모 사피엔스와 네안데르탈인의 뼈를 비교할 수 없고, 아기의 DNA에 새로운 유전자를 주입하고 그 결과를 조사할 수도 없다.

또 다른 문제가 있다. 인간은 다른 어떤 동물보다 훨씬 더 목표를 성취하기 위해 행동한다. 전 생애 동안 그리고 세대에 걸쳐 개인적·집단적으로 목표 성취 행동을 한다. 우리는 어떤 일이 일어나는지 배우고, 일어나게 하고, 더 나은 쪽으로 변하게 하기 위해 노력한다.

어떤 인간의 특징들—예를 들면, 여성은 나이 든 남성들이 자식들에게 자원을 더 많이 제공할 것이기 때문에 나이 든 남성에게 끌린다—에 대해 진화적인 설명을 할 때마다, 항상 학습이나 문화와 관련된 대안적 설명이 가능하다. 단순하게 여성들은 더 나이 든 남성이 좋은 공급자라는 것을 학습하고 그들에게 끌리는 것이 바람직하다는 것을 알 수 있다. 혹은 같은 결론에 이른 이전 세대 여성들의 지혜(혹은 다른 방식)를 이어받을 수 있다. 문화적 진화는 어떤 다른 동물보다 인간의 행위에 더 많은 영향을 미칠 수 있고 전체적으로 복잡해진다.

이 모든 것은 '진화심리학', 특히 인기 있는 진화심리학 설명은 '그저 그런' 이야기라는 타당한 비난을 불러왔다. 단지 홍적세로 돌아가면 그 행위가 생존에 도움이 되었을 거라고 말하는 것으로 사람들이 어떤 방식으로 행동하는 이유를 설명할 수는 없다.

그러나 진화와 심리학에 대해 더 주의 깊고 과학적인 가설들을 세우는 것은 가능하다. 우리에겐 인간 심리의 진화에 대한 몇 가지 실제 증거들이 있다. 그 증거는 인간의 자녀 양육을 설명하는 데 도움이 될 수 있다.

인간들은 생존하고 있는 가까운 친족이 없다. 그러나 광범위한 종과 환경을 연구함으로써 일반 원리들을 알아낼 수 있다. 예를 들면 여러 종들에서 긴 아동기와 큰 뇌 간의 상관 혹은 무기력한 아이들과 일부일처주의 부모 간의 상관을 보여줄 수 있다.

매우 신중하게, 우리는 인간 직계 조상인 호모 하빌리스, 호모 엘렉트라, 호모 네안데르탈인과 나머지에 대한 화석 기록을 이용할 수 있다. 화석 턱은 네안데르탈인 아이들이 어기보다 빨리 영구치를 갖는다는 것을 말해준다. 그리고 우리는 남아 있는 선조의 문화 잡동사니들, 도끼와 오커 파편들을 조사할 수 있다. 초기 인간들이 밀가루를 만들었다는 주장은 신석기의 분쇄하는 돌에서 곡물의 흔적이 발견된 것에서 비롯된다.

우리는 인간 행동을 가장 가까운 영장류 친족인 유인원의 행동과 비교할 수 있다. 그러나 우리는 공통의 조상 이후로 수백만 년의 진화를 거쳤음을 항상 기억해야 한다. 비록 침팬지들이 더 나이 든 침팬지들로부터 배울 수 있다고 할지라도, 그들은 어기와 같은 정교한 모방을 하지 못한다.

우리는 아프리카의 쿵족이나 아마존의 애시족처럼 인간 조상과 유사한 방식으로 살고 있는 사람들을 연구할 수 있다. 이런 집단들은 서로 매우 다르지만 생활방식에는 공통점이 있다. 그들은 농사보다 야생의 먹을거리에 의존한다. 인류학자들은 예전에는 수렵·채집 문화로 불렀지만 최근에는 채집 문화로 부른다. 왜냐하면 덩이줄기나 견과류와 같은 야생 먹을거리를 수집하는 것이 이 사람들에게 사냥보다 더 중요하기 때문이다. 쿵족과 애시족의 할머니는 아이를 보살필 때 중요한 역할을 하는데, 이것은 할머니 육아가 진화에서 중요한 역할을 했음을 보여준다.

우리는 진화적 변화에 대한 수학적 모델을 만들 수 있다. 예를 들어 우리는 누군가의 아기를 돌봐주는 것 같은 이타적 행동이 어떻게 생존을 위해 서로에게 의존하는 가까운 동족 집단에서 생물학적 특징으로 나타나는지를 볼 수 있다. 그리고 유사한 문화적 진화 모델을 만들 수 있다. 우리는 손을 흔들어 인사하는 것 같은 몸짓들이 어떻게 한 세대에서 다른 세대로 전수되면서 보존되거나 변형될 수 있는지를 탐색해볼 수 있다.

그리고 마지막으로 인간 아이들의 발달을 살펴볼 수 있다. 이것은 학습과 문화의 기여를 추적하고, 그것들이 진화적 유산인 선천적 재능들과 어떻게 상호작용하는지를 풀어낼 수 있는 길을 제공한다. 한 살배기 어기가 이미 다른 사람들을 이해하고 모방하는 데 능숙하다는 사실은 이것들이 기본적인 인간 능력이라는 것을 의미한다.

진화의 유산을 찾는 이런 방식들 모두는 많은 복잡성, 경고와 함께 온다. 진화의 기원에 대한 가설들이 자주 로샤 검사처럼 보이는 것은 전혀 이상하지 않다. 진화심리학 모임에서 학자연하는 나이 든 사나운 남자가 작은 무리의 전투는 우리에게 중요한 모든 것의 기원이라고 맹렬하게 주장할 때 미소 짓지 않을 수 없다. 그리고 더 많은 여성이 과학에 종사하게 되면서, 채집이 사냥만큼 중요하고 협력 육아의 복잡성은 경쟁과 기만의 정치학만큼 흥미롭다는 것을 학습했다는 건 분명 우연의 일치가 아니다.

진실은 인간 진화에서 많은 요인들이 상호작용한다는 것이며, 우리는 호모 사피엔스를 만든 단 한 가지 핵심 적응을 지적할 수 없다. 그러나 점점 더 많은 생물학자들이 우리 삶의 역사, 우리가 발달하는 방식의 변화가 특히 중요하다는 것에 동의하고 있다.

| 미성숙의 패러독스 |

우리는 왜 아이를 낳는가? 우리 모두 즉각적인 이유를 알고 있지만, 진화적 의미에서 아기들은 어디에서 오는가? 아동기는 동물들이 기본적인 욕구를 충족하기 위해 다른 사람들, 특히 부모에게 의존하는 삶의 단계다. 아기들은 쓸모없는 듯하다. 어쩌면 쓸모없는 것보다 더 나쁠 수 있다. 왜냐하면 어른들은 많은 시간과 에너지를 그들이 계속 생존하는 데 투자해야 하기 때문이다.

부모의 이타성에 대한 분명한 설명은 아이들이 그들 부모의 유전자를 나른다는 것이다. 그러나 여전히 수수께끼는 남아 있다. 만일 유기체가 유능하고 생산적이 될 잠재력이 있다면, 왜 그 단계에 즉시 도달하지 않는가? 실제로 많은 동물들—예를 들면 대부분의 물고기—은 아동기가 매우 짧다. 부모의 보살핌이 필요 없을 정도로 거의 완전하게 형성되어 태어난다. 왜 모든 동물이 그렇게 하지 않는가? 가장 헌신적인 부모들조차도 때로 묻는 것처럼, 왜 우리는 그렇지 않은가?

특히 중요하고 당혹스런 질문이다. 인간 진화에서 논쟁의 여지가 없는 한 가지는 인간 아동기가 실제로 상당히 더 길다는 것이다. 포유류는 무척추동물과 물고기보다 아동기가 더 길다. 그리고 영장류는 대부분의 다른 포유류보다 아동기가 더 길다. 그러나 가장 가까운 친족인 침팬지와 보노보도 우리보다 아동기가 훨씬 짧다.

침팬지들은 3, 4개월에 스스로 이동할 수 있고, 여덟 살이나 아홉 살 무렵에 성적으로 성숙하고, 열 살이나 열한 살에 첫 새끼를 낳는다. 인간, 특히 채집자들은 전형적으로 열여덟 살 정도까지 아이를 낳지 않는다. 전반적으로 인간 아이들은 적어도 침팬지 새끼들의 1.5배 정도 의존적이다.(채집사회에서 그렇다. 집 계약금에 대해서는 말을 말자.) 어린 침팬지들은 대략 일곱 살이 되면 자신들이 먹을 만큼의 음식을 구해온다. 채집사회 아이들은 대략 15세가 되어도 그렇게 하지 못한다.(의대 등록금에 대해서는 말을 말자.)

우리는 다른 영장류보다 전반적으로 더 오래 산다. 완벽한 건강 관리에도 침팬지들은 50년 넘게 살지 못한다. 반면 인간 수렵 채집인들은 80세까지 살 수 있다. 다른 영장류의 암컷들과는 달리 인간 여성은 체계적으로 자신의 생식 능력을 넘어선다. 인간의 폐경은 독특하다. 마치 전체 인간 발달 프로그램이 늘어난 것 같다.

이런 패턴에 한 가지 흥미로운 예외가 있다. 인간은 전형적으로 침팬지 어미들보다 더 일찍 아기들의 젖을 뗀다. 채집사회에서도 아기들은 네 살이나 다섯 살이 아닌 두 살이나 세 살에 이유를 한다. 그 결과 우리는 다른 영장류보다 더 자주 아이를 낳는다. 6년마다가 아니라 3년마다다. 그럼에도 불구하고 인간 아기들은 젖을 뗀 후에도 음식을 먹으려면 여전히 다른 사람들에게 의존해야 한다. 결과적으로 우리의 아기는 실제로 다른 영장류 친족들보다 요구가 더 많다.

일단 우리가 직립보행을 하게 되자 여성들은 더 작은 골반을 갖게 되고, 동시에 아기들은 뇌를 담을 더 큰 머리를 갖게 되었기 때문에 우리의 아동기가 더 길다는 말을 들었을 것이다. 작은 구멍으로 큰 머리가 나오려면 아기들은 좀 더 일찍 태어나야 했다. 그것이 역할을 했을 수 있지만 이야기의 결정적 부분이라고 보기는 어렵다. 아동기의 확장은 단지 영아기가 길어진 것만이 아니라 아동 중기와 청소년기도 길어진다는 의미다.

게다가 아동기는 인간이 진화함에 따라 점점 더 길어진다. 호모 에렉투스와 같은 초기 인간들도 똑바로 섰지만 오늘날의 인간들 같은 긴 아동기가 없었다. 화석 치아 패턴을 보면 네안데르탈인 아이들은 호모 사피엔스 아이들보다 약간 더 빨리 성숙했다.

왜 그런가? 미성숙 시기가 긴 '삶의 역사'를 지닌 종은 또 다른 특징이 있다. 미성숙 기간이 길수록 전반적으로 크기가 크고 수명이 길다. 또한 미성숙 기간이 길면 부모의 돌봄 및 투자가 더 많다는 것도 충분히 논리적이다. 아기들이 미성숙할 때 부모들은 그들을 돌보기 위해 더 많은 자원들을 써야 한다.

아동기가 긴 동물들은 한 번에 낳는 새끼의 수가 더 적다. 우리는 한 번의 임신에 한 명의 아기를 낳는 것을 당연하게 여긴다. 그러나 대부분의 포유류들은 한 배에 새끼 여럿을 낳는다. 또한 아동기가 길면 생존율이 더 높다. 물고기는 수천 개의 알을 낳지만 소수만이 살아남는다. 영장류와 인간은 더 적은 아기를 낳지만 어른이 될 가능성은 더 높을 것이다. 아기들이 성인기까지 갈 가능성이 더 높을 때 각 아기에게 더 많은 투자를 한다.

마지막으로 인류에게 가장 중요한 미성숙은 특히 큰 뇌와 높은 지능, 유연성, 학습 능력과도 상관있다.

이런 연관성은 유대류 같은 특이한 생명체에서도 발견된다. 유대류는 자궁 대신 작은 주머니에서 새끼를 키우는 캥거루나 왈라비 같은 동물이다. 쿼카라는 매력적인 이름의 동물을 떠올려보라. 서호주의 몇몇 섬에서 살고 있는 작은 고양이 같은 동물이다. 쿼카를 보다 친숙한 미국의 버지니아 주머니쥐와 비교해보자. 두 동물의 몸무게는 대략 같다. 그러나 쿼카 새끼들은 훨씬 더 오래 어미의 주머니 속에서 산다. 그들의 부모는 새끼들을 보살피는 데 더 많은 시간과 에너지를 투자한다. 쿼카의 뇌는 주머니쥐의 뇌보다 훨씬 더 크다.

이런 연관성을 살펴보기 위해 주로 선정되는 동물은 새다. 조류학자들—인간에 대해서는 전혀 생각하지 않는—은 오래전에 그들이 만성조와 조성조라고 불렀던 것들 간의 차이를 구분했다. 닭, 거위, 칠면조와 같은 조숙한 종들은 빨리 성숙하고 부모들로부터 빠르게 독립한다. 그것들은 그리 영리하지 않다. 중요한 몇 가지—곡식 알갱이를 쪼는 것 같은—를 매우 잘하지만 새로운 기술들은 잘 배우지 못한다. 대조적으로 까마귀나 앵무새 같은 만숙한 새들은 예외적으로 영리하다. 까마귀는 도구를 휘두르고 심지어 만들어내며, 어떤 면에서는 침팬지들보다 더 영리하다. 까마귀와 앵무새들은 닭, 오리, 칠면조보다 둥지를 떠나는 데—부모로부터 독립하는 데— 훨씬 더 오래 걸린다.

한 특별한 까마귀 변종이 뉴칼레도니아라고 부르는 호주 동쪽 섬에 산다. 까마귀들은 영리해서 도구를 사용할 뿐 아니라 그것을 고안하고 만든다.(유튜브에서 이와 관련된 놀라운 영상을 볼 수 있으며, 이 귀여운 동물 영상은 통제된 실험에서 과학자들이 보는 것들과 일치하는 듯하다.) 그들은 야자나무 가지들을 가져와 줄기에서 잎사귀들을 떼어내고 가시가 있는 끝을 남겨둔다. 그런 다음 그 줄기를 다듬어 파내는 도구로 만든다. 이 도구를 벌레들이 가득 찬 나무에 찔러 넣고 벌레들이 그 가시들에 붙도록 휘저은 다음, 맛있는 흰개미 시시케밥을 끌어낸다.

뉴칼레도니아 까마귀는 2년 동안 미숙한 상태로 다 자란 까마귀에게 먹이를 의존한다. 2년은 새들의 생에서 매우 긴 시간이다. 어린 새끼의 영상을 보면 그 이유는 분명하다. 다 자란 까마귀의 놀라운 기술들을 습득하려면 길고 고통스러우며, 거의 코미디 같은 서투른 학습 기간이 필요하다. 어린 까마귀는 줄기를 떨어뜨리거나 잘못된 쪽으로 집어넣고 잘못된 끝으로 들어올린다. 만일 어린 까마귀들이 도구 사용 기술에 의존해야 했다면, 그들은 금방 굶어죽었을 것이다. 부모 까마귀는 끈질기게 새끼들이 버려진 가지들로 연습하게 하고, 계속해서 자신들이 꺼내온 벌레들을 새끼들에게 먹인다.

한 동물의 삶에서 다른 많은 특징들이 협력하기 때문에 인과적 관계를 확신하기는 어렵다. 예를 들면 긴 수명과 큰 몸집의 발달은 인간에게 도움이 되고, 아기들의 긴 미성숙은 단지 그 여정에 함께했을 수 있다.

물론 진화의 인과적 힘은 양방향으로 달린다. 많은 다른 유용한 계산장치들처럼 뇌는 비용이 많이 든다. 많은 양의 에너지를 사용한다. 그러나 큰 뇌는 더 많은 종의 구성원들이 생존하는 데 도움이 되며, 생존한다는 것은 더 큰 뇌를 성장시킬 수 있다는 의미다. 그리고 긴 아동기 동안 더 많은 투자를 할 수 있으며, 이것은 계속해서 더 큰 뇌를 발달시키는 데 도움이 될 수 있다는 의미다.

이런 모든 측정들에서 인류는 스펙트럼의 끝에 있다. 우리는 어떤 생명체보다도 훨씬 오래 미숙한 상태이고, 뇌의 크기가 상대적으로 훨씬 더 크고, 학습 능력 또한 훨씬 더 뛰어나다. 인간 어른들은 놀랄 정도로 많은 시간과 에너지를 아이 돌보기에 투자한다.

긴 미성숙은 큰 뇌가 성장하는 데 필요한 시간을 반영할 수 있지만, 그것이 이야기의 전부는 아닐 것이다. 태어나는 순간부터 인간 아이들은 예외적인 학습자다. 단지 뇌를 크게 하는 것이 아니라 뇌를 프로그램하는 데 여분의 시간이 걸린다.

실제로 우리의 뇌는 생의 처음 몇 년 동안 가장 활동적이고 가장 굶주려 있다. 어른일 때도 뇌는 많은 에너지를 사용한다. 가만히 앉아 있을 때도 전체 칼로리의 20%가량은 뇌로 간다. 한 살배기는 그것보다 훨씬 더 많이 사용하고, 네 살이 되면 칼로리의 66%가 뇌로 가는데, 다른 어떤 발달 시기보다 더 많다. 실제로 아동 초기에 아이들의 신체 성장이 느려지는데, 뇌의 폭발적인 활동을 보상하기 위해서다.

어기는 공상과학 소설 시리즈 『닥터 후』에 나오는 생명체다. 깡마른 몸속에 있는 거대한 굶주린 뇌이며, 다른 사람들이 자신의 모든 욕구에 봉사하도록 최면을 잘 건다.

인간의 이런 특징들 모두—큰 뇌, 긴 아동기, 부모의 많은 투자—는 서로 협력하며, 진화의 역사에서 거의 같은 시기에 발달하는 듯하다.

어린 까마귀의 영상은 그 이유를 설명한다. 학습에 의존할 때 발생하는 문제는 학습할 시간이 필요하고, 필요한 기술들을 발달시키는 동안 취약할 수 있다는 것이다. 우리 모두는 실패, 실수, 판단 착오, 위험, 실험들로부터 배운다. 그러나 실패는 우리를 위험에 노출시킨다. 호랑이가 돌진하는 그 순간에 다가오는 호랑이에 대처하는 법을 배우고 싶진 않을 것이다.(아기가 울고 있을 때 절망적인 아기를 다루는 법을 배우기를 원치 않을 것이다. 달랠 수 없는 아기는 돌진하는 호랑이보다 더 무서울 수 있다.)

이전에 그것을 알았다면 더 좋았을 것이다. 그리고 만일 이미 유능한 다른 사람들이 당신이 하는 동안 당신을 돌보기 위해 거기 있었다면 분명히 더 나았을 것이다. 만일 당신을 돌보는 사람들이 당신이 문제를 해결하는 데 도움을 줄 수 있다면 더 나았을 것이다. 그리고 만일 당신보다 앞서 살았던 모든 사람들의 축적된 통찰이 당신의 지능과 결합될 수 있다면 가장 좋았을 것이다. 그것이 인간의 해결책인 듯하다.

아동기는 학습을 위한 것이다. 아이들이 학습하도록 설계되었다는 것이고, 어른과 아이들이 특별한 관계를 갖는 이유다. 그러나 아이들의 학습은 단지 부모의 말을 듣거나 부모가 원하는 바를 하는 것을 넘어선다.

| 학습, 문화, 피드백 고리 |

특별하게 진화된 우리의 학습 능력은 무엇처럼 보이는가? 과거에 진화심리학자들은 선천적인 특정 '모듈'에 대해 자주 말했는데, 그것은 특정한 목적에 봉사하도록 진화된 특별한 인지적 기술들이다. 심리학자들은 마음을 일종의 스위스 군용칼로 묘사했으며, 여기에는 어떤 문제를 해결하도록 고안된 전문화된 장치들이 들어 있다. 그러나 최근에 관점이 변했다. 점점 더 많은 이론가들이 광범위한 종류의 학습과 문화적 전수의 진화를 지적한다. 그런 능력들은 많은 서로 다른 새롭고 전례가 없었던 인지적 기술들을 발달시키는 데 도움이 될 수 있다.

진화이론가인 에바 야브론스타는 인간의 마음은 스위스 군용칼보다는 손과 더 비슷하다고 말했다. 인간의 손은 특별히 어떤 한 가지 일을 하도록 고안된 것이 아니다. 그것은 많은 일을 하기 위한 매우 유연하고 효과적인 장치다. 우리가 결코 상상해본 적이 없던 일도 포함한다. 내가 어기를 옮길 때 아이는 한 손으로 내 어깨를 잡는데, 이전 영장류 새끼들의 세대가 했던 것과 같다. 그리고 다른 한 손으로는 내 아이폰을 잡고 있는데, 이전의 어떤 세대에서도 해본 적이 없었던 것이다. 자신을 옮기는 사람의 마음과 협력해서 작용하는 인간 아이의 마음은 우주에서 가장 유연하고 강력한 학습 장치다.

학습과 문화 전수에서 폭넓은 변화로 인해 광범위한 영역에서 새로운 기술들이 등장한다. 초기 인간들은 요리, 채집, 사냥, 협동, 경쟁, 아이 돌보기를 하기 위한 더 나은 방법을 발달시켰다. 그들이 더 잘 학습하고, 학습한 것을 더 잘 전달하게 되면서 인간들은 모든 면에서 더 잘하게 되었다.

학습과 문화 전수는 특히 중요한데, 그것들은 피드백 고리를 허용—실제로 권장—하기 때문이다. 우리의 배우거나 가르치는 능력의 작은 변화들이 우리의 행동과 생각의 큰 변화가 될 수 있다. 예를 들면, 새로운 도구 사용법을 배우는 것과 유사하다. 그것이 나무 스푼이든 첼로 활이든, 분쇄하는 돌이든 아기그네든, 이런 종류의 학습은 다른 사람이 그 도구를 사용하는 것을 보는 것과 도구로 할 수 있는 새로운 가능성들을 이해하는 것을 포함한다.

다른 집단보다 도구 사용을 약간 더 잘 배우는 초기 인간 아이들 집단을 상상해보라. 그 아이들은 성장했을 때 더 많은 그리고 더 좋은 도구들을 가질 것이다. 이미 발명된 도구의 사용법을 빨리 배우기 때문이기도 하고, 그것들을 수정하고 향상시키는 법을 알아낼 수 있기 때문이기도 하다. 이 도구들은 그 아이들이 잘 배우지 못했던 아이들보다 더 성공적으로 사냥하고 채집하고 요리하고 아이들을 키우는 데 도움이 될 것이다.

이제 약간 더 영리한 아이들에 대해 생각해보라. 그들은 부모의 빠른 이해 능력을 물려받을 뿐 아니라, 자신의 부모들보다 학습하고 이해하는 도구들을 더 많이 가질 것이다. 이 세대는 단지 조부모들만큼 도구 사용을 잘하는 것이 아니라 훨씬 더 잘할 것이다. 그리고 그런 기법들로 인해 이 다음 세대가 보다 효과적인 채집인, 사냥꾼, 돌보는 사람이 되면서, 더 많은 아이들이 도구를 배우는 데 더 긴 시간을 소비할 것이다.

각 세대가 정보를 다음 세대에 전달하면서 그들이 할 수 있는 일의 종류가 질적으로 발전할 것이다. 사회적 학습의 초기에 있던 작은 차이는 눈덩이처럼 급격하게 커져 마음과 삶의 거대한 차이를 가져올 수 있다.

그러나 여기에는 흥미로운 단서 조항이 있다. 만일 각 세대가 단지 이전 세대가 했던 것을 흉내 내어 정확하게 복사만 했다면, 우리는 결코 어떤 진보도 하지 못했을 것이다. 어떤 점에서, 되도록이면 많은 점에서 새로운 세대의 누군가는 혁신해야 하고 다른 사람들은 그 혁신가가 추종할 사람이라는 생각을 해야 한다. 어떻게 진화의 힘, 생물학적이며 문화적인, 이 혁신과 모방 사이에서 균형을 잡는지는 다루기 힘든 질문으로, 우리는 이제 막 이해하기 시작했다.

이 새로운 관점은 인간 진화의 핵심 수수께끼들에 대해 말한다. 우리는 침팬지나 보노보와 거의 모든 유전자를 공유한다. 공동 조상이 있는 후손들에서 유전적 변화는 생각했던 것보다 훨씬 적다. 그리고 호모 사피엔스는 단지 몇십만 년 내에, 진화적 시간으로는 눈 깜짝할 사이에 갈라졌다. 작은 유전적 차이가 생각하고 행동하고 지금 사는 방식에서 극적인 변화들로 이끌었다.

그리고 또 다른 수수께끼가 있다. 해부학적으로 현대 인간, 우리와 같은 골격을 갖춘 인간은 대략 20만 년 전에 진화했다. 그러나 심리학적으로 현대 인간, 우리처럼 행동하는 인간—죽은 사람을 묻고, 동굴에 그림을 그리고, 바늘을 만들고, 창을 던지고, 화장과 접착제를 사용한—은 단지 5만 년쯤 전에 대거 등장했다.

어떤 미묘한 유전적 변화, 스위스 군용칼에 어떤 새로운 장치가 생기는 변화가 있었을 것이라고 생각할 수 있다. 그러나 새로운 연구들은 이것은 그런 경우가 아니었음을 보여준다. 안료를 사용하고 죽은 사람을 묻는 것처럼, 많은 독특한 인간의 문화적 혁신은 인류 기록에서 더 일찍 나타났지만 단지 국지적이고 산발적이었다. 그들은 대략 5만 년 전까지는 '갖지' 못했던 듯하다.

만일 생물학적으로나 문화적으로 인간 진화에 역동적인 피드백 고리가 있다면, 이 수수께끼들은 더 많은 의미가 있다. 작은 변화는 큰 차이로 이끌 수 있고, 만일 조건들이 맞다면 그런 변화들은 '시작되고' 더 많은 실질적인 변화들이 된다.

| 미지의 것은 알 수 없다 |

인간을 진화로 이끄는 극적이고도 급격한 변화를 촉발하는 것은 무엇일까? 우리는 무엇에 적응하고 있는가? 우리가 적응한 변화는 변화 그 자체다.

첫째, 기후가 변했다. 단지 더 춥거나 더 덥거나, 더 습하거나 더 건조하게 된 것이 아니다. 기후는 점점 더 가변적이고 예측 불가능하게 되었다. 인간이 어떤 종류의 기후에 직면할지, 세대 내에서 그리고 세대에 걸쳐서, 말하기가 더 어려워졌다. 기후 변화는 인간이 기후 변화를 유발하기 오래전에 이미 인간을 변화시켰다.

가변성의 두 번째 출처는 유목민 삶에서 왔다. 매우 초기부터 인간은 이동했다. 우리의 위대한 유인원 친족들은 여전히 그들이 원래 진화했던 장소와 거의 같은 장소에서 살고 있다. 그러나 인간은 숲으로부터 대초원으로, 빙원으로, 사막으로 뻗어갔다. 정말 말 그대로 산을 넘고 바다를 건너 이동했다. 우리 유전자 속에 방랑벽이 있는 듯했다. 이런 유목 전략은 우리가 끊임없이 새로운 환경에 직면한다는 의미였다.

사회적 환경도 변했다. 인간의 강점 중 하나는 환경이 달라지면 그에 적합한 서로 다른 종류의 사회조직을 구성할 수 있다는 것이다. 농업의 발명은 인간의 사회구조를 급격하게 바꾸었다. 사람들은 이곳저곳을 돌아다니며 그날 채집할 수 있는 것에 의존해 사는 대신, 한 장소에 머물러 자원들을 축적하기 시작했다. 그것은 같은 DNA를 가진 같은 인간들을 서로 다른 종처럼 보이게 바꾸어놓았다. 오래전, 우리들은 상대적으로 평등한 작은 집단 속에서 사는 삶으로부터 엄격한 위계와 급진적인 힘의 불평등으로 이루어진 도시에서 사는 삶으로 옮겨갔다.

우리는 가변성과 변화를 어떻게 다루는가? 수학적 모델(그리고 상식)은 우리가 가변성을 가지고 가변성을 만난다고 제안한다. 개별 아이들이 어떻게 생겼는지, 그들이 어떻게 생각하고 발달하는지, 다른 사람들로부터 무엇을 배우는지가 달라지면 그 아이들 모두는 환경이 변할 때 생존 가능성이 더 높아진다. 그 결과 우리는 아이들의 기질과 발달에서 그리고 성인들의 행동에서 많은 무작위적 가변성을 예상할 수 있다.

그렇게 많은 서로 다른 사람들이 인간 아이들을 돌본다는 사실에 비추어볼 때, 확실히 아이들은 광범위하게 다양한 정보와 모델에 노출된다. 거기에 각 아이의 기질, 능력과 발달 과정에서의 가변성은 복잡성과 불확실성을 더한다. 역사적 가변성과 변화 역시 더 많은 복잡성을 추가한다. 각 인간 세대는 이전 세대보다 성장하고 약간 다른 세계를 창조한다. 그것은 혼돈이다. 그러나 바람직한 혼돈이다. 사람들이 놀랄 정도로 끊임없이 변하는 환경에서 성장하게 하는 혼돈이다.

| 양육으로의 회귀 |

이제까지의 진화적 관점에서 왜 양육이 부모와 아이들에게 좋은 모델이 아닌지가 분명해졌을 것이다. 아이를 돌보는 것, 그들을 보살피고 그들에게 투자하는 것은 인간 번성에 절대적으로 중요하다. 암묵적으로나 명시적으로나 아이들을 가르치는 것은 분명히 중요하다. 그러나 진화의 관점에서 보면, 의식적으로 우리의 아이가 어떻게 되도록 조형하려는 노력은 헛수고이며 오히려 문제를 더 키운다.

비록 우리 인간이 정확하게 우리의 목표와 이상에 맞게 아이들의 행동을 조형할 수 있을지라도, 그렇게 하는 것은 비생산적이다. 우리는 미래의 아이들이 직면하게 될 전례가 없었던 도전을 미리 알 수 없다. 우리 자신의 이미지로 혹은 현재의 이상적인 이미지로 아이들을 조형하는 것은 실제로 그들이 미래의 변화에 적응하는 것을 방해할 수 있다.

우리는 "글쎄, 누가 진화적 관점에 대해 신경이나 쓸까?"라고 답할 수도 있다. 아이들과 부모의 관계가 홍적세에는 특별한 방식으로 작용했을지라도, 그리고 그런 관계가 종으로서 인류의 성공에 역할을 했을지라도 그런 방식이 지속되어야 한다고 믿을 만한 합리적인 이유는 없다. 당분과 동물성 지방에 대한 우리의 기호처럼, 과거 환경에 대한 많은 적응들은 현재의 환경에서 우리에게 도움이 되지 않는다.

오늘날에는 더 이상 흰개미와 매머드가 주요 단백질 공급원이었던 환경을 마주하지 않는 것이 사실이다. 그러나 우리의 핵심 적응(변화 그 자체에 대한 적응)은 그 어느 때보다 지금 더 중요하다. 유연하게 학습하고, 새로운 환경에 적응하고, 상상력으로 사회구조를 바꾸는 능력, 그 모든 능력들은 과거 어느 때보다 중요하다. 그리고 부모와 아이들의 관계는 여전히 그런 도전들을 해결하는 열쇠다. 비록 양육은 아닐지라도.

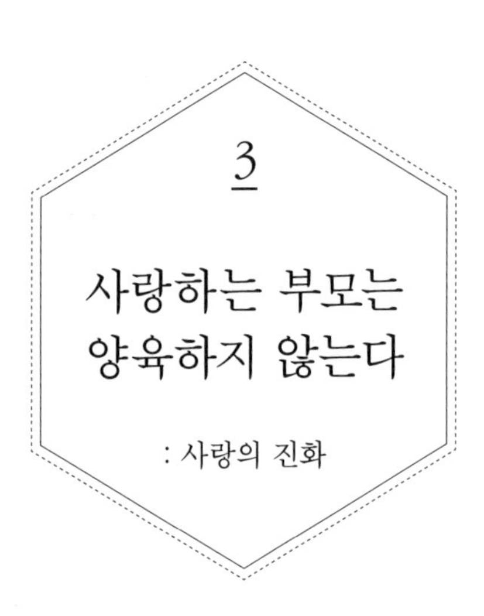

3

사랑하는 부모는 양육하지 않는다

: 사랑의 진화

만일 아이들 돌보기가 양육의 그림에서 제안하는 것 같은 일이 아니고 사랑이라면, 그것은 어떤 종류의 사랑일까? 우리가 아이들을 사랑한다는 진부한 이야기를 넘어선 보다 특별한 어떤 것을 말할 수 있는가? 이 장에서 나는 아이들에 대한 인간의 사랑은 실제로 매우 독특하며, 놀랍고, 특별한 진화의 역사에 의해 조형된다고 주장할 것이다. 그리고 아이들에 대한 사랑은 인간의 다른 종류의 사랑에 영향을 미치고 그것을 만들어갈 것이다.

대략 20년 전 내가 처음 쓴 책의 1장은 임신과 출산의 압도적인 경험을 묘사하는 것으로 시작했다. 9개월의 신체적 변화, 다른 존재와 내 몸을 공유하는 아주 낯선 경험, 그리고 전적인 몰두와 마라톤 같은 노력의 조합이었던 출산에 대한 것이었다. 질을 통해 움직이는 괴상하고 강렬한 감각, 뇌에서 화학물질을 생성하는 행복감의 급상승, 몸을 누르는 작은 몸의 사랑스런 따뜻함이 있었다. 생물학적 엄마들의 이런 독특한 감각·정서·화학적 변화들이 아기를 사랑한다는 느낌의 정수인 듯했다.

그럼에도 불구하고 나는 지금 다른, 그리고 낯선 경험에 대해 보고해야겠다. 2012년 10월 8일 손자인 어기가 태어나고 처음으로 그를 안았을 때, 나는 정확하게 10월 7일의 나와 똑같은 사람이었다. 호르몬 변화도 없었고, 발로 차는 아기도 없었으며, 몸과 마음의 급격한 변화도 없었다. 어떤 준비도 없이 나는 예전과 비슷한 어떤 것을 경험했다. 똑같이 강렬하고 특별한 사랑, 이 아기가 특히 내가 생명을 준 어떤 존재라는 느낌이었다.

실제로 나는 그 감정을 느꼈던 때를 정확하게 집어낼 수 있다. 그것은 까다로운 2주된 아기와 함께한 힘든 오후였다. 오랫동안 계속 안고 달래고 흔들어준 후에야 손자는 내 어깨에서 (여전히 약간 흐느끼면서) 잠이 들었다. 지독히도 연약하고 작고 무기력한 이 생명체의 압도적인 중요성이 익숙한 목이 메는 감각이 되어 나를 관통했다. 물론 나는 이미 첫 손자를 사랑해야 하는 많은 추상적인 이유를 가지고 있었다. 그러나 아기를 성공적으로 달랬다는 바로 그 사실이 모든 추상적인 생각들을 강력하고 즉각적인 감정으로 통합하는 듯했다. 그것은 임신이나 출산 그리고 그 나머지 것들이 없어도 갖게 되는 감각이었다. 그것은 청소년 때 사랑에 빠지는 것과 중년에 사랑에 빠지는 것 간의 차이와 약간 비슷하다. 열다섯 살에는 욕망이 사랑으로 이끌고, 쉰다섯 살에는 사랑이 욕망으로 이끈다. 할머니들의 경우, 헌신은 다른 방식으로 감정들을 몰아간다.

생물학적으로 엄마인 상태가 아이를 돌보려는 충동과 연결되어 있다는 생각은 어떤 점에서는 분명히 옳다. 그러나 우리가 앞으로 보게 될 것처럼, 모성애를 지지하는 시스템은 다른 종류의 사랑을 촉진하도록 진화되어왔다. 이런 생물학적 패턴들은 지식과 문화에 의해 재형성된다. 그리고 특히 인간의 경우, 생물학적 모성애는 아이들을 돌보는 것에 포함된 여러 종류의 사랑 중 하나일 뿐이다.

내가 출생에 대한 글을 쓴 수년 후에, 세라 블래퍼 허디와 크리스틴 호크 같은 진화인류학자들이 아이들에 대한 인간 돌봄의 깊이와 넓이, 생물학적 어머니들을 넘어선 돌봄을 강조했다.

인간은 돌봄의 '세 분야 전문가triple -threat'를 갖는데, 이 점은 가장 가까운 영장류 친족들과도 구분되는 부분이다. 첫째, 우리는 짝 결합을 한다. 남성과 여성은 아이들뿐 아니라 서로를 사랑하고, 아버지도 엄마처럼 아이들을 돌본다. 실제로 그런 결합은 여성과 여성, 남성과 남성 사이에도 일어날 수 있다. 둘째, 우리는 할머니 시기가 있다. 영장류들 중에서도 독특하게 인간 여성은 폐경기를 지나서도 생존하고, 자신의 아이들뿐 아니라 아이들의 아이들을 돌본다. 셋째, 우리는 부모처럼 행동하는 동종부모다. 즉 자신의 아이들뿐 아니라 다른 사람들의 아이들도 돌본다.

이런 종류의 돌봄 모두는 길어진 미성숙 기간 및 인간 아이들의 증가된 요구들과 관련이 있다. 우리는 그런 요구들에 대한 부분적인 반응으로 '세 분야 전문가'를 발달시켰을 수 있다. 혹은 돌봄 네트워크의 발달이 실제로 우리에게 길어진 미성숙 기간을 허용했을 수도 있다. 아마도 두 가지 발달이 공진화적 방식으로 상호작용했을 가능성이 가장 클 것이다. 돌봄에서 각각의 증가는 큰 뇌의 학습 증가를 허용했고, 그것은 더 많은 자원을 창출하게 했으며, 다시 더 많은 돌봄을 가능하게 했다.

따라서 인간의 돌봄 범위는 크게 확장되었다. 그리고 아이들에 대한 돌봄은 또 다른 누군가를 돌보는 것의 일부가 된다. 협력해서 아이들을 돌보라는 요구는 그것을 실행하는 사람들 간의 돌봄과 사랑의 결합으로 이끈다. 실제로 낭만적이지 못한 용어인 집단적 투자라고 부르는 '협력 육아'는 다른 종류의 돌봄으로 이끌었을 수도 있는데, 이것은 일반적으로 인간의 이타성과 협력으로 이끈다.

진화는 우리에게 아이들 및 그들의 번성을 돕는 목표를 소중하게 여기는 본능을 주었을 수도 있다. 그러나 우리는 그 목표를 성취하는 데 도움이 되는 사회적 배열을 재창조하는 독특한 능력도 가졌음을 기억하는 것이 중요하다. 아이들을 돌보는 최초의 동기는 진화에서 온 것일 수 있지만, 우리는 새로운 방식으로 그것을 실행할 수 있다.

역사를 지나면서 우리는 세 분야 전문가를 넘어 아이들을 돌보는 방식을 발명했는데, 그것은 개별적인 유모부터 보편화된 유치원까지다. 내가 더 나은 보육을 위해 의회에 로비를 하거나 대학에서 더 나은 가족 휴가 정책을 위해 싸울 때 따뜻함과 즐거움이 밀려들지는 않았다.(정말이다!) 로비하는 동안 내가 느낀 분노와 좌절의 화학적 수프는 요람에서 잠자는 아기를 흔들어주는 심오한 즐거움과 전혀 닮지 않았지만, 결국 두 행동에 깊이 내재된 가치들은 같다.

| 짝 결합, 참으로 복잡한 |

아이들에 대한 돌봄을 보장하는 최초의 가장 분명한 결합은 아이들의 친부모인 남성과 여성 간의 결합이다. 물론 결합은 인간 본질의 다른 측면들만큼이나 불가사의하고 복잡하고 혼란스럽다. 여전히 진화가 낭만적 사랑과 그 결과로 나타난 부모의 자녀 사랑과의 관계에 대해 무슨 말을 할 수 있는지 묻고 싶을 것이다. 이런저런 시기에 아마도 우리 대부분이 했던 간단한 질문이 있다. 그 범위는 호기심을 일으키는 것부터 고통스러운 것까지 포함한다. 일부일처제는 우리의 본성인가 육성의 결과인가? 그것은 생물학에 뿌리를 둔 자연스런 인간 본성인가? 단지 법이나 관습에 의해 유지되는 인간의 사회구조인가?

아마도 추측할 수 있는 것처럼, 진화적 대답은 "글쎄, 그것은 복잡하다."는 것이다. 그것은 일부일처제가 무엇을 의미하는지에 따라 달라진다. 많은 여러 다른 동물의 행동들은 그 용어 아래에서 똑같이 취급되었고, 그런 행동들을 인간 문화의 제도화된 이상과 관련지을 때 더 혼란스러운 일이 된다.

여기 나쁜 뉴스가 있다.(관점에 따라 다르지만) 어떤 종도 성적으로 일부일처제가 아니다. 백조도 마찬가지다. DNA에 대한 새로운 연구들은 거의 모든 동물들이 여러 파트너들과 성관계를 한다는 것을 보여준다. 그러나 좋은 뉴스도 있다.(이것도 관점에 따라 다르다.) 적어도 어떤 동물들의 경우, 짝짓기와 돌봄 간에 독특한 연결이 있다. 생물학자들은 그것을 짝 결합이라고 부른다. 많은 새들이 짝 결합을 하지만 짝 결합 포유류는 소수이며, 여기에는 다른 유인원 긴팔원숭이가 포함된다. 그리고 거기에 우리가 있다.

짝 결합은 서로 성관계를 하는 동물의 짝은 자신들의 삶과 어린 새끼에 대한 돌봄을 공유한다는 것을 의미한다. 새들의 경우, 둥지를 공유하는 것부터 노래를 공동으로 만들어내는 것까지 모든 것을 의미할 수 있다. 많은 동물들의 경우, 짝 결합은 이성 파트너뿐 아니라 때로 동성 파트너를 포함한다. 센트럴파크 동물원에 있는 유명한 게이 펭귄 커플처럼.

인간 문화에서 우리는 일부일처제와 일부다처제 간 사회적·제도적·법적 차이들에 초점을 맞춘다. 그러나 생물학적 관점에서 중요한 것은 파트너가 한 명인지 혹은 여러 명인지가 아니다. 파트너십이라는 아이디어다. 이 생각은 성관계를 하는 사람들 중 적어도 몇몇과 함께 살면서 돌보고, 장기간 동안 그렇게 하며 함께 아이들을 돌본다는 생각이다.

우리의 길어진 아동기와 함께, 짝 결합은 인간의 가장 독특한 진화적 특징 중 하나이며, 극히 소수의 다른 포유류와 공유하는 것이다. 다른 영장류는 놀랄 정도로 성적·사회적 배열이 다양했다. 마카크 같은 많은 원숭이들은 아주 난잡하다. 수컷과 암컷 둘 다 누구든 가능한 상대와 성관계를 맺는다. 오랑우탄은 대체로 군거하지 않고 혼자 산다. 수컷들은 성숙할 때까지 어미와 함께 살다가 홀로 있을 수 있는 자신의 영역을 찾기 위해 마침내 떨어져 나간다. 그런 다음에는 마찬가지로 홀로 있는 암컷들과 짝짓기를 하기 위해 모험을 떠난다. 침팬지들은 매우 유연하고 역동적인 성적·사회적 관계를 맺는다. 암컷들은 여러 다른 집단으로 들어가고 나오며 많은 수컷들과 짝짓기를 한다. 보노보들은 매우 일반적으로 긴장을 완화하고 제휴를 맺고 스스로 즐기는 방식으로 섹스를 이용하며, 생식과는 완전히 독립적이다. 레즈비언 섹스는 특히 도처에 존재한다. 고릴라들에서는 수컷 한 마리가 암컷들과 새끼들 무리 속에 산다. 그러나 수컷들은 상대적으로 새끼들을 거의 돌보지 않는다. 대신 암컷들을 통제하고 다른 수컷들을 물리치는 데 에너지를 쏟는다.

영장류 중에서 유일하게 긴팔원숭이만이 짝 결합과 비슷한 모습을 보인다. 긴팔원숭이 수컷과 암컷들은 완전하게 성적으로 일부일처제는 아니지만 함께 노래를 조정하고 영역을 지킨다. 프레드 아스테어와 진저 로저스처럼, 긴팔원숭이의 경우에도 이중창은 많은 짝 결합 종족들에서와 같은 역할을 하는 매혹적인 면이 있다. 음악은 로맨스로 가는 길이다.

우리 인간도 다양한 방식으로 성생활을 조직한다. 많은 인간 프로젝트처럼 성취하기 위해 애쓰는 이상ideals을 만듦으로써 그렇게 한다. 다양한 시간과 장소에서 성적인 이상은 평생 성적 충성을 지키는 것에서 일부다처제로, 자유연애까지에 이른다. 그러나 이상이 무엇이든 현실은 더 혼란스럽다.

위대한 생태학자이자 인류학자인 아이블 아이베스펠트는 예전에 한 외딴 종족과의 '첫 만남'에 대해 내게 말했다. 그 종족에 대한 조사를 마친 후 그는 자신에게 묻고 싶은 것이 있는지 그들에게 물었다. 그들은 "그렇다."고 말하고, "너희들은 누군가와 결혼한 사람이 다른 사람과 성관계를 맺는 일이 있는가?"라고 물었다. 모든 사람들을 비참하게 만들었음에도 불구하고, 그 일은 계속 일어나고 있었다. 그러면 아이베스펠트가 만난 종족은 그 문제를 이해하고 어떤 좋은 제안을 했는가?

문제는 단지 일부일처제와 관련된 것이 아니다. 고대 일본 소설 『겐지 이야기』에서 영웅은 단 한 명의 아내만 있는 것이 훨씬 더 단순함에도 불구하고, 여러 명의 정부들을 가져야 하는 사회적 의무에 대해 유감스럽게 생각한다. 보노보의 선택지가 훨씬 더 만족스러운 것은 아니다. 모든 세대에서 죄책감 없는 성관계에 대한 생각은 새로운 이름으로—자유연애, 개방결혼, 혹은 현재는 일부다처제—그리고 불안과 질투 같은 희망 없는 오래된 문제로 재등장한다.

그럼에도 불구하고, 많은 다양한 성적인 배열들 중에서 성과 사랑, 짝짓기와 돌봄이 서로 연결되어 있다는 생각은 인간 문화에 매우 뿌리 깊고 널리 퍼져 있다. 성적인 사랑과 결혼은 다른 것들만큼이나 인간에게 보편적인 듯하다. 우리는 당연하게 여기지만, 진화적 그림에서 그것은 실제로 매우 이상하다. 실제로 전체 포유류에서 5% 미만이 그런 방식으로 행동한다.

대부분의 동물들이 짝 결합을 하지 않는데, 어떤 동물들은 왜 짝 결합을 하는가? 우리와 가장 가까운 영장류 친족들의 강렬한 성적 배열과는 달리, 왜 인간은 특히 짝 결합을 발전시켰는가? 진화에서 항상 그렇듯이, 짝 결합은 많은 기능을 하고 많은 출처에서 나온다. 그러나 짝 결합은 '아버지의 투자'와 매우 관련이 깊다. 그리고 필연적으로 처음에 아기를 기르는 데 필요한 총 투자—노동, 자원 및 돌봄의 총량—와 관련이 있다.

비록 짝 결합과 아버지 투자는 관련이 있지만, 초기 인류 역사에서 얼마나 많은 아버지들이 실제로 아기들의 복지에 기여했는지는 논쟁거리다. 이는 닭과 달걀 중 어느 것이 먼저인지에 대한 질문과 같다. 그러나 수렵사회에서도 인간 아버지들이 고릴라나 침팬지 아버지들보다 훨씬 더 많은 투자를 한다는 점에서는 이견이 없다. 그리고 이런 투자와 돌봄이 현대 사회와 고대 사회 모두에서 아이들의 성장에 도움이 된다는 것은 분명하다.

만일 아버지 투자가 아기에게 그렇게 많은 도움이 된다면, 왜 동물들 사이에서 그것이 일반적이지 않은가? 아버지 투자가 어떻게 진화할 수 있었는지는 수수께끼다. 많은 전통적인 진화심리학자들이 지적해왔듯이, 남성과 여성의 생식으로 얻는 이익은 비대칭적이다. 원칙적으로 남성은 다른 많은 여성들에게 자신의 유전자를 나누어줄 수 있고, 많은 아기들의 아버지가 되고 그렇게 자신의 유전자가 복제될 가능성이 높아진다. 다른 한편, 여성들은 임신의 병목 현상에 직면한다. 즉 가능한 많이 가지려고 노력하기보다는 기존에 가진 아기를 돌보는 것이 더 효과적이다.

상대를 가리지 않는 남성의 이런 성교 전략은, 특히 다른 남성들을 배제하고 여성들이 다른 남성들과 짝짓는 것을 막기 위해 자신의 특별한 크기, 강함, 공격성을 사용하는 남성들에게 효과적이다. 그들은 단지 여성을 임신시키는 데 더 효과적이고 더 공격적인 정자를 가지고 있을 수 있다. 이것이 대부분의 수컷 영장류들의 전략이다. 우리 인간은 어떻게 그것으로부터 짝 결합으로 이동할 수 있었는가?

한 가지 생각은, 만일 덜 공격적이고 아버지 투자를 더 많이 하는 남성에 대한 선호를 발달시킨다면, 여성들은 더 효과적으로 자신의 유전자를 전달할 것이다. 여성은 자신이 낳은 기존의 아기를 위한 자원이 필요하다. 아기들의 요구가 많을수록, 이 전략은 더 의미가 있다. 일단 여성이 이런 선호를 발전시키기 시작하면, 아버지 투자를 하는 남성에게도 유전적인 이점이 있을 것이다. 결국 그런 행동 패턴을 보이는 남성들과 그런 선호 패턴을 발전시킨 여성들이 그 이전의 패턴들을 압도할 수 있다.

아버지 투자는 아기들이 특히 요구적일 때 남성들에게 더 의미가 있다. 아기가 생존하고 잘 자라는 데 필요한 돌봄과 자원이 많을수록, 남성의 거래가 더 많이 바뀐다. 자신의 유전자를 공유하는 많은 아기들의 아버지가 되는 것은 실제로 아기들 모두 어려서 죽는다면 그렇게 좋은 전략이 되지 못한다. 더 적은 아기들이 낫다고 판명된다면 그들에게 필요한 자원을 제공할 것이다.

그러나 이 전략은 적어도 그들이 투자한 아기들이 실제로 자신들의 아기일 가능성이 클 때 가장 효과적일 것이다. 짝 결합은 남성과 여성들 간에 이루어지는 일종의 유전적 협정이다. 남성과 여성 간 특별한 애착은 남성이 자신의 유전자를 나르는 아기들에게 투자할 가능성을 높이는 데 도움이 된다. 동시에 거기에 아버지의 돌봄이 추가된다면 여성의 유전자를 나르는 아기들의 성장 가능성이 더 크고, 긴 미성숙 기간을 견딜 수 있다.

짝 결합 종들은 성적 공격이 성적 협동으로 대체되면서 독특한 신체적 특징들이 발달했다. 짝 결합 종들은 고릴라처럼 일부다처 종보다 수컷과 암컷 간 크기의 차이가 작다. 수컷은 다른 수컷을 물리치고 암컷을 통제하기 위해 더 우세한 힘에 의존할 필요가 없다. 짝 결합 수컷은 고환이 더 작은데, 정자 경쟁이 더 적기 때문이다. 손가락 길이에서도 차이가 있는데, 이것은 아기들이 자궁에서 노출된 테스토스테론의 양과 관련이 있다.

인간 남성들은 다른 유인원보다 고환이 더 작고, 인간 여성보다는 약간 더 크며, 상대적으로 손가락 길이 비율이 더 크다. 화석화된 유골을 측정함으로써, 과학자들은 이런 차이들이 인류가 진화하면서 점진적으로 어떻게 나타났는지를 추적했다. 이 연구는 짝 결합의 발달이 인류를 특별하게 만든 독특한 변화들, 특히 긴 아동기와 관련이 있다고 제안한다.

인간 성생활의 복잡성을 이해하는 한 가지 방식은 다른 유인원의 성적 패턴들과 함께 짝 결합의 유전적 잠재력을 고려하는 것이다. 단일 유전자 세트는 서로 다른 환경에서 다양한 신체적 혹은 심리적 특성들을 생성할 수 있다. 인간은 영장류 친족들에서 본 많은 성적 패턴들에 대한 잠재력을 가진 듯하다. 즉 보노보와 침팬지의 난잡한 '자유연애'로부터 일부다처의 고릴라 할렘을 거쳐 긴팔원숭이의 짝 결합까지.

생물학자들은 인간 아버지들을 선택적 양육자라고 부른다. 그들은 환경에 따라 완전히 헌신적이거나 완전히 무심할 수 있다. 아버지들에게 특히 중요한 것은 실질적인 돌봄의 경험이다. 만일 아버지들이 적극적으로 아기를 돌봐야만 하는 상황에 놓인다면, 그들은 아기와의 결속을 발달시킬 가능성이 더 크고, 그것은 그들이 더 많은 돌봄에 관여하도록 이끈다. 그러나 아버지들은 어머니들보다 돌보는 일을 누군가에게 남겨두고 떠날 가능성이 더 높은 듯하다.

서로 다른 환경들은 어떤 한 성적 패턴의 표현을 촉진할 수 있다. 예를 들면, 농업의 발명과 함께 인류 역사에서는 변혁의 순간이 있었다. 수십만 년 동안 인간은 작고 평등한 채집사회 속에서 살았다. 그러나 1만 2,000년 전 농업을 발명했을 때, 인류는 크고 복잡한 위계적인 사회에서 살기 시작했다.

농업의 등장은 당황스러운데, 왜냐하면 같은 유전적 유산을 가진 같은 인간들이 이전과는 철저하게 다른 방식으로 행동하기 시작했기 때문이다. 이는 성생활에도 적용된다. 대체로 채집사회에서 남성과 여성은 상대적으로 평등하게 짝 결합을 맺은 듯하다. 농업과 더불어 더 크고 더 불평등한 사회가 늘어나면서 고릴라 같은 일부다처의 패턴들(한 명의 남성에게 많은 아내들이 종속되는)인 할렘이 함께 등장했다. 산업사회와 후기 산업사회에서 이 패턴은 다시 한번 바뀌었는데, 평등주의적 짝 결합과 비슷한 패턴으로 돌아갔다.

나는 페미니즘의 역사적 긴장은 서로 다른 성적 패턴들 간의 갈등에서 나온 것이라고 추측한다. 적어도 18세기 이래로 페미니스트들은 성에 대한 찬양과 불신 사이를 왔다 갔다 했다. 여성에게 있어서 성은 헌신, 사랑, 돌봄—짝 결합—을 동반할 수 있고 혹은 남성의 공격, 경쟁, 지배—일부다처—를 동반할 수도 있으며 단순한 쾌락일 수도 있다. 긴팔원숭이나 고릴라 같은, 혹은 보노보 같은 성생활을 향한 우리의 성향은 성이 문화와 전통, 법에 의해 어떻게 조성되어야 하는지에 대한 우리의 관점을 채색할 수 있다.

적어도 페미니스트의 경우, 성의 현상학은 이런 긴장들을 반영하는 듯하다. 현대의 성적 이상은 짝 결합 비전에 가깝다. 즉 평등주의적이고 헌신하고 사랑하는 파트너십이다. 그러나 힘과 공격성, 성적 끌림 간의 관련성을 부정하기는 어렵다. 역사 로망 소설이나 『그레이의 50가지 그림자』처럼 상대적으로 무해한 형식에서조차 그렇다.(여성들이 처음 30년은 히스클리프를 찾는 데 보내고, 다음 30년은 그를 쫓아내려고 노력한다는 농담이 있다.) 1960년대 후반에 성장한 큰 행운을 가진 여성으로서 나는 자유연애와 성적 쾌락이 여전히 매력적임을 안다. 1960년대 후반은 피임약 이후 그리고 에이즈 이전의 영광스러운 짧은 기간이었다.

생물학이 우리를 얼마나 많이 조형하는지와 상관없이, 우리는 이성적으로 자신의 환경을 조성할 능력이 있다. 비록 진화적 유산으로부터 완전히 자유롭지는 못할지라도, 적어도 최상의 유전 결과를 불러올 환경을 구성할 수 있다. 할렘은 게이 결혼보다 진화적 뿌리가 더 깊을 수 있다. 그럼에도 불구하고, 하나는 금지하고 다른 것은 권장하는 법은 인간이 번성하는 데 도움이 되는 성적인 삶과 가족의 삶을 만들 수 있다.

| 사랑의 다양성 |

진화적 배경은 짝 결합이 인간의 독특한 특성이며, 인간 아이들의 많은 요구들과 협력해서 등장했음을 시사한다. 그러나 짝 결합이 원칙적으로 좋은 아이디어일지라도, 진화는 그 기제를 제공해야 한다. 그것은 실제로 짝 결합이 일어나는 남성과 여성의 뇌와 마음에 있는 어떤 것일 수 있다. 많은 연구자들은 짝 결합이 부모와 아이들 간 사랑과 동일한 심리적·생리적 과정에 기초한다고 제안했다. 성적 사랑과 아이들에 대한 사랑은 또 다른 방식으로 긴밀하게 서로 얽혀 있다.

인류학자이자 생물학자인 헬렌 피셔는 성적 사랑의 기초가 되는 세 종류의 생물학적 과정을 구분했는데 욕망, 강한 낭만적 끌림,

장기간의 애착이다. 이런 구분들은 직관적 이치에도 맞는다. 순수한 성적 욕망은 모든 종들이 성적 대상을 향해 나가도록 한다. 그러나 낭만적 사랑과 장기간의 애착은 짝 결합의 정서다.

만일 욕망이 아이들을 향한다면 그것은 분명히 아주 잘못이다. 그러나 다른 두 종류의 사랑과 우리가 아이들에게서 느끼는 사랑 간에는 유사점이 있는 듯하다. 낭만적 사랑과 함께 오는 거의 환각적이고 개조된 의식은 우리가 아기들과 사랑에 빠졌을 때 느끼는 방식과 매우 유사하다.(나는 손자 어기와 방에 있으면 다른 사람의 존재를 거의 느끼지 못한다.) 그리고 낭만적 사랑의 특징—아름다움의 인식과 연인의 유쾌함—과 아주 비슷한, 아기들과 작은 아이들에 대한 사랑에는 순수한 신체적 특징이 있다. 모리스 센닥의 괴물처럼, 아기들을 사랑하는 사람들 대부분은 적어도 내적으로 "나는 너를 잡아먹을 거야. 나는 그만큼 너를 사랑해."라는 말을 한다.

실제로 과학적 연구들은 부분적으로 아기들의 생김새 때문에 우리가 그들을 사랑한다는 생각을 지지한다. 그들은 정말 귀엽다. 아기들의 독특한 신체적 특징—큰 머리와 눈, 작은 뺨과 코—은 다정한 보호행동을 촉발한다. 자신의 아기가 아니더라도 "오우!" 반응은 인간 정서에 깊이 뿌리박혀 있는 듯하다. 비늘로 덮여있지만 아기 같은 회색 외계인 E.T.도 그런 반응을 불러올 수 있으며, 껴안고 싶은 아기 바다표범은 말할 것도 없다.

그러나 슬프게도 우리 모두 알고 있듯이 강렬한 낭만적 사랑은 일시적이다. 이에 비해 짝 결합의 정서는 강렬함은 덜하지만 더 오래 지속되는 파트너십이다. 연애의 정서보다 결혼의 정서다. 그리고 생물학적 관점에서, 그런 종류의 부부 사랑은 아이에 대한 사랑과 가장 비슷하고 그들을 돌보는 데 가장 큰 역할을 한다.

적어도 어떤 생명체의 경우(예: 들쥐), 우리는 실제로 짝 결합의 생물학적 기초를 상세하게 추적할 수 있다. 그런 연구들에 따르면, 결합의 화학적 기초는 부모와 파트너에서 유사하다.

초원 들쥐는 짝 결합 포유동물인 반면, 가까운 친족인 목초지 들쥐는 난잡하다. 일부일처 수컷 초원 들쥐는 신경전달물질인 옥시토신과 바소프레신의 수준이 예외적으로 높다. 반면 목초지 들쥐는 그렇지 않다.

과학자들은 들쥐의 유전자를 실제로 바꿀 수 있다. 초원 들쥐의 어떤 유전자는 옥시토신을 만든다. 목초지 들쥐들은 같은 유전자가 있지만 전형적으로 활성화되지 않는다. 과학자들이 그 유전자들을 활성화시키면 난잡한 목초지 들쥐의 행동을 바꿀 수 있다. 즉 초원 들쥐처럼 짝 결합을 한다.

옥시토신은 종종 '보살피고 돌보는' 호르몬으로 묘사되며, 아드레날린 같은 '싸움 혹은 도주' 화학물질들과 대조를 이룬다. 들쥐처럼 인간의 경우에도 옥시토신은 신뢰, 헌신, 애착의 감정들과 밀접하게 관련된 듯하다. 여성들은 분만 중에 옥시토신이 넘친다. 사람들에게 옥시토신을 투여하면, 그들은 더 신뢰하고 더 기꺼이 공유하거나 더 협동하는 듯하다.

적어도 들쥐에서의 유전적 차이는 뇌 화학물질의 차이와 그 행동의 차이로 이끈다. 그러나 그 반대도 진실이다. 즉 돌보는 행동—만일 들쥐라면 털을 깨끗이 하거나 짝짓기를 하고, 인간이라면 입을 맞추거나 안아주는—이 옥시토신이나 관련 화학물질들을 생성한다. 그런 다음 그 화학물질들이 더 많은 다정한 행동을 생성한다.

들쥐에서도 사랑과 옥시토신과 바소프레신 간의 일차방정식은 없다. 화학물질들은 수컷과 암컷에서 효과가 다르다. 뇌, 유전자, 신경전달물질 그리고 경험 간에는 매우 복잡한 패턴의 상호작용이 있다. 그러나 짝 결합과 아기 유대, 연인, 아이들에 대한 애착은 분명히 생물학적으로 서로 연결되어 있는 듯하다.

파트너에 대한 사랑은 아이들에 대한 사랑과 유사하다. 둘 다 생물학적이고 생생한 경험의 문제다. 또한 그것은 진화적으로 돌봄의 요구에 뿌리내리고 있는 듯하다. 물론 이 중 어느 것도 어떤 유형의 사랑이 자동적이고, 둘을 연결하는 핵가족의 '자연법'이 있다는 걸 의미하지는 않는다. 실제로 아이들의 출생은 적어도 우리 사회에서 파트너들 관계에 큰 긴장을 유발한다.

그럼에도 불구하고 부모와 아이들 간의 사랑을 더 깊이 이해하고 싶다면, 그것이 성적 사랑에 밀접한 생물학적이고 진화적인 연결을 갖고 있음을 인정할 필요가 있다. 인간의 경우 아버지와 아이들 간의 사랑(아버지 투자), 아버지와 어머니 간의 사랑(짝 결합)은 같은 진화적 패키지의 일부다.

| 할 머 니 들 |

나는 진화적으로 수수께끼다. 왜 나와 같은 폐경기의 여성이 살아 있는가? 인간의 폐경기는 짝 결합과 마찬가지로 우리 모두가 당연하게 여기는 또 다른 현상이다. 그러나 진화적 관점에서 그것은 실제로 이상하고 불가사의한 일이다. 인간 외에 폐경기를 통과하는 포유류는 범고래가 유일하다. 침팬지는 50대에 죽는다. 임신을 못하게 되는 것과 같은 시기다. 왜 인간 여성들은 20년에서 40년까지 더 사는가?

답을 하자면, 더 긴 삶은 좋은 영양과 의료적 뒷받침에서 온다는 것이다. 그러나 채집 문화에 대한 화석 기록과 연구들에 따르면, 어떤 여성들은 실제로 폐경기가 지난 후에도 오래 살았다. 현대인의 평균 수명은 더 길다. 왜냐하면 아동기 동안 죽는 아이가 더 적기 때문이다. 일단 아동기를 통과하면, 그 차이는 훨씬 더 극적이다. 채집 사회에서 30대를 지난 여성들은 60대를 지나서까지 생존할 가능성이 있었다. 침팬지들은 인간 여성들보다 훨씬 더 일찍 죽는다. 잘 먹고 질 높은 돌봄이 이루어지는 동물원이나 보호 구역에서도 그렇다.

물론 인간 할아버지들도 수명이 길어졌지만, 그들은 덜 혼란스럽다. 나이 든 남성은 더 많은 아이들의 아버지가 됨으로써 직접적으로 유전자를 계속 복제할 뿐 아니라, 손주들을 지원함으로써 간접적으로 그렇게 할 수 있다. 폐경은 정말 어리둥절한 현상이다.

인류학자인 크리스틴 호크는 할머니 가설을 제안했다. 그녀의 생각은 할머니들이 어린 인간 아기들의 복지에 실질적인 기여를 했다는 것이다. 이런 기여는 폐경이 유전적 의미를 가질 만큼 충분히 크다. 자신의 유전자를 공유한 손주들을 돌보는 것은 스스로 더 많은 아이를 생산하는 것보다 더 나은 전략일 수 있다.

실제로 수학적 모델들은 돌봄이 필요한 아기의 세상에서 진화는 폐경이 지난 할머니들을 생산할 것임을 보여준다. 만일 단지 소수의 여성들만이 폐경 후에 살아남고 그 시간을 손주들을 위해 사용한다면, 그들의 유전자가 퍼질 가능성은 더 클 것이다. 마침내, 할머니가 되는 것은 예외가 아니라 규칙이 된다.

호크는 채집 집단들에 대한 매우 상세한 연구들에서 집단의 각 구성원이 생산하고 소비하는 칼로리를 정확하게 기록했다. 할머니들의 경우 실제로 사냥꾼들보다 칼로리가 높은 음식을 집단에 제공할 수 있는데, 특히 견과류와 꿀처럼 맛있고 영양가 많은 음식들을 '추출 채집'하는 것을 통해서다.

여러 다른 집단들에서 사냥과 수집 간의 균형, 즉 남성과 여성, 어린이와 성인의 기여 간의 균형은 다양하다. 아버지처럼 할아버지들도 상당한 기여를 할 수 있다. 그러나 할머니들은 손주들의 생존에 특히 중요한 차이를 만드는 듯하다.

할머니들은 인간이 더 많은 아이를 갖는 것이 가능하게 할 수 있고, 여전히 늘어난 기간 동안 그 아이들을 돌볼 수 있다. 우리는 아이들이 요구가 매우 많은 걸음마 시기일 때 새로운 아기를 더 낳는다. 호크는 엄마들이 자원을 더 많이 가지고 있다면, 아기들이 잘 자랄 가능성이 더 높다는 것을 발견했다. 놀랍지 않다. 그러나 걸음마기 아이들의 경우, 중요한 것은 할머니가 얼마나 많은 자원들을 가지고 있는지였다. 할머니들은 새로운 아기가 등장하는 결정적인 시점에 개입했다.

조부모들은 아이를 돌보는 데 더 직접적인 도움을 줄 수 있다. 인간 아동기의 요구를 생각할 때 양육자는 많으면 많을수록 좋다. 그리고 진화적 관점에서, 조부모들은 자신의 유전적 자손들을 돌보는 것에서 분명히 이득을 얻는다. 이타성의 진화에 대한 토론에서, 유전학자 홀데인은 자신의 유전 물질이 계속 보존될 것이라는 확신이 있다면, 두 명의 형제 혹은 여덟 명의 사촌들을 위해 자신의 생명을 줄 의향이 있다고 말했다. 내가 아들에게 말했듯이, 홀데인의 원리에 따르면 둘이나 셋보다 네 명의 손주들을 위해 내 생명을 주는 것이 진화적인 의미가 훨씬 더 클 것이다.

할머니 가설에 대해 다른 지지가 있다. 인간의 어머니와 딸은 같은 장소에서 살 가능성이 높다. 이는 인간을 침팬지와 매우 다르게 만든다. 전형적으로 침팬지 암컷들은 성적으로 성숙하면 자신의 무리를 떠나 다른 무리에 합류한다. 인간 여성들도 그렇게 할 수 있지만, 자신의 원 집단에 머물 가능성이 더 높다. 만일 우리의 손주들이 스카이프Skype(인터넷 무료 음성통화 프로그램-옮긴이)도 없이 숲의 다른 쪽으로 떠난다면, 우리의 할머니 시기는 효용성이 크지 않을 것이다.

할머니들은 다른 미덕이 있다. 호크는 할머니들이 하는 어머니 같은 기여를 강조하지만, 지적 자원으로도 기여할 수 있다. 단지 위험한 상황으로부터 아기들을 멀리 떨어져 있게 하는 것만으로는 어머니들에게 충분치 않다. 화염, 독성 열매, 굶주린 검치호랑이들이 있는 세계에서 그렇게 하기가 얼마나 더 힘들었을지 상상할 수 있을 것이다. 현대 인간들에게도 할머니들은 아기를 기른 경험과 실제 조언이 풍부하게 준비되어 있다. 그들은 아기들을 돌보는 데 도움을 줄 수 있을 뿐만 아니라 더 효과적으로 돌보는 법을 부모들에게 가르칠 수 있다.

마지막으로, 인류는 무엇보다 문화적인 종이다. 인간의 긴 아동기는 특히 우리를 문화에 조율되게 만든다. 우리 이전의 모든 세대로부터 배울 수 있다. 할머니와 할아버지들은 풍부한 문화적 정보의 보고다. 그들은 아이들을 두 세대의 경험과 지식의 재산에 연결한다. 노래, 이야기, 맞춤법, 요리법, 실없는 이야기들. 우리는 할머니의 무릎에서 그것들 모두를 배운다. 문자 이전의 시대에 조부모들은 역사적 과거에 대한 가장 강력한 연결점이었다.

| 동종부모 역할 |

우리는 인간 아버지들이 아이들의 복지에 기여하는 것을 당연하게 여긴다. 우리는 확장된 가족, 즉 조부모들도 역할을 한다. 그러나 인간은 아이들과 관련 없을 때도 아이들을 돌보도록 설계된 듯하다. 실제로 이것은 중요한 방식으로 인간의 진화를 조형했을 수도 있다.

그런 아이디어는 특출한 생물학자이자 영장류 학자인 세라 블래퍼 허디에게서 나온다. 허디는 인간 진화가 '협력 번식' 쪽으로 움직였다고 주장한다. 우리는 '동종부모 역할', 즉 아이를 돌보는 책임을 함께 맡는 집단 내의 다른 사람들이 있다. 이런 동종부모 역할을 하는 부모들은 그들이 돌보는 아기들과 직접적인 관련이 없을 수도 있다.

우리와 가까운 영장류 친족들에서는 상대적으로 동종부모 역할이 매우 드물다. 예를 들어 침팬지 어미들은 만일 누군가 가까이에 오면 요란하게 새끼를 보호하면서 격렬하게 새끼를 붙잡는다. 그러나 영장류 세계에서 더 멀어지면 훨씬 더 많은 협력이 발견된다. 동종부모 역할은 여우원숭이와 랑구르 사이에서 공통적이다. 이런 영장류는 유전적으로 우리와 더 멀리 떨어져 있지만, 같은 자녀 양육 이슈들을 갖고 있다. 침팬지나 고릴라와는 다르지만 우리와는 비슷하게, 이런 영장류들은 숲 대신 사바나(열대 지방의 대초원)에 산다. 또한 우리처럼 무거운 새끼들을 보호하며 데리고 가는 원거리 여행자들이다.

여우원숭이와 랑구르의 어미들은 돌보는 의무를 자주 공유한다. 어떤 성체들은 직접적인 관련이 없을 때도 새끼들을 돌보는 데 도움을 준다. 청소년 암컷들은 특히 도움이 되는데, 10대 베이비시터와 같은 여우원숭이다. 어린 랑구르는 자연적으로 새끼들에게 끌리며 즉각적인 보상 없이 새끼들을 돌본다.

짝 결합처럼 동종부모 역할은 조류에서는 공통적이지만 포유류에서는 상대적으로 드물다. 그것은 영장류에서는 잘 발견되지 않았다. 그럼에도 불구하고 코끼리의 경우, 동종 어미가 수유 의무를 공유한다.

새끼 보호행동은 현대 채집사회에서 중요한 역할을 한다. 이런 집단들은 할머니에게만 의존하는 것이 아니라 나이 든 형제자매, 사촌과 이모(고모), 공동체의 다른 어머니들(그리고 아버지들)에게 의존한다. 마을 전체가 한 아이를 키운다.

최근 연구는 채집사회에서 여성들은 자주 다른 엄마의 아기들에게 수유한다는 것을 보여준다. 할머니들도 거들 수 있다. 이런 사회에서 아기들은 자주 할머니의 젖을 빠는데, 할머니는 일종의 커다란 가짜 젖꼭지다. 그러나 그것은 할머니들이 다시 '젖을 분비'하고 젖을 생산하기 시작하도록 이끌 수도 있다.

나이 든 형제가 어린 형제를 돌보는 것에는 진화적 의미가 있다. 두 형제에게 자신의 생명을 준다는 홀데인의 격언을 회상해보라. 그러나 일종의 이타성으로 보이는 다른 성인들의 기여는 모순적이다. 왜 우리는 다른 엄마의 유전자가 더 멀리 가도록 이 모든 노력을 쏟는 것일까?

몇 가지 답이 있는데, 그것들 모두는 인간 아기의 기본적인 무기력과 의존성을 포함한다. 인간 딸들은 멀리 떠나는 대신 같은 집단 내에 머무르는 경향이 있으며, 그래서 인간 공동체들은 서로 직접적인 관련이 없을 때도 많은 유전자를 공유하는 경향이 있음을 상기하라. 모든 아기들이 잘 자라도록 돕는 것은 전체 집단의 유전자들이 영속하게 할 수 있다. 그리고 우리 아기들은 매우 무기력하기 때문에 상호적인 이타성을 보이지 않는 한 집단으로 결코 생존할 수 없을 것이다. 만일 다른 사람이 나가서 채집하는 동안 내가 그의 아기를 돌본다면, 내가 채집하는 동안 그 사람도 내 아이를 돌볼 것이라는 기대를 할 수 있다.

동종부모 역할은 중요한 학습 경험일 수 있다. 특히 어린 여성들에게 그렇다. 다른 아기들과의 경험은 자신의 아기를 다루어야 할 때 큰 도움이 될 수 있다. 인간을 포함한 많은 영장류의 경우, 초보 엄마들은 더 취약하고 아기들을 거부하거나 양육하는 데 실패할 가능성이 더 높다. 동종부모 역할은 엄마들에게 단지 휴식을 주는 것이 아니다. 그것은 젊은 여성과 젊은 남성들이 아이를 돌보는 연습을 할 기회를 준다.

허디는 새끼 보호행동이 인간 진화의 매우 초기 과정에서 발달했다고 주장한다. 사바나로 이동해 상대적으로 많은 아기들을 낳기 시작했을 때 도움이 필요했다. 협력 수유는 먼 거리로 큰 아기들을 데리고 다니기 위해 시작되었다. 그러나 일단 협력 수유가 일어나자 다른 발달들이 가능해졌다. 특히 더 긴 미성숙과 더 큰 뇌 크기, 발전된 학습이 가능해졌다. 호크는 할머니들에 대해 비슷한 그림을 갖고 있다. 다른 사람들은 짝 결합에 대해 비슷한 주장을 했다.

우리는 무기력한 아기와 그를 돌보려는 추동이 어떻게 관련되는지를 볼 수 있다. 아기들에 대한 확장된 사랑은 충실하고 헌신적인 아버지들에게서, 활기차고 수다스럽고 다소 허리가 굽은 나이 든 할머니들에게서, 속삭이는 10대의 베이비시터에게서 볼 수 있다. 이런 형태의 돌봄 덕분에, 아기들은 미성숙 상태에서 긴 시간 보호받고 그것이 허용하는 학습의 이점을 충분히 갖는다.

| 헌신 퍼즐 |

손자 어기가 태어나기 전 나는 손자에 대해 내가 어떻게 느끼게 될지 확신하지 못했다. 나는 25년 동안 아이들을 돌보는 것을 좋아했지만 그들이 없는 새로운 삶에도 매우 만족했다. 적어도 밤새도록 일을 하거나 하루 종일 사랑을 나눌 자유가 있었다. 게다가 안락한 작은 집이 있었다. 때문에 나는 파트타임으로라도 양육으로 돌아가기를 원하지 않았다.

사실 나의 이런 무관심을 극단적인 회의론으로 취급했던 가족들에게 내가 말했듯이, 내가 옳았다. 나는 '모든 손주'에게 미쳐 있지는 않다. 다만 '이 손자'에게 미쳐 있을 뿐이다. 이 특별한 푸른 눈에 곱슬머리를 한 기적에게 미쳐 있다. 내 아들이 다른 기적들을 만들었다면 나는 모두에게 똑같이 느꼈을 것이라는 것을 알고 있을지라도, 이것은 진실이다.

이 놀랄 만한 특성의 헌신은 두 번째 손주인 조지아나가 태어나면서 더 생생해졌다. 몇 가닥의 DNA를 살아 있는 생명체로 바꾸는 복잡한 과정은 맹목적인 생물학적 힘의 산물이다. 그것은 잘못

될 수 있다.

조지는 밝고 예쁘고 무척 사랑스럽고 행복한 어린 여자아이다. 그러나 그 유전자들 중 하나에서 작은 무작위적 돌연변이로 인해 선천성 멜라닌 세포 모반, CMN이라고 부르는 희귀 질환을 갖게 되었다. 가장 눈에 띄는 증상은 커다란 검은 점 혹은 모반이며, 이것은 조지의 등 대부분을 덮고 있다. CMN은 또한 아이들의 뇌에 침입해 발달 문제들을 유발하거나 잠재적으로 태아 피부암의 위험을 높인다.

우리는 행운이었다. 두 살 된 조지는 현재 건강하다. 그러나 불안하게 지켜봐야 하고 발병 가능성이 있는 이 질환이 조지의 부모, 삼촌, 고모, 할아버지가 느끼는 방식이나 혹은 내가 느끼는 방식을 달라지게 하지는 못했다. 조지의 성긴 금발, 뺨의 보조개, 매력적인 웃음, 동물에 대한 열정, 그리고 생활 속에서 표출하는 커다란 즐거움보다 더 소중한 것이 있을까? 훨씬 더 파괴적이고 힘든 병에 걸린 아이들의 부모에게도 이것은 진실이다.

특별한 사람에 대한 이런 무조건적인 헌신은 사랑을 이상하게 만들고 사랑스런 아이들을 특히 이상하게 만드는 일 중 하나다. 그것은 가장 심오한 역설들 중 하나다. 무엇보다 이코노미스트 세대들처럼 사회적 관계는 다른 사람이 실제로 하는 것, 즉 이익과 책임 간의 상호 교환에 달려 있다고 생각할 수도 있을 것이다. 환경의 단순한 우연이 이 작은 아기를 중대하게 만들 수 있다는 것은 놀랄 일이다.

당신은 어머니와 아버지만이 그런 방식으로 느낄 것이라고 상상할 수 있다. 분명 어기와 조지에 대한 나의 느낌이 심오하기는 하지만 엄마, 아빠의 느낌과 똑같은 깊이, 무게, 열정, 비용, 강박은 아닐 것이다. 혹은 인간 아이들에 대한 돌봄은 생물학적 어머니들을 넘어 확장되기 때문에, 우리 모두는 특별히 이 아이만이 아니라 일반적인 아이들을 소중하게 여길 것이라고 생각할 수 있다.

그러나 특수성과 돌봄은 동행하는 듯하다. 내가 할머니가 된 것과 같은 시기에 버클리에서 다른 네 명의 학생과 동료들도 아기를 가졌다.(우리 연구실은 가장 많은 논문을 생성하지는 않지만 많은 아이들을 생성한다.) 그들은 모두 귀엽고 사랑스럽고 밝다. 나는 그들을 안고 속삭이면서 더 행복해진다. 그러나 그들은 나의 어기와 나의 조지가 아니다.

물론 나는 이 특수성을 당연하게 여긴다. 그것은 아이들을 돌보는 경험에서 필수적인 느낌이다. 워비곤 호수의 원주민들처럼 인간 본성의 마이크로솜인 우리 아이들 모두는 평균 이상이다.(물론 그것은 아이들에 대해 약간 거슬리는 말을 하게 만들 수 있다. 아이들을 연구하는 과학자로서 나는 아이들에 대한 모든 논의를 자기 아이에 대한 논의로 바꾸는 부모들의 얘기를 듣는 것으로 수년을 보냈다. 새로 할머니가 된 나는 어기와 조지의 특별한 미덕 모두를 칭찬하려는 유혹을 느낀다. 나는 이를 악물고 이 유혹을 참고 있다.)

그러나 그것에 대해서는 신비한 무엇이 있다. 왜 아이들에 대한 우리의 사랑은 이런 방식으로 느껴지는가? 왜 이 아기를 사랑하면서 나머지 모든 아기들을 사랑하지는 않는가? 생물학적 어머니의 경우 답은 분명한 듯하다. 이 아기는 그 어머니의 유전자들을 나르고 있다. 그러나 우리가 보았던 것처럼, 인간 아기들은 생물학적 어머니 외에도 여러 사람들의 보살핌을 받는다. 그들과 직접적인 관련이 없는 많은 사람들을 포함한다. 인간 아버지와 아버지의 할머니들도 그들이 돌보는 아기가 유전적으로 자신들의 아기인지 확실하게 말할 수 없다. 아기들을 돌보는 사람들 대부분의 경우, 돌보는 행동 자체가 유대를 만든다.

다시 한 번, 낭만적 사랑의 미스터리와 유사한 연결고리가 있다. 만일 '그' 혹은 '그녀'가 아니었다면 다른 누군가였을 것이라고 생각한다. 낭만적 사랑의 현상학은 운명, 쌍둥이 영혼, 숙명의 현상학이다. 그러나 낭만적 사랑을 할 때, 우리는 선택했다고 착각한다. 우리는 스스로에게 그의 친절함이나 지적 능력 혹은 단지 그가 웃는 방식 때문에 사랑한다고 말할 수 있다.

그러나 아기와 아이들의 역설은 더 깊다. 우리가 낳은 아기들 또는 돌봄이 끝난 아이들을 선택하지 못한다는 사실에도 불구하고, 우리는 그 아이들을 사랑한다. 사실 그 특별한 아이들을 사랑한다. 그들이 보지 못하거나 듣지 못하거나 장애가 있을 때도. 까다롭거나 병약하거나 혹은 죽어갈 때도. 우리는 결코 그들을 다른 아이들과 교환하지 않는다.

조지가 태어나기 전 나는 내가 엄마였을 때 했던 걱정을 했다. 첫째 손주를 사랑했던 방식으로 둘째 손주를 사랑할 수 있을지 걱정하는 나 자신을 발견했던 것이다. 비록 그 특별한 기적에 대한 나의 헌신은 첫째 아이 때만큼 강할 것임을 믿을 충분한 이유가 있었음에도 불구하고.

물론 때로 이 심오한 애착과 헌신은 전혀 일어나지 않기도 하고, 발달하는 데 시간이 걸리기도 한다. 우리는 자신의 아이들을 돌보지만, 어떤 이유에서든 이런 무조건적 애착의 정서들을 느끼지 않는 부모를 비난하지 말아야 한다. 그러나 그런 경우는 예외이며, 부모와 아이들 모두에게 슬프고 힘들다.

이상한 듯하지만, 말로 표현할 수 없는 헌신의 실존적 의미는 다소 추상적인 수학적 전략을 반영하는 것일 수도 있다. 진화 이론에서 볼 때, 이것은 기술적인 문제에 대한 반응이다. 기술적인 문제는 인간 진화의 중심 미스터리들 중 하나에서 나온다. 왜 우리는 협력하는가? 이타성은 어디에서 오는가? 또 다른 사람을 돌보는 것은 유전적 암호를 복제하는 것만큼 고귀한 것이 아님에도 불구하고, 그렇게 하는 유기체에게 어떤 대가를 지불할 수 있는가?

그 문제에 대한 고전적인 예는 유명한 '죄수의 딜레마'다. 은행 강도 용의자인 보니와 클라이드가 체포되었다고 상상해보라. 경찰은 그들 각자에게 거래를 제안한다. "만일 당신이 다른 동료보다 먼저 죄를 자백한다면 5년 형을 받는다. 침묵하고 다른 동료가 먼저 죄를 자백한다면 당신은 20년 형을 받는다. 둘 다 침묵한다면 당신들 중 어느 쪽도 유죄 선고를 받지 않을 것이고, 둘 다 무죄로 석방될 것이다." 보니와 클라이드 둘 다 상대방이 배신할 가능성이 더 높다고 생각한다고 가정하자. 합리적으로 자신(혹은 진화적 관점에서 유전자)에 대해서만 생각하면서, 자백할지를 결정해야 한다. 물론 둘 다 자백한다면 신의를 지켰을 때보다 훨씬 더 나쁜 결과로 끝날 것이다.

삶은 이와 같은 딜레마들로 가득하다. 공기 중에 이산화탄소를 더하는 것은 개별 운전자에게는 이익이 되지만 그것이 축적되면 모든 사람들에게 비참한 결과를 낳을 것이다. 국립공원에 던져진 쓰레기 조각은 거의 셀 수 없다. 그것들이 모이면 파괴적일 수 있다. 공동들판에서 방목하는 한 마리 양은 적은 양의 풀을 먹지만 집단인 양들은 황무지를 만든다.

이타성과 협력은 그런 딜레마를 피하는 방식이다. 이타성과 협력은 우리가 집단적으로 번성할 수 있게 한다. 우리는 다른 영장류에서 이타성과 협력의 시작을 볼 수 있다. 그러나 우리가 갖고 있는 정교화되고 발달된 협력은 가장 크고 독특한 인간의 강점들 중 하나다. 실제로 인간 역사는 점점 더 넓은 협력을 통해 죄수의 딜레마를 해결하려는 의욕적인 시도들의 대성공을 보여준다고 할 수 있다.

그러나 그 해결책은 자세히 들여다볼 때 무엇처럼 보일 것인가? 진화는 어떻게 이타적이지 않았던 공동체를 이타적 공동체로 바꾸었는가? 진화 이론은 어떻게 사기꾼이나 불량배에 의해 이끌리지 않고 이타적인 사람들이 진화적 경쟁에서 우세하게 될 수 있는지를 해결하는 데 전념해왔다.

장기적인 안목에서 죄수의 딜레마를 해결하는 한 가지 방식은 다른 죄수들이 과거에 자신들을 배신했는지를 추적하고 미래에 같은 방식으로 반응하는 것이다. 분명한 이유에서 이를 앙갚음 전략이라고 부른다. 우리는 이 전략을 따른다면 협력이 등장할 수 있음을 증명할 수 있다. 이유는 쉽게 설명된다. 속임수는 동료 게임 플레이어들에 의해 곧바로 추방될 것이다. 앙갚음 전략의 성공은 인간 진화가 사기꾼들을 알아내어 상호 간 처벌을 하는 기제들로 이루어졌다는 마키아벨리적 그림을 그리게 했다.

그러나 앙갚음 전략이 협력을 이루는 유일하거나 가장 효과적인 전략은 아니다. 실제로 다른 사람의 행동에 대한 끊임없는 모니터링은 대가를 치른다. 인간 삶의 긴급성을 가정하면, 앙갚음 전략은 지속적인 배신의 유혹과 함께 온다. 단 한 번의 배신으로 전체 협력 프로젝트는 붕괴된다. 만일 모든 사람에게 유혹의 순간들이 있다면 전체 협력의 구조는 무너질 것이다.

대신에 대안 전략은 우리가 기꺼이 협력하고자 하는 사람과 우리와 기꺼이 협력하려는 개인들을 구분하는 것이다. 그런 다음 시종일관 그런 협력자들과 붙어 있는다. 그러나 진화의 가장 높은 곳에서 이것을 좋은 전략으로 확인하기는 쉽지만, 우리는 실질적으로 인간 마음에서 그것을 실행할 수 있는가? 한 가지 생각은 우리의 헌신과 애착의 정서, 즉 서로에 대한 사랑의 특별함이 다른 것보다 더 효과적이고 더 오래 죄수의 딜레마를 해결할 방식이 될 것이라는 점이다.

아이든 파트너든 사랑에 대한 깊은 만족은 사랑이 주는 즉각적인 이득과는 별개인 것으로 악명이 높다. 위대한 작가 앨리스 먼로는 "사랑은 믿을 만한 방식으로 행복에 기여하지 않는다."고 말했다. 그러나 우리는 사랑 없이 살 수 없다. 어쨌든 사랑은 우리를 한 사람에게 결합시키고, 그로부터 받을 수 있는 이득과는 별개로, 그와의 교제에서 깊은 만족감을 느낀다. 우리는 애착과 헌신의 이런 매우 긍정적인 감정들이 사랑 그 자체를 보상하는 진화적 방식이라고 생각할 수 있다.

역설적이게도 이런 초월적 헌신은 타협, 주고받음, 앙갚음의 과정을 통해 얻을 수 있는 것보다 더 장기적인 좋은 결과를 참여자 둘 모두에게 전달할 수 있다. 만일 클라이드의 행복을 자신의 것만큼 중요하게 여길 정도로 보니가 클라이드를 사랑했다면, 그것은 배신 욕구보다 우세할 것이다. 배신이 그녀에게 단기적 이익을 가져오더라도 그런 장기적 협력은 인류의 복잡한 헌신적 프로젝트들을 가능하게 한다.

| 헌신의 뿌리 |

이런 특정한 헌신의 정서들이 양육자와 아이들 간 관계에서 보다 더 분명하거나 더 중요한 곳은 없다. 아이들과 함께하는 앙갚음 전략은 비참하다. 우리가 아이들을 위해 하는 것과 그들이 우리를 위해 하는 것 간에는 심오한 비대칭이 있다. 그리고 아이들에 대한 우리의 투자와 수익 간에는 대단히 넓은 간격이 있다. 아이들에 대한 우리의 헌신은 개인적 삶을 넘어 우리가 사라져버린 이후의 미래로 확장된다.

특별한 양육자와 특별한 아기들 간의 특정 결합은 인간이 아닌 동물들에게도 중요하다. 대부분의 새들은 태어난 후 처음 보는 움직이는 대상에 각인된다. 우리 모두 새끼 오리들이 어미를 따른다는 것을 알고 있으며, 새끼 오리들의 긴 행렬을 이끌고 가는 위대한 생물학자 콘라트 로렌츠의 유명한 사진이 있다. 생물학적 어머니와 아기들의 경우, 이런 특정한 결합은 완벽하게 좋은 유전적 의미를 만들고, 그것들은 실질적 경험과 출생 그 자체의 생물학에 쉽게 뿌리내릴 수 있다. 내가 이 장을 시작할 때 묘사했던 임신과 출산의 경험이 어떻게 어머니 시기의 특정 헌신과 결합될 수 있는지를 볼 수 있다.

그러나 인류는 다른 동물들보다 더 오래 어린 자식들을 돌본다. 우리가 자신의 생물학적 자손보다 더 많은 아이들에게 헌신하기 때문에, 인간이 아닌 어미와 새끼의 상대적으로 단순한 헌신 전략은 우리에게 충분치 않다. 우리가 보는 첫 번째 움직이는 대상은 우리가 만지는 첫 번째 아기다. 많은 양육자들, 즉 아버지, 조부모와 동종부모들의 경우 유전적 결합은 훨씬 덜 분명하다. 아버지와 나머지 사람들은 "당신의 뱃속에 있었던 그 아기를 사랑하라."는 간단한 시험을 사용할 수 없다.

아버지, 조부모, 동종부모들의 경우 돌봄의 정서는 사회적 맥락에 의해, 파트너·부모와 다른 사람들을 연결하는 사랑의 망 속에 들어가는 것에 의해, 그리고 우리가 경험하고 믿고 배운 것에 의해 촉발된다. 다른 동물들 이상으로 인간은 돌보는 행위 그 자체에 반응한다.

아기를 돌보는 것은 우리가 그 아기, 특별히 그 아기를 사랑하는 데 도움이 된다. 아기들을 안고 돌보는 것은 우리의 옥시토신 수준, 즉 내면의 따뜻한 감정을 증가시킨다. 그리고 아버지들에게 있어서 아기들을 돌보는 것은 테스토스테론과 그것이 연합된 공격과 분노의 감정들을 감소시킨다.

어머니의 사랑도 단지 생물학적인 문제가 아니다. 우리는 출산의 생리학이 사라진 뒤에도 오래도록 계속해서 아기들에게 헌신한다. 아이들에 대한 우리의 헌신은 그야말로 장기적일 수 있다. 인간 아기를 키우는 것은 단지 다음 주나 내년에 헌신하는 것이 아니라 미래에 헌신하는 것이다.

따라서 어머니들만이 아니라 많은 사람들이 아이들에 대한 헌신과 애착의 정서들을 느낀다. 그런 정서들이 더 나아가 확장되면, 아이들을 넘어 다른 사람들을 포함할 수 있다. 다시 말해, 인간 이타성의 발달은 적어도 부분적으로는 아이들의 맥락으로부터 이런 헌신의 정서들을 흡수하고, 다른 사람들에게 더 일반적으로 적용하는 것이다.

아이들은 특별한 장기적 헌신과 애착의 순수한 예다. 그러나 일반적으로 인간 협력은 이런 종류의 정서들에 뿌리내리고 있다. 우리는 파트너와 친구들을 비롯해 학교, 사회, 국가에 대해서도 이런 방식으로 느낀다. 나는 내가 다니는 버클리 대학을 어기와 조지를 사랑하는 만큼 사랑한다고 말하지는 않을 것이다. 그러나 유사점이 있다. 스탠퍼드와 하버드 그리고 다른 대학들도 매우 좋지만, 그들은 나의 대학이 아니다.

| 헌신의 대가 |

물론 정서들이 진화에 기반을 둔다는 사실이 필연적으로 그것들이 옳다는 것을 의미하지는 않는다. 다른 부족의 잔인한 성적인 질투와 무자비한 박해는 과거 우리가 생존하는 데 도움이 될 수 있지만, 미래에는 우리를 파멸시킬 수 있다.

헌신에는 대가가 있다. 사람들은 파괴적이고 고통스런 관계들—아이들, 부모, 연인, 파트너, 혹은 친구들과의—속에 머문다. 그들이 관계를 끊고 옮겨 간 이후에도 오랫동안.

보다 심각한 대가는 이런 정서들이 세상을 내집단과 외집단, 우리와 그들로 나누려는 경향성과 관련 있다는 것이다. 사랑하는 사람들에 대한 헌신의 이면에는 사랑하지 않는 사람들에 대한 헌신의 결여가 있다. 실제로 연구들에서도 우리의 집단 내에 있는 사람들을 신뢰하고 사랑하는 데 도움이 되는 옥시토신이 집단 밖의 사람들에 대한 참을성을 더 적게 만든다는 것을 보여준다.

마찬가지로, '우리' 아이들을 그렇게 깊이 돌보도록 우리를 이끄는 충동이 우리와 관련이 없는 다른 사람의 아이들에게는 무관심하도록 이끌 수 있다. 현대 부모들의 경우, 만일 모든 아이들이 공립학교에 간다면 모든 아이들을 위해 더 나을 것이라고 믿는다. 그러나 자기 아이들을 위해서는 사립학교에 가는 것이 더 나을 것이라고 믿는다.

비록 모든 사람을 돌보는 것이 중요하다는 것을 추상적으로 인식하더라도, 실제로 우리는 우리 자신의 행복을 선호한다. 어떤 철학적 전통—예를 들면 공리주의와 같은—은 이런 특수성이 본질적으로 잘못 안내된 것이며, 모든 생명체의 행복에 대해 더 넓은 관심을 가져야 한다고 주장한다.

분명히 그런 정서들은 전반적으로 건전하고 옳다. 장기적 협력의 문제는, 비록 진화가 우리에게 유리한 시작을 제공하지는 않았지만 여전히 우리가 해결해야 할 것이다. 특별한 파트너에게 헌신하는 것은 여전히 좋은 해결책일 것이다. 헌신의 정서들은 가장 중요하고 심오한 인간 감정이다. 우리가 우리 자신을 위해서가 아니라 사랑하는 사람들을 위해 그들을 돌본다는 사실은 우리의 도덕적이고 영적인 삶의 기초다.

실제로 많은 종교적·영적 전통들은 이런 정서들에 초점을 두는 인간 이상human ideal을 분명하게 말한다. 이상은 우리가 자연스럽게 우리 아이들에 대해 느끼는 것과 같은 특정한 헌신적 사랑을 다른 모든 사람들에게로 확장하는 것이다. 우리의 아이들을 사랑하는 것처럼 모든 사람을 사랑하는, 보살 또는 성인 프로젝트는 모든 사람들의 개인적 행복을 최대화하는 공리주의 철학의 프로젝트일 뿐이다. 그럼에도 불구하고, 그것은 내 생각에 적어도 더 따뜻하고 더 마음을 끄는 이상이다.

| 사랑과 양육 |

이런 모든 진화적인 생각은 아이들과 양육자들 간 관계에 대해 어떤 그림을 그리는가? 그것은 양육 그림과는 매우 다르다. 인류는 훨씬 더 넓은 범위의 어른들이 아이들을 돌보고 관심을 갖게 하는 놀라운 적응 세트를 진화시켰다. 짝 결합, 할머니, 동종부모 역할이다. 이런 관계에 대한 열쇠는 그것들이 돌봄의 결과 그 자체라는 것이다.

이런 적응들은 어른과 아이들 사이뿐 아니라 부부 간, 조부모와 손주 간, 아이를 돌보는 많은 동종부모들 간에 새로운 정서와 연결을 갖게 했다. 이 정서들은 놀라운 특수성이 있고 깊은 장기적 헌신을 하게 한다.

이 정서들과 양육 그림 사이에 갈등이 존재한다. 만일 부모 되기의 목표가 특별한 종류의 아이 혹은 아이를 위한 특별한 삶을 조형하는 것이라면, 우리의 헌신과 사랑이 이 아이에게만 초점이 맞춰지고 다른 사람은 안 되는 이유를 설명하기 어렵다. 분명히 만일 우리의 목적이 특별한 어른을 세상으로 내보내는 것이라면, 우리는 그런 어른이 될 가능성이 가장 높은 아이들을 찾고 그들을 가르치고 훈련시켜야 한다! 우리가 아이를 사랑하게 만드는 것은 그 아이가 가지고 있는 어떤 것이 아니다. 우리가 가지고 있는 어떤 것이다. 우리는 아이들을 사랑하기 때문에 돌보는 것이 아니라, 돌보기 때문에 그들을 사랑하는 것이다.

4

아이들은 보고 배운다

: 보는 것을 통한 학습

우리는 아이들이 부모나 다른 양육자들로부터 배우는 것을 당연하게 여긴다. 양육 그림은 더 많은 것을 의미한다. 부모는 의식적으로 이런 학습을 통제할 수 있고 통제해야 한다. 이는 학교와 훨씬 더 비슷한 학습 모델이다. 한 명의 어른이 어떤 아이에게 주의 깊게 설계된 특별한 행위를 지시하는데, 이것은 특별한 지식이나 기술을 만들기 위해 고안된 행동이다. 그 결과 아이는 배우게 된다.

그렇다면 아이들은 부모로부터 무엇을 배우는가? 어떻게 그것을 배우는가? 가장 최근의 연구는 매우 어린 아이들도 다른 사람들로부터 많은 것을 배우는데 심지어 우리가 전에 생각했던 것보다 훨씬 더 많이 배운다는 것을 보여준다. 그러나 정말 놀라운 결과는 의도적으로 계획한 가르침에서 배우는 것이 매우 적다는 것이다.

앞에서 기술한 생물학적 그림에 따르면 아이들, 양육, 인간의 학습 간에는 특별한 관계가 있다. 우리의 보호를 받는 확장된 아동기는 긴 학습 기간을 갖게 해준다. 그러나 아이와 양육자 간 관계는 특히 문화적 학습을 잘할 수 있게 설계되어 있다.

정확하게 말하면, 긴 아동기와 아이들에게 깊이 투자하는 다양한 양육자들이 있기 때문에 아이들은 이전 세대, 특히 조부모가 발견한 것들에서 이익을 얻을 수 있다. 그러나 아이들도 그 정보를 자신의 정보와 결합하고 새로운 발견을 한다. 학습의 핵심 패러독스는 전통과 혁신 간의 긴장이다.

우리는 아이들이 자신의 경험과 다른 사람들로부터 학습하기 위해 특히 강력한 장치들을 갖추고 있기를 기대한다. 많은 흥미로운 연구가 제안하는 것이 바로 그것이다. 태어나면서부터 아기와 아이들은 다른 사람들, 특히 자신의 양육자들로부터 얻는 정보에 특별히 민감하다.

그러나 이야기는 이것보다 더 복잡하다. 아이들은 다른 사람들로부터 얻은 정보에 민감하지만, 타인들에 의해 수동적으로 형성되지는 않는다. 대신에 다른 사람들의 행동과 그 이유를 적극적으로 해석하고 이해하려고 시도한다. 어떤 환경에서는 어른들보다 더 효과적으로 할 수 있다. 아이들은 세상의 물리학과 주변 사람들에 대한 심리학과 사회학을 이해하게 된다. 그리고 그들은 놀랍게도 걱정스러울 만큼 정확하다.

적어도 어떤 방식에서 아이들은 실제로 우리보다 우리에 대해 더 많이 알고 있을 수 있다. 아이들은 부모가 알아채지 못하는 부모의 행동방식의 미세한 부분을 알게 된다. 예를 들면 학령 전 아이들은 부모가 "이것이 무엇을 하는지 보자." 혹은 "이것이 무엇을 하는지 보여줄까?" 중 어느 말을 할지를 알아챈다.

오늘날 중산층 사람들이 부모가 될 때, 그들은 전형적으로 학교교육의 경험은 많지만 아이를 돌본 경험은 거의 없다. 따라서 부모나 정책 입안자들은 과학자들에게서 아이들이 얼마나 많이 배우는지를 들으면, 학교에서 아이들을 가르치는 방식으로 그들에게 더 많이 가르쳐야 한다고 생각한다. 그러나 아이들은 실제로 양육의 의도적인 조작보다 양육자들이 무의식적으로 하는 구체적인 행동들로부터 더 많이 배운다.

여기에 흥미로운 아이러니가 있다. 학교교육은 매우 현대적이고 국지적인 발명품이다. 우리가 알고 있는 학교가 존재한 것은 단지 수백 년 정도다. 그것들은 19세기 유럽의 산업화의 등장에 대한 매우 특별한 반응이었다.

그러나 과학적 연구들은 다른 종류의 사회적 학습이 더 세련되고 기본적임을 보여준다. 그것들은 학교교육보다 진화적으로 더 깊이 있고, 발달적으로 더 빠르고, 더 널리 퍼져 있다. 또한 광범위한 역사적 시기와 문화적 전통에서 훨씬 더 중요했다.

그렇지만 우리 문화의 별난 점을 가정하면, 중산층 부모와 그들의 양육 문화는 학교교육에 대해서는 모두 알고 있지만, 자식을 갖기 전에는 그런 종류의 사회적 학습에 대해 많이 알지 못한다.

이 장과 다음 장에서 나는 지난 수년 동안 중요한 연구들의 초점이 되었던 두 종류의 사회적 학습에 대해 말할 것이다. 아이들은 주변 사람들을 보거나 모방하면서 배운다. 심리학자들은 이것을 관찰학습이라고 부른다. 그리고 그들은 세상이 어떻게 작용하는지에 대한 다른 사람의 말을 듣고 배운다. 심리학자들은 이를 말(증언)을 통한 학습이라고 부른다.

| 어린 배우들 |

그의 발치에 있는 작은 계획서나 도표를,

그리고 그의 인생에 대한 꿈의 단편들을 보라.

새로 배운 기술로 스스로 만드네.

결혼식 혹은 축제,

애도 혹은 장례식.

이제 이것이 그의 마음을 사로잡네.

그리고 이것에 맞춰 그는 자신의 노래를 짓네.

일, 사랑, 투쟁의 대화에,

그리고 그의 혀를 맞추지.

하지만 오래지 않아

이것도 내버려지겠지.

새로운 기쁨과 자부심으로

이 어린 배우는 다른 배역을 배우네.

인생이 자신의 마차에 실어오는

온갖 종류의 사람들로, 마비된 노인들까지,

때로 이 '변덕스런 무대'를 채우네.

마치 자신의 소명이 끊임없는 모방인 것처럼.

워즈워스는 어린 아이들이 어른의 아주 사소한 행동을 흉내 내는 방식을 묘사했다. 나의 손자 어기는 팬케이크를 만들기 위해 달걀흰자를 휘저어 거품 내는 것을 도울 때, '모든 것은 손목에 달려 있다'는 나의 큰 몸짓을 정확하게 복제한다. 그것은 부엌 벽에 달걀흰자 프레스코를 그리는 부작용이 있다. 조지는 열정적으로, 아주 비효율적이지만, 큰 빗자루로 떨어진 팬케이크 부스러기를 쓸겠다고 우긴다. 그것도 할머니가 하는 바로 그 방식으로. 우리 가족이 자주 하는 농담은 손자들에 대한 할머니의 터무니없는 칭찬에 대한 것이다. 내가 항상 "나는 과학자로서 이것을 객관적으로 말한다."로 끝내며, 어기가 같은 톤의 작은 목소리로 "객관적으로"라고 엄숙하게 반복한다는 것이다.

이런 종류의 모방은 특히 문화적 진화의 관점에서 흥미롭다. 앞으로 보게 될 것처럼, 아이들이 양육자들을 모방할 때 그들 자신이 행위의 목적과 의미를 얼마나 깊이 이해하는지를 보여준다. 그러나 모방은 사람들의 행동을 이해하는 것에만 그치지 않는다. 모방은 사람들의 행동을 '받아들이는' 것이며, 자신의 행위 레퍼토리에 넣는 것이고, 자신의 것으로 만드는 일이다.

다른 사람을 모방할 때, 실질적 의미에서 우리는 그 사람이 된다. 어른들도 가면증후군을 경험한다. 이것은 실제로는 유능한 어른이 아닌데 단지 주변의 유능한 어른을 모방한다는 의미다. 가면증후군의 재미있는 점은 그냥 모방할지라도 실제로 유능한 어른처럼 행동한다는 것이다. 실제로 가면증후군의 치료는 다른 사람들도 모두 다른 사람 행세를 하는 사기꾼임을 깨닫는 것이다.

워즈워스의 시에서 어린 모방자는 '여섯 살'이다. 그러면 아이들은 언제 모방을 시작하는가? 1978년 심리학자 앤드루 멜조프는 매우 어린 아기들, 심지어 신생아들도 다른 사람들의 얼굴 표정을 모방한다는 것을 발견했다. 우리가 신생아에게 혀를 내밀면 그들도 혀를 내밀고, 입을 벌리면 아기도 같은 행동을 할 것이다. 그 이후로 수십 개의 연구들이 놀라운 결과를 반복 확인했다.

말 그대로 우리는 태어나는 순간부터 모방할 준비가 되어 있다. 그러나 새로운 연구는 타인들로부터의 학습이 극도로 복잡하고 미묘하다는 것을 보여주었다.

| 거울 뉴런의 신화 |

모방은 믿을 수 없을 정도로 단순하게 보일 수도 있다. 모방은 자동적 과정, 즉 많은 사고나 지식이 필요 없이 단순하게 일어나는 어떤 것으로 생각할 수 있다. 모방하는 사람은 다른 사람의 행동을 그것에 대한 진정한 이해 없이, 마치 무리 속의 새처럼, 다소 무심하게 재생할 수 있다.

특히 이런 관점 중에서 인기 있지만 오해를 불러일으키는 것이 '거울 뉴런'이다. 거울 뉴런은 어떤 동물이 행동할 때 그리고 그 동물이 비슷한 방식으로 행동하는 다른 동물을 볼 때 점화되는 개별 뉴런이다. 이 생각은 단순한 신경 기제가 정교한 인간 행동들—모방부터 공감, 이타성, 언어에 이르기까지—에 어떻게든 책임이 있다는 것이다. 어쨌든 거울 뉴런이 점화되면 다른 사람들과 연결된다.

공정하게 말하자면, 거울 뉴런을 연구하는 과학자들 대부분은 모방, 공감 및 언어의 신경학적 기초가 실제로 얼마나 복잡한지 알고 있다. 그러나 거울 뉴런 아이디어는 과학적 맥락으로부터 대중문화 속으로 도망친 듯하다. 일종의 신경과학 신화가 되었다.

전통적인 신화처럼, 신경과학 신화는 생생한 비유를 통해 인간 조건에 대한 우리의 직관을 사로잡는다. 거기에서 나온 많은 신화들이 있다. '좌뇌/우뇌' 아이디어는 이런 종류의 과학 신화 만들기의 또 다른 예다. 우리는 아주 오랫동안 직관과 이성 간에 심오한 갈등이 있다고 느꼈고, 그런 생각을 이미지로 표현한다. 예를 들면 아프로디테 대 아테나, 심장 대 마음, 혹은 우뇌 대 좌뇌다. 그러나 이런 비유는 실제와 관계가 멀고, 두 반구 간에는 정말 복잡한 기능적 차이가 있다.

마찬가지로 우리는 특별히 다른 사람들과 연결되어 있다고 직관적으로 느낀다. 거울 뉴런은 우리에게 연결에 대한 단일한 이미지를 준다—한 사람으로부터 다른 사람에게로 수상돌기를 뻗은 뉴런. 듣기 좋은 이름도 도움이 되었다. 그루치 마르크스는 예전에 '지하실 문cellar door'은 영어에서 가장 아름답게 들리는 구절이라고 말했지만, '거울 뉴런'은 두 번째로 아름다운 구절임에 틀림없다.

거울 뉴런을 통해 다른 사람들과 연결된다는 생각은 잘못이다. 그것이 잘못임을 이해하면, 모방에 대한 생각이 더 분명해질 뿐 아니라 우리의 마음과 뇌 간의 관계에 대한 생각도 더 분명해질 것이다. 거울 뉴런에 대한 오해는 훨씬 더 광범위하게 인기 있는 신경과학에 대한 오해들의 좋은 예다.

첫째, 인간에 대한 결론을 끌어내기 위해 생쥐나 원숭이 실험의 결과를 이용하려는 강력한 유혹이 있다. 많은 중요한 신경과학적 실험들이 동물들에게 행해졌다. 왜냐하면 과학자들이 실험을 더 쉽게 통제할 수 있기 때문이다. 예를 들면 우리는 실험 대상인 모든 생쥐의 유전자가 정확하게 똑같다고 확신할 수 있다.

거울 뉴런의 증거는 원래 짧은꼬리원숭이 연구에서 나왔다. 살아 있는 동물의 뇌 속에 있는 개별 뉴런들에 직접 전극을 삽입하지 않고는(비록 고통이 없다 할지라도) 이 세포를 발견할 수 없다. 비록 뇌 수술 환자들의 연구 결과들이 있다 해도, 그것은 일반적으로 사람들에게 할 수 있는 것이 아니다.

문제는 짧은꼬리원숭이들에게는 인간 언어나 문화와 같은 것이 없으며, 우리와 같은 방식으로 다른 원숭이의 마음을 이해하는 것이 아니라는 것이다. 실제로 주의 깊은 실험들은 짧은꼬리원숭이들이 다른 원숭이들의 행동을 체계적으로 모방하지 않는다는 것을 보여준다. 그들은 분명히 아주 어린 인간 아이들이 하는 풍부하고 섬세한 방식으로 모방하지 않는다. 짧은꼬리원숭이들보다 훨씬 더 지적 수준이 높은 침팬지들조차 제한된 모방 능력을 보인다. 유인원들은 실제로 많이 흉내 내지 않는다. 짧은꼬리원숭이들이 거울 뉴런을 가지고 있다는 사실은 이런 세포들만으로 우리의 사회적 행동을 설명할 수 없다는 것을 보여준다.

둘째, 신화는 뇌 구조가 선천적이라고 말한다. 그것은 우리가 다른 사람들과 연결할 수 있게 해주는 이 특별한 세포를 가지고 태어났다고 가정한다. 인간의 모방은 선천적일 수 있지만, 다 자란 짧은꼬리원숭이에게서 거울 뉴런을 발견하는 것이 그 생각을 입증하거나 지지하지는 못한다. 모방이 선천적임을 증명하기 위해서는 신생아들에 대한 발달 연구로 돌아가야 한다. 거울 뉴런에 대한 생각을 하기 오래전에 선천적 모방을 보여주었던 연구들로 돌아가야 한다.

실제로 우리는 뇌의 거의 모든 것, 특히 개별 뉴런들의 조율이 경험에 의해 형성된다는 것을 알고 있다. 우리가 무엇인가를 배울 때마다 그 학습이 뇌를 물리적으로 변화시킨다는 것은 사실이다.

어떻게 원숭이의 경험은 거울 뉴런을 만들 수 있는가? 원숭이는 손을 움직일 때 거의 항상 자기 앞에서 움직이는 손을 본다.(즉 원숭이는 자신의 손을 본다.) 이것은 손의 움직임을 보는 시각적 경험이 실제로 손을 움직이는 경험과 매우 강력하게 연합될 것이라는 의미다. 뉴런들은 연합을 통해 학습한다. "함께 점화된 세포들은 함께 연결된다."라는 말이 있다. 따라서 보는 것과 하는 것 간의 연합 그 자체가 거울 뉴런들이 출현하게 만든다. 거울 뉴런은 그런 경험들 중 어느 하나라도 발생하면 점화되는 세포다. 만일 이 세포들 중 하나가 또 다른 동물의 손이 움직이는 것을 본다면, 우리는 그것도 점화될 것이라고 기대할 수 있을 것이다.

셋째, 단일 세포 혹은 단일 뇌 영역이 단일 경험에 책임이 있다는 것이다. 경험과 행동은 결코 하나의 세포 혹은 몇 개의 세포가 활성화된 결과가 아닐 것이다. 40년 전부터 과학자들은 전극을 사용해 고양이의 시각 체계에 있는 개별 뉴런들의 활동을 기록했다. 그들은 어떤 형태에 독특하게 반응했던 한 무리의 세포들을 발견했고, 그것들을 모서리 탐지기라고 불렀다. 모서리 탐지기들이 점화되었기 때문에 우리가 형태를 본다고 생각할 수 있다. 그러나 수십 년간의 연구는 실제 그림이 훨씬 더 복잡하다는 걸 보여주었다. 대상을 보는 것 같은 단순한 일조차 서로 다른 많은 뉴런들 간의 매우 복잡한 상호작용 패턴에서 온 결과다.

게다가 가장 최근의 연구는 개별 뉴런들과 뇌 영역들 모두 맥락에 따라 순간순간 반응하는 방식이 바뀐다는 것을 보여준다. 이것은 상대적으로 단순하고 안정적인 시각 체계에서도 사실이다. 모방과 같은 사회적 행동을 하도록 만들기 위해 얼마나 많은 뉴런들이 상호작용하고, 변하는 뉴런들이 얼마나 많이 필요한지를 상상할 수 있을 것이다.

우리가 깊고 특별하게 다른 사람들과 연결된다는 직관은 분명히 옳다. 그리고 그것이 뇌 덕분이라는 것도 의심의 여지가 없다. 왜냐하면 우리의 모든 경험이 뇌 덕분이기 때문이다.(엄지발가락이나 귓불 덕분이 분명 아니다.) 그러나 거울 뉴런 옹호자들은 단일 세포에서 일어나는 입력과 출력 간의 매우 단순한 연결이 인간의 모든 세련된 사회적 행동을 지원하고 있다고 주장한다. 이는 과학적 관점으로부터 상당히 뒷걸음질 친 것이다. 발달 연구들은 그와 반대임을 보여주는데, 아기들도 매우 지적이고 복잡하며 교묘한 모방을 할 수 있다.

| 모 방 의 탄 생 |

아기와 어린아이들이 다른 사람을 모방할 때, 그들은 자동적으로 행위들을 재생하는 것 이상을 한다. 아이들은 모방을 통해 중요한 두 가지를 배운다. 사물이 어떻게 작동하는지를 배우며, 사람들이 어떻게 하는지를 알게 된다.

인간에게 있는 독특한 진화적 이점은 무엇일까? 두 가지 주요 가설이 있다. 하나는 물리적 도구들의 숙달을 학습했다는 것이다—땅을 파는 막대기부터 아기를 감싸는 포대기까지. 다른 하나는 때로 마키아벨리적 가설이라고 부르는 것으로, 우리가 심리적 도구들의 숙달을 학습했다는 것이다—흘낏 보는 곁눈질로부터 정확히 겨냥한 모욕까지. 인간은 진화적인 이점을 갖는다. 왜냐하면 우리 인간은 사물 또는 사람들, 혹은 둘 다를 조작하는 것을 배웠기 때문이다. 다른 동물들도 우리가 이전에 생각한 것보다 두 종류의 도구를 잘 사용한다는 것이 판명되었다. 그러나 여전히 인간이 이 두 차원에서 놀랄 정도로 발달되었음은 의심의 여지가 없다.

물리적이든 심리적이든, 도구 사용에는 인과적 지식이 필요하다. 즉 어떤 일을 하는 것이 어떻게 다른 일이 일어나게 만드는지를 알아야 한다. 이것은 가장 기본적이지만 숙달하기 어려운 지식 중 하나다. 모방은 강력한 형태의 인과학습이다.

인과관계를 학습하는 두 가지 방식이 있다. 하나는 시행착오를 통한 학습이며, 다른 하나는 다른 사람이나 사건들에 대한 관찰을 통한 학습이다. 시행착오 학습은 동물의 가장 기본적인 학습방식이다. 파리, 민달팽이, 달팽이처럼 극히 단순한 생명체들도 과거에 보상을 받았던 행위들을 반복할 것이다. 시행착오를 통해, 행동이 어떻게 사건들을 유발하는지 알아보고 새로운 일이 일어나게 하는 법을 학습한다.

침팬지나 까마귀 같은 보다 세련된 동물들은 때로 스스로 행동하지 않고 다른 동물들의 행동을 관찰함으로써 학습한다. 그러나 인간은 다른 동물들보다 훨씬 더 많은 부분을 간접적인 관찰학습에 의존한다. 그리고 이것은 아이들이 부모로부터 배우는 특히 강력한 방식이다.

앤드루 멜조프와 안나 웨이즈메이어 그리고 나는 24개월 된 아기가 단순한 기계를 이해하기 위해 어떻게 모방을 이용하는지 알아내고자 노력했다. 우리는 그들에게 다음 페이지 그림에 있는 장치를 보여주었다. 아이들은 탁자의 양 끝에 있는 상자, 장난감 자동차 그리고 중간에 있는 흥미로운 불이 켜지는 장난감을 보았다. 실험자가 탁자 위에서 자동차를 움직여 한 상자에 부딪쳤을 때 장난감에 불이 들어왔다. 실험자가 다른 방향으로 움직여 다른 상자에 부딪쳤을 때는 아무 일도 일어나지 않았다. 실험자는 두 가지 모두를 여러 번 반복했다.

24개월 된 아기들은 효과 있는 행동은 모방했지만 효과 없는 행동은 모방하지 않았다. 그들은 즉시 올바른 상자에 차를 부딪쳤다. 게다가 장난감에 불이 들어오기 전부터 그것을 쳐다보았다. 마치 불이 들어올 거라는 기대를 하는 것처럼. 이것은 분명해 보인다. 그러나 이것은 거울 뉴런에서 기대했던 자동적 반응을 넘어선 것이다. 걸음마기 아이들은 아무것이나 모방하는 것이 아니라 흥미로운 결과가 나올 수 있는 행동을 모방했다.

이런 모방은 시행착오 학습을 넘어선다. 아이들은 스스로 두 방향 어느 쪽으로도 차를 움직이지 않았다. 그들은 실험자의 성공한 시도와 실패한 시도들로부터 즉시 학습했다.

그러나 여기에 가장 흥미로운 부분이 있다. 우리는 같은 시나

리오를 걸음마기 아이에게 보여주었다. 움직이는 자동차와 불이 번쩍이는 장난감을 보여주었지만, 이번에는 자동차가 스스로 이쪽이나 저쪽으로 움직였고, 그러면 장난감의 불이 켜지거나 켜지지 않았다. 움직이는 자동차와 불이 번쩍이는 장난감 간의 연합은 동일했지만 이 실험에서 24개월 된 아기들은 놀랍게도 자동차를 전혀 밀지 않았다. 우리가 장난감에 불이 들어오게 하라고 요구했을 때도 그냥 앉아 있었다. 그들은 자동차가 움직일 때 그 장난감 쪽을 쳐다보지도 않았다. 마치 차가 장난감에 불이 들어오게 한다는 것을 정말 모르는 것 같았다.

아이들은 인과관계가 항상 어떤 사람의 행동의 결과라고 가정하기 시작했다. 다른 사람들을 보는 것과 그들의 행동 결과로부터 인과관계를 알아내는 것은 이 아이들이 스스로 무언가를 하는 법을 배우는 핵심적 방식이었다. 실험자의 행동 없이 정확하게 같은 사건이 발생했을 때, 아이들이 그것으로부터 학습할 가능성은 훨씬 적었다.

아이들은 도구들이 작동하는 법을 알아내기 위해 모방한다. 효과 있는 행동은 모방하지만 효과 없는 행동은 모방하지 않는다. 그들이 본 다른 사람의 모든 행동을 모방하지는 않으며, 결과를 얻은 다른 사람의 모든 행동을 모방하는 것도 아니다. 의도적인 행동만을 모방한다. 그들은 행위자가 하고 싶었던 것을 재생하려고 노력한다. 행동 그 자체가 아니다.

아이들에게 어떤 행동을 의도적으로 하는 사람(상자를 열기 위해 버튼을 누름)이나 똑같은 행동을 우연히 하는 사람(상자를 닦다가 버튼을 건드림)을 보여준다고 가정해보라. 한 살 된 아기는 비의도적인 행동보다 의도적인 행동을 모방할 가능성이 훨씬 더 높다.

아이들은 그 사람의 의도를 다른 방식으로도 고려한다. 예를 들어, 18개월 된 아기들에게 두 부분으로 된 장난감 아령을 분리하려고 하지만 실패한 사람을 보게 한다고 가정해보라.(매번 손가락이 끝에서 미끄러진다.) 아이들은 그 사람의 미끄러지는 손가락을 모방하지 않는다. 대신에 지능적으로 행동하고 확실하게 스스로 장난감을 당겨서 분리한다.

그러나 아이들이 스스로 움직이는 자동차로부터 배우지 않는 것처럼, 아이들이 집게손으로 장난감 끝을 닦는 로봇 기계를 본다면, 그 기계가 정확하게 사람과 똑같이 장난감을 분리해도, 장난감을 당겨서 분리하려고 하지 않을 것이다. 그것은 사람이어야 한다.

또 다른 실험을 생각해보라. 18개월 된 아기들은 팔에 붕대를 감아서 손을 사용할 수 없는 어떤 사람이 장난감의 불을 켜기 위해 상자에 머리를 부딪치는 것을 본다. 또는 손이 자유로운 사람이 같은 방식으로 상자에 머리를 부딪치는 것을 본다.

만일 그 사람이 손을 붕대로 감고 있다면, 아이들은 머리를 쓰는 대신 자신의 손으로 상자에 불을 켠다. 다른 실험들에서처럼 이 아기들은 그 사람의 행동 목표를 읽는 듯하다. 그들은 이렇게 생각하는 듯하다. "음, 그녀는 손을 사용할 수 없어. 그래서 대신 머리를 사용해야 해. 하지만 내 손은 자유롭기 때문에 상자에 불을 켜는 더 효과적인 방식이 있을 거야."

다른 한편으로, 만일 그 사람의 손이 자유롭다면, 아기들은 정확하게 모방할 것이다. 즉 상자에 머리를 부딪칠 것이다. 그들은 이렇게 생각하는 듯하다. "만일 그녀가 손으로 할 수 있었다면 손을 사용했을 거야. 그러니까 머리를 사용한 이유가 있을 거야."

나이를 먹으면서 그런 종류의 추론은 보다 세련되어진다. 그들은 다른 사람으로부터 학습한 것과 자신의 경험으로부터 학습한 정보를 결합한다.

한 실험에서 세 살 된 아이들이 서랍을 열려고 시도했다. 서랍은 쉽게 열리거나 혹은 간신히 열렸다. 그런 다음 그들은 다른 사람이 버튼을 누르자 서랍이 즉시 열리는 것을 보았다. 아이들은 자신이 힘들게 서랍을 열었을 때, 그 사람의 행동을 모방할 가능성이 훨씬 높았다. 따라서 아이들은 다른 사람이 얼마나 효과적이었는지 뿐만 아니라 다른 행동 과정이 자신에게 얼마나 효과적일지를 고려했다.

숙련되게 도구를 사용하려면 종종 행동들을 서로 다른 많은 세부 사항들(관련이 있거나 관련 없는)과 결합해야 한다. 이것은 다른 사람들로부터의 학습을 특히 힘들게 만들 수 있다. 내가 땅콩버터 젤리 샌드위치를 만드는 것을 볼 때, 어기는 시계 반대 방향으로 병뚜껑을 돌려야 한다는 것을 알아내야 한다. 또한 땅콩버터를 먼저 넣는지 혹은 젤리를 먼저 넣는지와 같은 다른 세부 사항들은 중요하지 않다는 것을 알아내야 한다. 혹은 손가락으로 젤리를 맛보기 위해 하던 일을 중단하는 것은 선택 사항이라는 것도 알아내야 한다.

실험실에서 우리는 네 살 된 아이들에게 복잡한 순서의 행동을 보여주는 실험을 했다. 실험자는 장난감에 세 가지 행동을 했다. 예를 들면, 장난감을 흔들고 누른 다음 한쪽 면에 있는 고리를 당긴다. 그러면 장난감에서 음악이 나오거나 나오지 않았다. 실험자는 이 행동을 다섯 번 반복했고, 매번 순서와 결과가 달랐다.

실험자는 항상 세 가지 행동을 했지만 때로는 세 가지 모두가 필요한 것처럼 보였고, 때로는 한두 가지 행동이 효과가 있는 것처럼 보였다. 예를 들면, 장난감은 실험자의 다른 행동들과 상관없이 끝에 있는 고리를 당기면 항상 작동하지만 당기지 않으면 작동하지 않는다. 이는 정말로 해야 할 일은 고리를 당기는 것이 전부임을 의미한다.

만일 아이들이 효율성에 주목했다면, 붕대를 감은 사람이나 어려운 서랍을 이용한 이전 실험들에서처럼 단지 필요한 행동(예를 들어 고리를 당기는 행동)만 재생할 것이다. 그것이 바로 그들이 한 행동이었다.

우리는 이 실험을 재미있게 살짝 비틀었다. 우리는 특정한 조합의 행동들이 정확하게 어떻게 작동할지를 통제했다. 놀랍게도 아이들은 무의식적으로 확률을 계산하는 듯했다. 그들은 결과가 나올 가능성이 더 높은 개별 행동이나 행동들의 조합을 더 많이 했다.

이 모두는 아주 어린 아이들도 자신들이 본 양육자의 행동을 곧바로 재생하지 않는다는 의미다. 대신에 그들은 그 사람의 의도를 읽는다. 그들은 그 사람이 성취하려고 시도하는 것을 알아낸다. 행동 자체가 아니라 행동의 목표를 모방한다. 그들은 실험자가 효율적이고자 한다고 가정한다. 자신의 목표와 목적에 맞도록 자신의 행동을 조정한다. 통계와 확률도 고려한다.

이런 이유에서 모방은 물리적 도구들이 어떻게 작동하는지에 대해 배우는 특별히 강력하고 유용한 방식이다. 물리적 도구는 거품기부터 빗자루, 기묘한 자동차 범핑 기계, 아이폰까지 포함한다. 다른 사람들을 보는(관찰하는) 것은 이해하고 숙달하는 데 가장 중요한 행동이 무엇인지를 알아낼 수 있게 한다.

| 아이가 어른보다 잘할 때 |

실제로 관찰학습의 어떤 상황에서는 아이들이 어른들보다 낫다. 우리는 대개 아이들이 우리보다 문제 해결에 훨씬 더 미숙하다고 생각한다. 무엇보다 아이들은 점심을 만들거나 신발끈을 묶을 수 없고, 긴 나눗셈을 혼자 하거나 SAT에서 고득점을 받을 수 없다. 그러나 다른 한편으로 모든 부모는 하루 종일 "그건 어디서 나온 거지!" 하며 감탄한다.

우리 실험실의 연구는 네 살 된 아이들이 때로 어른보다 더 잘 배울 수 있다는 것을 보여준다. 실험을 위해 우리는 블리켓 탐색기라는 기계장치를 고안했는데, 어떤 블록들을 조합해서 상자 위에 올려놓으면 불이 켜지고 음악이 나오지만 다른 것들에는 작동하지 않는 상자다. 우리는 아이들에게 그 기계 위에 서로 다른 블록들을 올려놓으면 어떤 일이 일어나는지 보여주고, 기계의 작동방식에 대해 아이들이 어떤 결론을 끌어내는지를 보았다. 어린 과학자처럼, 아이들은 놀랄 정도로 통계자료를 잘 분석해 인과적 결론을 끌어낸다. 직관적이고 무의식적이긴 하지만. 그들은 어떤 블록이 블리켓인지 알아내고 그것을 이용해 기계장치를 작동시킨다.

크리스 루카스, 톰 그리피스, 소피 브리저와 나는 블리켓 기계를 이용했다. 당신도 시도해보라. 내가 둥근 블록(139쪽 그림에서 D)을 기계장치 위에 올려놓는 것을 세 번 본다고 상상해보라. 아무 일도 일어나지 않는다. 기둥 모양의 블록(E)도 마찬가지다. 그러나 사각형 블록(F)을 둥근 블록(D) 다음에 올려놓자 기계의 불이 두 번 켜진다. 그렇다면 사각형 블록(F)은 기계를 작동시키고 둥근 블록(D)은 그렇지 않다. 맞는가?

글쎄 반드시 그렇지는 않다. 만일 개별 블록들이 기계장치를

'그리고' 훈련

작동시키는 힘을 가졌다면 사실이다. 그러면 둥근 블록(D)은 항상 기계장치를 작동시키거나 결코 그러지 못한다. 이것은 분명한 생각이고 어른들이 항상 처음에 하는 생각이다. 기계장치가 움직이게 하려면 두 가지 블록의 조합이 필요할 수도 있다. 이것은 나의 짜증나는 전자레인지가 작동하는 방식으로, '요리' 버튼과 '시작' 버튼을 동시에 누를 때만 작동한다. 아마도 사각형 블록과 둥근 블록 둘 다 원인이며, 그것들은 함께 가야 한다.

위에 있는 '그리고' 훈련 패널에서 보는 것처럼, 삼각형 블록(A)이나 직사각형 블록(C) 또한 아무 일도 일으키지 못하지만, 그것들을 함께 올려놓으면 불이 켜지는 것을 보았다고 가정해보라. 이것은 기계가 분명한 개별 블록 규칙 대신에 이상한 조합 규칙을 따른다고 말한다. 사각형과 둥근 블록에 대해 생각하는 방식을 바꿀 것인가?

우리는 이와 같은 패턴을 버클리 대학교 학생들뿐 아니라 네 살과 다섯 살 아이들에게 보여주었다. 처음에 그들에게 삼각형/직사각형 '그리고and' 패턴을 보여주었으며, 이것은 기계장치가 이상한 조합 규칙을 사용한다는 것을 시사했다. 그런 다음 애매한 둥근/사각형 패턴을 보여주었다.

아이들은 해결했다. 그들은 기계장치가 이런 이상한 방식으로 작동한다는 것을 알아냈다. 그들은 블록 둘 다를 블리켓이라고 불렀고, 두 개의 블록을 함께 올려놓아야 한다는 것을 알았다. 그러나 우수한 버클리 대학생들은 마치 기계장치가 항상 평범하고 분명한 규칙을 따를 것처럼 행동했다. 그것이 다르게 작동할 수 있다는 것을 보여주었음에도 불구하고.

이것은 블록과 기계장치가 아닌 다른 것들에서도 같은가? 우리는 몇 가지 다른 실험에서 이 패턴을 발견했다. 어린 학습자가 나이 든 학습자보다 예상 밖의 선택지를 더 잘 알아냈다. 우리는 그것이 아이와 어른 간의 훨씬 더 일반적인 차이를 반영할 수 있다고 생각한다. 아이들은 특히 믿기 힘든 가능성들에 대해 잘 생각할 수 있다. 무엇보다 어른들은 세상이 어떻게 작용하는지에 대한 막대한 양의 지식이 있다. 그것은 대체로 우리가 이미 알고 있는 것에 의존한다는 의미다.

아이와 어른 간의 이런 차이는 앞에서 말했던 '탐색' 대 '개발' 긴장을 반영한다. '개발' 학습에서 우리는 바로 지금 작동할 가능성이 가장 높은 해결책을 빨리 발견하려고 노력한다. '탐색' 학습에서 우리는, 즉각적인 보상을 많이 받지 못할지라도, 믿기 힘든 것을 포함해 많은 가능성들을 찾으려 노력한다. 복잡한 세상에서 번성하려면 두 종류의 학습 모두 필요하다.

다시 말하면, 아동기는 혁신과 창의성을 만들도록 설계된 듯하다. 어른들은 유효성이 증명된 것만을 고수한다. 네 살 아이들은 이상하고 놀라운 것을 찾는 사치를 누린다.

| 과 잉 모 방 |

이런 연구들에서 아이들은 능률적이고 효율적으로 일하는 방법을 찾기 위해 관찰하며, 놀랄 정도로 창의적이다. 그러나 다른 연구들은 그런 인상과 반대되는 듯하다. 어린아이들의 모방에서 매력적인 것은 그들이 다른 사람들의 행동에서 유용한 부분만을 모방하지는 않는다는 사실이다. 그들은 불필요한 허식, 부가적인 것들 모두를 모방한다. 손자 어기는 달걀 거품을 내는 나의 과장된 손목 사용과 전문가 톤으로 말하는 '객관적으로'를 정확하게 재생한다.

아이들의 모방에 대한 체계적인 연구들도 이것을 보여준다. 아이들은 단지 모방을 하는 것이 아니라 과잉모방을 한다. 고전적인 연구에서 빅토리아 호너와 앤드루 화이튼은 아이들과 침팬지들에게 약간의 음식이 들어 있는 퍼즐 상자와 그것을 여는 데 필요한 막대기를 보여주었다. 막대기로 음식 앞에 있는 문을 옆으로 미는 것 같은 행동은 분명히 음식을 얻는 것과 관련이 있었다. 그러나 막대기를 상자 위에 있는 구멍에 찔러 넣는 것 같은 다른 행동들은 관련이 훨씬 적은 듯했다.

아이와 침팬지들은 실험자가 관련 행동—문을 옆으로 밀기—을 하는 것도 보았고 구멍에 막대기를 찔러 넣는 것과 같은 관련 없는 행동을 하는 것도 보았다. 아이들은 관련 있는 행동만을 골라내는 대신 실험자의 모든 행동을 모방했다. 침팬지들은 다르게 행동했는데, 여러 면에서 아이들보다 더 지능적으로 행동했다. 침팬지들은 옳은 결과로 이끌었던 행동들만을 재생했다.

이는 아이들이 정말로 무심하고 자동적으로 다른 사람의 행동을 재생한다는 것을 보여주는 것일까? 실제로 그 반대일 수 있다. 과잉모방은 아이들이 얼마나 세련되었는지를 보여주는 신호일 수 있다. 때로 불필요한 것을 모두 모방하는 것은 누군가의 세부적인 행동을 의미 있게 만든다.

예를 들어 만일 당신이 관찰하고 있는 사람이 어떤 일을 하는 법을 정확하게 시범 보이려고 하는 전문가라면, 과잉모방은 의미가 있다. 할머니가 블루베리 팬케이크를 위해 달걀흰자 거품을 아주 높게 낼 때, 할머니는 달걀 거품을 내는 것에 대한 중요한, 분명하지 않지만, 무언가를 전달하고 있는 것이다.

여기에는 근본적인 이유가 있다. 높은 거품은 공기를 더 많이 포함한다. 그러나 솔직히 할머니가 그런 방식으로 하는 이유는 대체로 증조할머니도 그렇게 했기 때문이다.[그러나 고조할머니의 고기찜 요리 레퍼토리와 나비넥타이를 고려해보면 결국 고프닉 가문의 지난 세대가 아닌 줄리아 차일드(요리연구가-옮긴이)로 돌아간다.]

세부 사항들에 주목함으로써, 어기는 실제로 이미 아는 것을 넘어선 어떤 것을 학습한다. 어기는 달걀을 저으면 흰자와 노른자가 합쳐질 거라는 것을 안다. 그는 달걀을 거품내면, 특히 달걀 거품을 높이 내면 부풀어 오를 것을 안다.

따라서 만일 전문가가 당신을 가르치고 있다면, 그런 방식으로 과잉모방하는 것은 의미가 있다. 나는 아들의 아이폰 메시지 기법을 모방할 때 쓸데없는 세부 사항을 모방한다. 그것은 나를 완전히 혼란스럽게 만들고 자주 당황스러울 정도로 불필요한 것으로 판명된다. 그러나 적어도 지금 어기에게 할머니는 여전히 전문가다.

이 아이디어를 조사하기 위해, 앞서 기술했던 장난감에 세 가지 행동을 하는 실험을 다시 했다. 이번에는 실험자가 전문가이거나 혹은 전문가가 아니었다. 원 실험에서 어른은 마치 단서가 하나도 없고 그 장난감이 어떻게 작동하는지 모르는 것처럼 행동했다. 실험자는 "이 장난감은 어떻게 작동하는 거야? 모르겠어, 이상해, 한번 해보자."라고 말했다. 대신에 전문가 버전에서는 "난 이 장난감을 어떻게 작동하는지 알고 있어. 너에게 보여줄게."라고 말했다.

실험자가 장난감 작동법에 대해 아는 것이 없다고 말했을 때, 아이들은 효율적이고 지적이며 창의적으로 행동했다. 그들은 필요한 행동만을 모방했다. 그러나 실험자가 전문가일 때, 그들은 필요하든 필요 없든 실험자의 세부 행동 모두를 성실하게 모방했다.

물론 여기에는 일종의 패러독스가 있다. 아이들이 교사의 의도에 민감하다는 사실은 그들을 어리석게 만들었거나, 적어도 그렇지 않은 때보다 더 어리석게 만들었다. 그러나 달리 말하면, 그들의 가르침에 대한 정보와 교사가 원하는 것을 알아내는 영리함은 실제로 학습할 때 그들을 더 못하게 만들었다.(대학교수 모두가 알고 있듯이 이것은 세 살 아이들에게만 한정된 것이 아니다.)

실제로 어린아이들은 자신들이 직접적인 반대 증거를 가지고 있지 않는 한, 다른 사람들은 세상에 대한 중요한 것을 자신에게 가르치려 한다고 가정하는 듯하다. 아이들에게 실험자가 그들을 가르치려고 하는지 어떤지를 분명하게 하지 않은 채 장난감에 어떤 행동을 하는 것을 보여주었을 때, 그들은 불필요한 행동도 모방했다. 마치 아이들은 자동적으로 그 어른이 특별한 전문성을 가지고 있고, 이것을 전하려고 노력하고 있다고 가정하는 듯했다. 이것은 호너와 화이튼 연구에서 침팬지들과 달리 아이들이 관련 없는 행동들을 재생하는 이유를 설명할 수 있을 것이다.

| 의식 |

과잉모방은 다른 맥락에서도 의미가 있다. 인간은 의식을 치른다. 일요일 아침의 축구부터 오후의 차 마시기와 자정의 미사까지. 의식은 그 자체로는 의미가 없지만 중요한 사회적 기능을 한다. 고도로 규정된 방식으로 특정한 행동들을 수행함으로써 우리가 누구인지 우리가 어떤 집단에 속해 있는지를 확인할 수 있다.

올바른 의식을 치름으로써 실제로 다른 사람이 될 수 있다. 나는 반지를 끼고 화사한 옷을 입고서 정교한 의식을 행함으로써 아내가 되었다. 또한 옥스퍼드에 있는 인상적인 크리스토퍼 렌 빌딩의 긴 복도를 천천히 걸어 내려가 괴상한 옷을 입은 남자가 머리를 가볍게 두드림으로써 박사가 되었다.(괴상한 옷은 의식에서 특별히 중요한 역할을 하는 듯하다.)

의식의 요점은 거기에는 평범한 일상적 의미가 없다는 것이다. 의식은 평범한 효율성의 원리와 분리되어 있기 때문에 강력하다. 이것은 지금까지 말한 실험들에서 보았던 아이들의 모방이 보여준 것이다.(예전에 나는 목이 말라서 차를 마시고 싶을 때 일본 차 의식에 참가하는 실수를 저질렀다. 유용하고 평범한 결과에 의존하지 않을 때 의식화된 절차의 아름다움은 훨씬 더 쉽게 인정된다.)

만일 음식을 집기 위해 막대기를 사용한다면, 그것은 단순히 효과적인 도구 사용법을 안다는 의미다. 그러나 나는 음식을 먹을 때 대부분의 아랍인들처럼 오른손만을 사용하고 결코 왼손을 사용하지 않을 수 있다. 더 이상하지만 나는 대부분의 미국인들처럼 오른손으로만 포크로 먹고 오른손으로만 나이프로 음식을 자른다. 따라서 음식을 자를 때마다 매번 포크와 나이프를 다른 손으로 옮겨 쥐어야 한다.

이상한 식사 의식들은 음식을 먹는 데 도움이 안 되지만 그것들은 우리가 누구인지, 우리의 민족적·종교적 혹은 국가적 소속, 그리고 집단의 규칙을 알고 따르거나 거부하는지에 대한 정보를 말해준다.(적어도 두 개의 영화에서 미국인 스파이들이 유럽인들과 다른 정교한 포크와 나이프 의식을 실행했기 때문에 발각되었다고 나는 생각한다. 그 행동을 의식적으로 알지 못할 수도 있다. 그러나 다음 비밀 임무를 수행할 때는 기억해야 할 것이다.)

의식을 전하는 것은 문화의 진화에서 테크놀로지를 전하는 것만큼 중요하다. 사실 의식은 테크놀로지라고 할 수 있다. 그러나 그것은 물리적 테크놀로지가 아닌 사회적 테크놀로지다. 도구의 사용은 물리적 세계에 영향을 미친다. 포크로 음식을 입에 넣는다. 그러나 의식은 사회적 세계에 영향을 미친다. 왼손에서 오른손으로 포크를 옮기는 행위는 다른 사람들에게 당신이 미국인이라고 말하는 것이다. 의식들은 특히 당신이 특별한 사회집단에 소속되어 있다는 것을 다른 사람들에게 전달하기 위해 고안된 것이다.

아주 어린아이들도 의식에 민감하다. 아이들은 어떤 행동이 일상적인 결과가 없다는 것을 의식의 단서로 이용한다. 한 실험에서 아이들은 어른이 공기 중에 펜을 흔들고 빙글빙글 돌린 다음 상자에 넣는 것처럼, 합리적인 결과를 얻는 행동을 복잡한 순서로 하는 것을 보았다. 아이들은 곧바로 상자에 펜을 넣었다.

그러나 행동이 목적이 없는 것처럼 보였을 때, 예를 들면 실험자가 펜을 탁자에서 집어들고 정교하게 돌린 후 같은 장소에 되돌려 놓았을 때, 아이들은 그 행동의 미세한 부분 모두를 재생하려고 할 가능성이 훨씬 더 높았다.

아이들이 이런 식으로 다른 사람의 행동들을 모방할 때, 그들은 "난 이것이 어떻게 작동하는지 알아." 혹은 "난 당신이 이것을 안다는 것을 알아."라고 말할 뿐 아니라 "나는 당신이 이런 사람이라는 것을 알아."라고 말한다.

예를 들면, 세 살 아이들을 대상으로 한 실험에서, 어른 두 명이 퍼즐 상자를 어떻게 작동시킬지 시범을 보였다. 한 어른은 관련된 행동들만 했고, 다른 어른은 관련 없는 행동들을 추가했다. 그런 다음 어른들은 방을 떠났고, 둘 중 한 사람만이 다시 돌아와 아이에게 그 장난감을 주었다. 불필요한 행동을 했던 어른이 장난감을 주었을 때 아이들은 불필요한 행동들까지 모방했다. 그러나 효율적인 어른이 장난감을 주었을 때는 그러지 않았다. 그들은 다음과 같이 생각하는 듯했다. "음, 나는 당신이 그렇게 하지 말아야 한다는 것을 알아. 하지만 내 생각에, 이것은 그녀의 방식이고, 그러면 난 그녀를 웃게 할 거야."

저녁식사에서 손 씻는 물을 마셨던 무지한 외국인(아프리카인 혹은 미국인 혹은 페르시아인)의 방문을 받았던 여왕(빅토리아 혹은 엘리자베스 혹은 빌헬미나)에 대한 출처가 불분명한 이야기가 있다. 외국인의 무지함을 본 여왕은 조심스럽게 자신의 손 씻는 물을 마셨고, 궁정의 나머지 사람들 모두 여왕의 행동을 따라 했다. 세 살 아이들도 똑같은 당당한 공손함을 보였다.

아이들은 자신과 유사한 사람을 정확하게 모방할 가능성이 더 높다. 상자에 머리를 부딪친 사람을 이용한 실험을 기억하는가? 유사한 연구에서 14개월 된 아기들은 처음에 자신과 같은 언어로 말하는 사람 또는 다른 언어로 말하는 사람을 보았다. 그 사람이 같은 언어로 말할 때, 아이들은 머리를 사용했다. 그 사람이 다른 언어로 말할 때, 그들은 손을 사용했다. 아이들은 자신과 유사한 사람의 행동만을 정확하게 모방해야 한다고 생각하는 듯했다.

종합하면, 이 모든 실험은 아주 어린 아이들도 실용적이고 유용한 측면에 더해, 다른 사람들 행동의 보다 상징적이고 의식적인 측면들을 알고 있음을 시사한다.

아이들의 모방은 단순한 흉내 내기가 아니라 문화적 학습이 가능하도록 실질적으로 미묘하고도 복잡하게 잘 설계되어 있다. 아주 어린 아이들은 세상이 어떻게 작동하는지에 대한 정보를 얻기 위해 다른 사람들을 본다. 그들은 인과적 관계와 확률에 주의를 기울인다. 그들은 지적이고 효율적인 방식으로 어떤 일이 일어나도록 하기 위해 자신의 경험을 다른 사람에 대한 관찰과 결합할 수 있다. 사실 어른보다 더 창의적이고 혁신적인 방식으로 학습한다.

그들은 또한 모방할 사람의 의도, 목표, 목적에 민감하다. 그 사람이 원하는 것에 주의를 기울이며, 또한 그 사람이 알고 있는 것, 다른 사람에게 전문성이 있는지에도 주의를 기울인다. 이 모든 것은 아이들이 이전 세대의 가장 중요한 도구들이나 기법들에 대해 학습하고 이전 세대의 정보에서 이득을 얻기에 좋은 위치에 있음을 의미한다.

그러나 문화는 물리적 세계에 대한 정보와 동시에 사회적 세계에 대한 정보도 전달한다. 우리는 우리가 어떤 종류의 사람인지,

우리가 속한 집단, 옹호하는 전통, 참여하는 의식들—포크를 잡는 법 같은—에 대한 정보를 전한다. 아기와 어린아이들은 사회적 사실들에 민감하다. 그들은 함께 있는 사람이 누구인지 그리고 그 사람이 자신과 비슷하다고 생각하는지 다르다고 생각하는지에 따라 다르게 모방한다.

| 여러 문화에서의 모방 |

지금까지 기술했던 연구들에서 아이들은 중산층의 미국인과 유럽인이었다. 그들은 심리학자들이 WEIRD(W=백인, E=교육받은, I=산업화된, R=부유한, D=선진국) 문화라고 부르는 곳에서 왔다. 다른 문화의 아이들은 어떤가? 비교문화심리학자인 바버라 로고프는 여러 다른 문화와 지난 시대의 아이들도 관찰과 모방을 통해 학습할 가능성이 더 높다고 주장했다.

로고프는 상대적으로 공식적인 학교교육을 거의 받지 않은 과테말라의 키체 마야 인디언들처럼 작은 규모의 농촌에 사는 사람들을 연구했다. 그녀는 키체 부모들은 아주 어린 아이들도 다른 사람들의 행동을 보는 것으로 복잡한 과제를 배울 수 있다고 생각하는 것을 발견했다. 그런 부모들이 옳은 듯하다. 마야 아이들은 토르티야를 만들거나 마체테(넓고 무거운 칼-옮긴이)를 사용하는 것 같은, 어렵고 힘든 성인의 기술들에 주목하고 모방하고 숙달한다. 우리가 어린아이들에게 가르칠 생각을 결코 하지 않는 기술들이다.

이런 공동체의 부모들은 천천히 행동하고 과장되게 행동한다. 아이들이 참여하기 쉬운 방식으로 행동한다. 그러나 아이들을 가르치기 위해 특별한 행동을 고안하거나 특별한 일을 하지는 않는다. 그들은 일을 처리하고, 동시에 아이들은 학습한다.

체계적인 연구에서, 로고프와 동료들은 이런 공동체의 아이들은 실제로 관찰과 모방을 통한 학습에서 미국인 아이들보다 낫다는 것을 발견했다. 다섯 살에서 열한 살 아이들은 한 어른이 형제들에게 종이접기를 가르치는 것을 보았다. 그 어른은 단순히 아이들에게 순서를 기다려야 한다고 말했다. 인디언 아이들은 형제가 학습하고 있을 때 무슨 일이 진행되고 있는지에 대해 미국인 아이들보다 더 많은 주의를 기울였다. 자신의 차례가 되었을 때, 그들은 이미 많은 것을 학습했고 나머지를 더 빨리 학습했다. 미국인 아이들은 교사가 그들에게 개인적으로 주의를 기울일 때만 학습하는 듯했다.

또 다른 실험에서는 세 명의 아이들이 한 교사와 학습했다. 인디언 아이들은 자신들이 하고 있는 것, 어른이 하고 있는 것, 다른 아이들이 하고 있는 것에 동시에 주의를 기울일 가능성이 미국인 아이들보다 더 높았다.

| 함 께 하 기 |

이 모든 것들이 부모들에게 주는 의미는 무엇인가? 내 행동을 모방하지 말고 내 말을 따르라는 오래된 명령은 어린아이들에게 먹히지 않을 것이다. 아이들은 단지 당신처럼 행동할 뿐만 아니라 당신이 의도한 대로 하고, 당신이 정말로 했어야 했던 대로 하고, 당신의 행동을 이해한 대로 한다. 그들은 당신이 하고 있는 것을 알고 있을 때뿐만 아니라 모르고 있을 때도 그들이 해야 하는 것을 한다. 그들은 당신이 의식을 수행하고 좋은 미국인이거나 좋은 아랍인이고자 할 때, 당신이 하는 것처럼 한다. 그들은 당신의 여러 다른 미묘한 행동 방식들을 구분한다.

양육 강사들의 공통적인 일은 부모들—보다 일반적으로는 부모 중 한 사람 혹은 더 일반적으로는 엄마—이 아이와 혼자 있을 때 해야 하는 일련의 행동들을 규정하는 것이다. 부모들은 오직 그 아이를 겨냥한 어떤 것, 카드를 들고 대상의 이름을 말하는 것처럼, 그렇지 않다면 부모가 하지 않을 어떤 것을 해야 한다. 부모에게 그런 제안들을 문자로 보내는 애플리케이션도 있다.

그러나 아이들의 경우, 숙련되고 유용한 방식으로 행동하는 부모나 다른 사람을 관찰하고 모방하는 것 자체가 교육이다. 그 행동이 차를 세게 치는 것이든 머리를 부딪치는 것이든, 토르티야를 만드는 것이든 나무를 자르는 것이든, 요리를 하는 것이든 정원을 가꾸는 것이든, 아이를 돌보는 것이든 어른들에게 말하는 것이

든, 차를 마시는 것이든 포크를 사용하는 것이든 진실이다. 아이들은 단지 다른 사람들로부터 학습하는 것이 아니라 다른 사람들에 대해 학습한다. 사람들의 다양한 행동방식을 보는 것은 아이들에게 얼마나 많은 종류의 사람들이 있는지를 가르치고, 자신은 어떤 사람인지를 결정하는 데 도움을 줄 수 있다.

물론 이것은 직접 행하는 것보다 말하는 것이 더 쉽다. 만일 나와 비슷하다면, 실제로 유일한 숙련된 행동은 키보드를 독수리 타법으로 두드리는 것인 듯하다. 나처럼 한심한 독수리 타법의 양육자들도 요리하고 청소하고 걷고 쇼핑하고 읽고 정원을 가꾸고 노래하고 말한다. 마야의 양육자들처럼, 약간 속도를 늦추더라도 아기와 어린아이들을 이런 일상적 활동들로 통합하기는 어렵지 않다. 아마도 어쨌든 그것은 우리 모두에게 어느 정도 유익할 것이다.

아기나 어린아이들과 함께 사는 이 그림은 내가 앞에서 양육을 일이 아닌 사랑, 관계라고 했던 것과 맥을 같이 한다. 다시 한번 배우자 하기나 친구 하기 매뉴얼을 상상해보라. 남편이나 아내에게 주는 효과로 결혼을 측정할 수 없는 것처럼, 아이들만을 겨냥한 특별한 활동들을 따로 떼어놓지 못할 것이고, 그러면 그런 활동들이 바라던 효과가 있었는지를 측정하지 못할 것이다. 그것은 당신이 생각하고 있는 활동도 아니다. 무엇보다 공동 조정된 행동이 핵심이다.

실제로 사랑의 핵심은 함께하는 것이다. 일이든 자녀 양육이든 구애든 걷기든 케이크 굽기든, 두 사람은 강점과 약점을 조정하면서 세상에 참여한다.

여기 일이나 학교와 다른 양육에 대해 생각하는 또 다른 방식이 있다. 어떤 진화 이론들은 음악과 춤이 사회적 관계를 촉진하는 하나의 방식으로 등장했다고 생각한다. 우리가 다른 사람을 특별한 방식으로 움직이게 만들고 그것을 춤이라고 부를 수는 없다. 춤을 추는 것은 두 사람의 움직임이 오고가는 것이다. 각자의 행동 사이에서 일어나는 미세한 조정이다.

관찰과 모방을 왔다갔다하는 건 목표지향적인 활동이라기보다는 숙련된 조정과 더 유사하다. 춤처럼, 그것은 사랑이며 일이 아니다.

5

아이들은 듣고 배운다

: 듣기를 통한 학습

거의 모든 동물들은 민달팽이조차도 시행착오를 통해 세상에 대해 학습할 수 있다. 까마귀나 영장류 같은 영리한 동물들은 다른 동물들을 관찰함으로써 학습할 수도 있다. 이미 보았듯이 인간의 아이들은 관찰과 모방을 통해 새로운 수준의 학습을 한다. 그들은 모방을 통해 세계, 다른 사람들, 다른 문화가 어떻게 작용하는지를 알아낸다. 이에 더해 아이들은 독특한 인간적 방식으로 학습한다. 언어를 사용한 이래 우리는 말로 다른 사람들을 가르칠 수 있고 말을 듣고 배울 수 있었다.

사실 우리가 알고 있는 많은 것들은 듣거나 읽거나 혹은 스크린에서 본 것이다. 우리는 직접 관찰하기에는 너무 먼 혹은 너무 오래된, 너무 큰 혹은 너무 작은 것들에 대해 알고 있다. 파리는 프랑스의 수도이고, 콜럼버스는 1492년에 푸른 바다를 항해했다. 지구는 둥글다. 이런 기본적인 사실들은 다른 사람들의 말을 통해 알게 되었다.

많은 종류의 지식은 말을 통해서만 얻을 수 있다. 단어나 문장의 의미와 같은 언어 지식이 그렇다. 또한 말은 가상적·신화적 혹은 종교적 지식을 습득하는 유일한 방식이다. 나는 해리포터에게 번개 모양 흉터가 있다는 것을 알지만 간접적으로 알아낸 것이다.

모방이 단순해 보이는 것처럼 다른 사람들의 말로부터 학습하는 것은 단순해 보인다. 그러나 생각해보면 그것은 실제로 아주 복잡하다. 어떤 사람들은 다른 사람들보다 더 신뢰할 만하다. 수상한 사람이나 지식이 얕은 사람보다 정직한 전문가의 말에 더 귀 기울인다. 그리고 같은 사람도 때로는 유식하지만 때로는 무식하고, 어떤 사실에 대해서는 자신감이 있지만 다른 것에 대해서는 모호하다. 그들이 말하는 것이 우리가 알고 있는 것과 일치할 수도 있고 모순될 수도 있다. 말을 통해 배우는 것들은 간접적이다. 우리는 미묘하고 복잡한 방식으로 그 사람의 정보, 몸짓, 단어 선택, 혹은 구문의 세부적인 부분으로부터 결론을 끌어낼 수 있다.

최근 연구들은 아주 어린 아이들도 놀랄 정도로 이런 세부 사항들에 민감하고 사람들의 말을 통해 폭넓게 학습한다는 것을 보여준다. 이것은 아이들에게 말하거나 책을 읽어주는 것이 좋다는 일반적인 생각과 일치한다. 사실 이것은 양육자들이 의식적으로 아이들에서 차이를 만들려고 할 때 할 수 있는 몇 안 되는 경우 중 하나다. 베티 하트와 토드 리슬리가 1970년대에 수행한 유명한 연구는 가족들마다 대화와 말에 놀라운 차이가 있고, 이것이 아이들의 말에 반영된다는 것을 보여준다. 중산층 부모들은 혜택을 덜 받은 부모들보다 아이들에게 더 많은 말을 하는 경향이 있으며, 이 아이들이 말을 더 많이 하고 어휘 또한 더 많다.

그러나 이런 의식적인 전략이 무슨 말을 할지(말의 양이 아닌 말의 내용)를 만들어낼 수는 없으며, 아이들 사이에 더 큰 차이를 만들 가능성도 낮다. 아이들은 당신이 말하는 것과 의미하는 것—이 둘은 같지 않을 수 있다—을 당신보다 더 잘 안다.

| 진술로부터의 학습 |

지난 10년 동안 매력적인 연구 프로그램은 아이들이 다른 사람들의 진술로부터 배우는 방법에 초점을 맞춰왔다. 기본적인 방법은 두 사람이 상반되는 정보를 주는 것이다. 예를 들면 아이에게 철물점에 있는 이상한 장치를 보여주면서 한 사람은 '펩'이라고 하고 다른 사람은 '닥스'라고 말한다. 그런 다음 아이에게 그것의 이름을 묻는다. 아이는 누구를 믿을 것인가? 그들은 누구를 신뢰하는가? 그들은 누구로부터 정보를 얻을 것인가?

걸음마기 아이들은 덜 친숙한 사람보다 부모나 유치원 교사처럼 친숙한 양육자로부터 정보를 얻을 가능성이 더 높다. 두 살 이전에도 아이들은 엄마가 말하면 장치를 '펩'이라고 하지만 낯선 사람의 말은 무시한다.

예상보다 더 많이, 양육자와의 특별한 관계는 누구를 신뢰할 것인지에 대한 아이들의 결정에 영향을 미친다. '애착'은 심리학자들이 '사랑'에 붙인 이름이다. 애착 연구자들은 아기들이 양육자들을 어떻게 느끼는지, 특히 어떻게 사랑을 느끼는지를 연구한다. 심리학자들은 이를 위해 한 살배기들이 양육자로부터 분리될 때 그리고 다시 만났을 때 어떻게 행동하는지를 관찰한다.

'안전한' 아기들은 엄마가 떠나면 서운하고 돌아오면 즐겁다. 대조적으로 '회피하는' 아기들은 엄마가 떠날 때 다른 곳을 보고, 돌아왔을 때도 적극적으로 엄마 보기를 계속 피한다. 마치 신경 쓰지 않는 것처럼 행동한다. 이것은 심리학 전체에서 가장 슬픈 발견들 중 하나다. 회피하는 아기의 심장박동을 측정하면 그들은 실제로 지독하게 당황하고 있었다. 아기들은 단지 자신의 감정을 감추는 법을 배운 것이다. 다른 한편으로 '불안한' 아기들은 엄마가 떠난 후에도 그리고 돌아왔을 때도 의기소침하며, 마치 고통스러울 정도로 갈급한 연인 같다.

이런 연구들은 대개 엄마들과 함께했지만 아빠나 할머니, 다른 양육자들의 경우에도 결과는 유사하다. 사실 아기들은 양육자들에 따라 다른 애착을 맺을 수 있다. 그들은 아빠와는 안전하게 행동하지만 엄마와는 불안할 수 있다. 애착 패턴은 아기의 특징과 어른의 반응방식 간 복잡한 상호작용의 결과다.

아기들이 행동하는 방식의 차이는 놀라울 정도로 견고하다. 그것들은 아기가 어른이 되었을 때 적어도 통계적으로(항상 많은 예외가 있다.) 이성관계를 예측한다. 아마도 회피하거나 불안한 관계를 맺는 경향이 있는 성인들을 아는 사람 중에서 떠올릴 수 있을 것이다.

놀랍게도 이런 초기 관계들은 수년 후 아이들이 어떻게 학습할지도 예측 가능하게 한다. 연구자들은 한 살 된 아기들의 '애착 패턴'을 확인했다. 이 아이들이 네 살이 되었을 때 '장치' 실험을 했다. 엄마는 장치를 '펩'이라고 말했고 낯선 사람은 '닥스'라고 말했다. 그들은 다른 실험도 진행했다. 이번에 아이들은 잡종 동물을 보았는데 이것은 전반적으로 새를 닮았지만 약간은 물고기처럼 보이는 물고기새다. 엄마는 그것을 '물고기'라고 불렀고, 낯선 사람은 '새'라고 불렀다. 둘 다 가능하지만 낯선 사람의 답이 맞을 가능성이 더 높았다.

안전 애착된 아이들은 장치 실험에서 '펩'이라고 말했는데 그들은 둘 중 한 사람이 옳을 수 있을 때는 낯선 사람보다 엄마로부터 배우는 것을 선택한다. 그러나 물고기새 실험에서는 '새'라고 말했다. 즉 낯선 사람이 맞을 가능성이 더 높을 때는 낯선 사람을 따라 했다.

그러나 회피하는 아기였던 네 살 아이는 다르게 행동했다. 그들은 '펩'이나 '닥스'라고 말할 가능성이 거의 같았다. 그들은 엄마에게서 배우는 만큼 낯선 사람으로부터도 기꺼이 배울 것이다. 불안한 아기였던 아이들도 다르게 행동했다. 그들은 물고기새의 경우처럼 엄마가 틀릴 가능성이 있을 때도 엄마의 말을 선택했다.

따라서 양육자들에 대해 다르게 느꼈던 아이들은 그들로부터 배우는 것도 달랐다. 양육 모델은 양육자가 아이들에게 말하는 어떤 방식이 있고 그것은 아이들의 지식을 조형할 것임을 시사한다. 그러나 아이들 스스로 들은 것을 능동적으로 해석하며, 이것은 의식적으로 통제할 수 없는 일반적인 정보에 기초한다. 그리고 안정적이고 안전한 사랑의 기초는 부모가 하는 말의 세부 사항보다 더 중요한 듯하다.

| 확 신 하 기 |

나이가 들면서 아이들은 사람들이 자신들에게 하는 말의 미묘한 측면에 민감해진다. 아이들은 어떤 사람이 얼마나 자신 있게 소리를 내는지에 대해 말할 수 있다. 두 사람이 대립되는 주장을 하면 세 살 아이는 말소리에 확신이 느껴지는 사람을 따른다. 만일 네 살 아이들이 어떤 사람이 유식하게 주장하는 것을 듣는다면 그들은 무식한 사람보다 그 사람을 신뢰할 가능성이 더 높다. 그리고 다섯 살 아이들은 특별한 종류의 지식을 고려한다. 그들은 의사가 약에 대해 말할 때 혹은 엔지니어가 기계에 대해 말할 때 믿을 가능성이 더 높다.

아이들은 합의에도 민감해서 어떤 주장을 하는 사람이 얼마나 많은지에 주목한다. 장치를 세 명이 '펩'이라고 하고 한 명이 '닥스'라고 말하면 네 살 아이들은 '닥스'가 아닌 '펩'이라고 한다. 대부분의 경우 이것은 좋은 전략이다. 그러나 항상 그렇지는 않다. 사회적 압력이 충분히 크면, 어른과 아이들 모두 자신의 눈을 믿지 못할 수 있다.

발달심리학자 폴 해리스는 세 살과 네 살 아이들에게 길이가 다른 세 개의 선을 보여주고 가장 긴 선을 고르게 했다. 아이들은 아주 잘했다. 그들은 어른이 중간 길이의 선을 잘못 선택하는 것을 볼 때도 가장 긴 선을 선택했다. 그러나 세 명의 어른이 모두 중간 길이의 선을 잘못 선택하면 어떤 일이 일어날까? 아이들 중 4분의 1 정도가 마음을 바꾸고 어른의 판단에 따랐다. 이상해 보이지만 아이들만 이런 오류를 범하는 것은 아니다. 어른들도 오류를 범한다. 사회심리학에는 '동조 효과'를 보여주는 결과들이 많다. 적어도 어떤 어른들은 충분히 많은 사람들이 반대한다면 자신의 마음을 바꾼다.

| 누구를 믿을 수 있는가 |

세 개의 선에 관해 말하자면, 아이와 어른들은 자신의 경험을 믿었어야 했다. 그러나 그렇게 하기가 쉽지 않다. 우리는 자주 경험을 이용해 일반적인 원칙, 미래의 일을 예측할 원칙을 배우고 싶어 한다. 요기 베라가 야구에 대해 말했던 것처럼 예측, 특히 미래에 대한 예측은 어렵다. 철학자 데이비드 흄은 확실성보다 가능성에 대해 예측할 때 특히 어렵다고 한다. 우리 삶에서 대부분의 일들은 불확실하다.

우리 실험실은 아이들이 이런 확률적 예측을 어떻게 배우는지 연구해왔다. 나는 앞에서 블리켓 탐지 실험에 대해 말했었다. 아이들은 놀랄 정도로 숙련되게, 어떤 블록이 기계를 작동시킬지를 알아냈다. 단지 블록들을 기계 위에 올려놓을 때 일어나는 일을 관찰함으로써 말이다.

물론 누군가 간단하게 어떤 블록들이 기계를 작동시켰는지를 그들에게 말해주었다면 큰 도움이 되었을 것이다. 그러나 우리는 아이들이 블록들이 한 일을 보면서 얻은 통계적 정보를 언어적 정보와 어떻게 통합하는지를 보고 싶었다.

우리는 특히 아이들이 어떻게 갈등과 불확실성을 다룰지 관심이 있었다. 막스 형제의 영화 〈오리 수프〉에서 치코는 의심 많은 마가렛 두몽에게 묻는다. "당신은 누구를 믿을 것인가, 나인가 아니면 당신의 눈인가?" 우리는 아이들에게 같은 질문을 했다.

아이들이 블록들이 한 일을 보기 전에 두 연구자 중 한 명이 방으로 와서 아이들에게 블록들에 대해 말했다. 한 명은 자신 있게 말했다. "나는 이 기계가 어떻게 작동하는지 알아. 전에 이 상자에서 음악이 나오게 했어. 빨간 것은 거의 항상 기계를 작동하게 만들어." 교대로 들어온 다른 연구자는 주저하며 말했다. "나는 이 블록들로 음악이 나오게 한 적이 없어. 그것들이 어떤 일을 하는지 몰라. 하지만 내 추측으로는 빨간 것이 거의 항상 기계를 작동하게 만들어." 그런 다음 우리는 아이들이 어떤 블록을 선택하는지를 보았다.

아이들은 대체로 두 사람 모두를 믿었다. 그들은 연구자가 주저하며 단지 추측이라고 말했을 때도 파란 블록보다 빨간 블록을 선택했다. 그러나 앞에서 말한 연구들과 비슷하게, 초보자보다 자신감 있고 유식한 사람을 믿을 가능성이 더 높았다.

어린아이들은 어른들보다 좀 더 잘 속는다. 말하는 사람의 말을 믿어줄 가능성이 더 크다. 그러나 네 살 아이도 무조건 속는 것은 아니었다. 그들은 그 사람의 자신감에 기초해서 구분했다.

다음으로 우리는 진술이 아이의 경험을 부정할 때 무슨 일이 일어날지를 보고 싶었다. 이를 위해 아이들에게 파란 블록이 세 번 중 두 번 기계를 작동시키고, 빨간 블록은 여섯 번 중 두 번 작동시키는 것을 보여주었다. 그런 다음 아이들에게 블록들을 주고 말했다. "너는 이것이 작동하게 할 수 있니?" 다른 실험에서는 놀랍게도 24개월 걸음마기 아이도 기계를 움직이게 할 가능성이 더 높은 블록을 선택했다. 아직 의식적으로 더하거나 빼기를 할 수 없는 이 걸음마기 아이들은 확률 패턴을 이용해 미래에 대한 합리적인 예측을 한다.

그러나 이번에는 앞 사람이 말한 것을 부정하는 패턴을 보였다. 아이들은 자신이 본 증거와 말하는 사람의 진술 간의 차이를 나누는 듯했다. 그러나 말하는 사람이 자신감 있고 유식할 때 아이들은 갈등하는 듯했고, '옳은' 블록을 선택한 아이는 절반 정도였다. 그들은 자신 있는 사람의 말을 믿어주는 듯했다. 무엇보다 '세 개의 선' 실험과 달리 블록의 효과가 다소 불확실했다.

이것은 다음에 그 사람을 믿을지에 대한 아이의 결정에 어떤 영향을 미칠 것인가? 다른 실험은 네 살 아이도 어떤 사람이 얼마나 믿을 만한지에 주의를 기울인다는 것을 보여준다. 예를 들면 두 사람이 아이들에게 포크와 스푼처럼 친숙한 대상들의 이름을 말한다. 한 사람은 맞는 이름을 말하고 다른 사람은 틀린 이름을 말한다. 즉 스푼을 포크라고 하고 포크를 스푼이라고 한다. 그런 다음 아이들에게 이상한 도구를 보여주고 믿을 만한 사람은 "그건 펩이야!"라고 말하고, 믿지 못할 사람은 "그건 닥스야!"라고 말한다. 아이들은 이전에 옳았던 사람을 신뢰한다. 마치 그들이 자신 있거나 유식하거나 전문적인 사람을 신뢰하는 것처럼.

이를 검증하기 위해 블록에 대해 말했던 사람들이 새로운 블록 두 개에 대해 말했다. 아이들은 말이 틀렸던 사람을 믿을 가능성이 더 적어졌고, 그 사람이 지지한 블록들을 선택할 가능성도 더 적어졌다.

실험을 한 번 더 뒤틀었다. 더 자신 있는 누군가를 신뢰하는 것은 중요하다. 그러나 어떤 사람이 강한 자신감과 자기 확신에 차서 말하지만 잘못임이 판명된다면 어떤가?[우리 모두 그런 사람들(특히 학계에서)을 알고 있다.] 우리는 그 사람을 덜 신뢰하고 자신의 한계에 현실적이며 겸손한 동료를 신뢰해야 한다. 자신을 아는 것(정말로 알든 모르든)은 빨간 블록과 파란 블록을 아는 것만큼 중요하다.

아이들은 자신감이 있었지만 틀렸던 사람에게 어떻게 반응할 것인가? 실험의 끝 무렵에 두 사람 모두 돌아와서 똑같이 자신 있게 말했다. "나는 이 블록들에 대해 알아. 빨간 블록이 더 나아." 이성적으로 보면 이전에 자신감이 있었지만 틀렸던 사람을 믿지 말아야 한다. 그러나 아이들은 겸손한 동료보다 과신하는 동료들을 더 의심하지는 않았다. 아이들은 평범한 사람들보다 허풍쟁이에게 더 취약한 듯하다.

길어진 아동기에 대한 진화적 설명에 의하면 아이들은 이전 세대로부터 배우도록 설계되어 있다. 새로운 연구는 아이들이 실제로 놀랄 만큼 빠르게 다른 사람들로부터 들은 정보를 받아들인다는 것을 보여준다. 사람들의 말처럼 아이들은 스펀지다. 그러나 무차별적인 스펀지가 아니다. 그들은 아주 어릴 때부터 다른 사람들이 확실하고 믿을 만한지를 판단한다. 그리고 다른 사람들을 점점 더 잘 이해하게 되면서 자신들이 얼마나 의심하거나 회의적이어야 하는지에 대한 기준을 정한다.

| 이 야 기 하 기 |

아이들은 다른 사람들의 말을 듣고 실제 세계를 배운다. 그러나 실제가 아닌 세계—허구와 종교, 신화와 마법의 세계—에 대해서도 배운다. 이야기들은 인간 문화에서 도처에 널려 있고, 아이들에게 이야기를 들려주는 것은 공통적이다.

폴리 위스너는 1970년대에 보츠와나와 나미비아의 부시맨 종족과 함께 살았던 인류학자다. 이때까지 그들은 여전히 우리 조상들과 비슷하게 채집을 하며 살고 있었다. 위스너는 그들의 말을 녹음했다.

미국 국립과학원 회보에 실린 매우 시적인 논문에서 위스너는 적어도 다섯 명이 포함된 부시맨의 대화를 분석했다. 그녀는 낮에 말하는 방식과 밤에 불 너머로 말하는 방식을 비교했다.

낮 시간의 말은 현대의 어느 사무실 대화와 놀랄 정도로 비슷했다. 부시맨은 자신들이 한 일에 대해 말하고, 뒷담화를 하고, 무례한 농담을 했다. 대화 중 34%가 비난, 불평, 분쟁이었다. 위스너는 이것을 CCC라고 불렀다. 친숙한 투덜거림과 불평, 때로는 노골적인 증오도 폭발하는데 그것은 일터에서 늘 통용되는 것들이었다.

그러나 해가 지고 남녀노소 모두 불 주위로 모여들면 말이 변했다. 전체 시간의 81%가량이 그들이 알고 있는 사람들, 지난 세대들, 멀리 떨어진 마을에 사는 친척들, 영적 세계의 일들 그리고 인류학자라고 불리는 기이한 존재들에 대한 이야기들이었다.

특히 나이 든 남자와 여자들은 낮에는 더 이상 생산적이지 않지만 밤에는 유능한 이야기꾼이 되었다. 아이들을 포함해 그들의 이야기에 마음을 빼앗긴 사람들은 웃고 울고 노래하고 춤을 춘 후에야 잠이 들었다. 새벽 2시경 다시 깨어난 몇몇 사람들은 남아 있는 불씨를 휘저으며 좀 더 이야기를 나눈다.

밤의 대화는 가장 독특한 인간의 능력들—상상, 문화, 영성, 마음 이론—과 관련이 있다. 부시맨들은 공간적으로나 시간적으로 멀리 떨어져 있는 사람과 장소들 그리고 가능성들에 대해 불 너머로 이야기했다. 그들은 문화적 지혜와 역사적 지식을 다음 세대로 전달했다. 그들은 마음의 신비로운 심리적 뉘앙스를 탐색했다.

부시맨 아이들은 어른들처럼 이야기들에 넋을 잃는 듯했다. 이것은 매우 오랫동안 이야기들이 아이들의 삶에서 중요한 역할을 했음을 보여준다. 아이들은 이야기에 매혹되지만 스스로 이야기를 만들어내며, 이는 오래된 기본적인 능력인 듯하다. 아이들은 18개월 때부터 자발적으로 가장놀이의 환상적이고 공상적인 세계에 몰두한다. 정확하게 이 시기에 이 능력이 나타나는 이유는 분명치 않지만 아마도 말의 시작과 관련이 있는 듯하다.

나에게 천국은 코코아 한 잔, 한 무더기의 그림책들, 그리고 세 살 아이와 함께 불 옆에 있는 소파에 앉아 있는 것이다. 물론 레모네이드가 있는 정원의 커다란 등받이 의자도 매우 훌륭하지만. 나처럼 어린아이들과 그림책을 읽는 데 많은 시간을 보내고 있다면 아이들이 어떻게 현실과 환상의 차이를 구분하는지에 대해 궁금해질 것이다.

그림책 한 권을 읽는 동안 손자 어기는 고양이나 개처럼 실제로 존재하는 친숙한 동물들, 악어나 기린처럼 실제로 존재하지만 친숙하지 않은 동물들, 공룡·기사·석탄 증기기관차처럼 실제 존재하지만 역사적인 것들에 대해 듣는다. 물론 아이는 그중에서 무서운 이빨을 가진 야생 동물, 깊은 밤 부엌에서 모닝 케이크를 굽는 거인, 파란 재킷을 입고 캐모마일차를 마시는 피터라는 이름의 토끼에 대해 듣는다.

영국으로 가는 중에 내가 스카이프로 전화해 새로운 일이 있는지 물으면, 어기는 엄마나 아빠에게 일어난 일들보다 먼저 토마스(〈토마스와 친구들〉의 등장인물)가 텔포드 차고에서 자고 있다고 진지하게 알려주었다. 세 살 때 어기는 토마스—먼 과거의 먼 나라에서 온 인간 같은 증기기관차—에 사로잡혔다. 도대체 그는 이 모든 것에 대해 어떻게 생각하는가?

어른들에게 있어서 허구와 환상의 세계는 사실과 실제의 세계와는 다른 존재론적 지위—서로 다른 존재방식—를 갖는다. 피터 레빗과 토마스는 어떤 의미에서는 존재하지만 어기, 아빠, 할머니와 같은 의미에서는 아니다.

실제로 형이상학은 그보다 더 복잡하다. 허구와 상상 그리고 사실과 실제의 세계 사이에 존재하는 세계들이다. 사람들이 마법을 믿는다고 말할 때, 그들은 그 믿음에는 어떤 특별한 것이 있다고 생각한다. 초자연을 믿는 것은 세상의 일상적인 사실을 믿는 것과 다르지만, 단지 그런 척하거나 꾸며낸 이야기가 아니다.

종교적 믿음도 이와 같다. 대부분의 종교 신자들은 자신들의 믿음은 특별한 지위를 가지며, 세상의 일상적인 사실들과는 다르다고 생각한다. 실제로 이것이 믿음에 의미와 중요성을 부여한다. 만일 종교적인 사실들이 단지 다른 모든 사실들과 같다면 그것들은 신자들에게 중요하지 않을 것이다.

그러나 아이들은 다른 사람들의 말을 듣고 이 모든 것—실제의, 허구의 그리고 초자연적인 믿음들—에 대해 배운다. 도대체 아이들은 그 모든 것을 어떻게 분류하는가?

심리학자들은 오랫동안 아이들이 이 모든 범주들에 대해 혼란스러워하며 사실과 환상을 구분하지 못하거나 현실과 마법을 구분하지 못한다고 믿었다. 많은 부모들이 여전히 그렇게 믿는다. 실제로 아이들이 사실과 환상을 구분하도록 하는 것이 양육의 목표가 된다.

그러나 최근 연구는 아주 어린 아이들도 역사, 사실, 현실을 환상이나 허구와 구분하게 하는 미묘한 단서들을 매우 잘 알아챈다는 것을 보여준다.

재클린 울리와 동료들은 환상, 현실 및 마법에 대한 아이들의 이해에 대한 선구적인 연구들을 했다. 울리는 아이들이 스스로 가장할 수 있는 때부터 가장과 현실, 사실과 허구를 혼동하지 않는다는 것을 발견했다. 아이들은 실제 자동차는 사람들이 만지거나 볼 수 있는 반면, 가상의 혹은 상상의 차는 그럴 수 없다고 말한다. 우리는 실험에서 아이들에게 카드에 있는 사건 이야기들을 '진짜'와 '가장' 파일로 분류하게 했다. 세 살 아이들도 나무에게 말하는 것 같은 사건들은 '가장' 파일에, 나무에 부딪치는 것 같은 사건들은 '진짜' 파일에 놓았다.

아이들은 이야기에 강한 정서적 경험을 하기 때문에 혼동할 수 있다. 그들 스스로 만든 이야기들도 포함된다. 침대에서 무서움에 떨면서 벽장 괴물을 가리키는 아이가 정말로 괴물이 있다고 믿지 않는다고 보기는 어렵다. 그러나 나 자신도 바보같이 한니발 렉터(〈한니발〉의 주인공)를 무서워하고, 미스터 다아시(〈오만과 편견〉의 남주인공) 때문에 힘들어 한다. 나타샤 로스토바(〈전쟁과 평화〉의 여주인공)와 엘리자베스 베넷(〈오만과 편견〉의 여주인공)은 진짜 친구들만큼 나의 젊은 시절에 중요했다. 그러나 난 엘리자베스 베넷의 이메일을 찾거나 한니발이 여전히 감옥에 있는지를 알아보지 않는다. 어린아이들도 같은 방식으로 가장이나 허구 세계를 실세계의 결과들로부터 '격리한다'.

실제로 아이들은 가상의 세계들을 서로 분리하거나 격리하는 듯하다. 예를 들면 배트맨이 그의 가상의 세계에서 나와 다른 가상 세계에서 나온 스펀지 밥을 만날 수 없다고 말한다. 네 살 아이들은 이런 캐릭터들 중 누구도 실제가 아니라는 것을 알고 있다. 그러나 그들은 배트맨이 로빈을 보고 말할 수는 있지만 스펀지 밥과는 그럴 수 없다고 말한다.

철학자들은 허구와 가장의 세계를 반사실적 세계라고 부른다. 그것은 가능성의 세계이며, 그곳에서 잠재적인 결과들은 실제가 아닌 잠재적인 전제들을 따른다. 아이들은 매우 어릴 때부터 이 차이를 이해하고 존중하는 듯하다. 토마스와 피터가 분명하게 우리 세계의 인과율을 위반한다는 바로 그 사실이 아이들에게는 그 이야기가 허구라는 신호다.

최초로 기록된 이야기들—신화와 전설들—이 몹시 허구적이라는 것은 흥미롭다. 그것들은 실제와는 매우 거리가 멀다. 소설의 아이디어—현실의 인과적 규칙을 따르는 허구적 구조—는 상대적으로 최근의 발명품에 속한다. 신화나 전설처럼 아이들의 이야기도 현실과 다르다. 그것은 아이들이 허구를 알아내는 한 가지 방식일 수 있다.

이야기들을 심각하게 받아들일 필요가 없다는 또 다른 신호가 있다. 부모들은 아이들과 함께 가장놀이를 할 때 무의식적으로 특별한 신호들을 사용한다. 일종의 '가장어'로 말한다. 바보 같은 목소리로 "토마스가 말해요. 칙칙—폭폭"이라고 말한다. 그리고 야생의 존재들을 설명할 때 손가락을 비틀고 우스꽝스럽게 이를 드러낸다. 물론 아이들도 그렇게 한다. 우리는 가상 세계의 상상적 본질을 매우 분명하게 만들도록 돕는다. 아이들은 그것을 이해하는 데 어려움이 없다. 실제 세계에서 진짜 이유는 진짜 효과가 있다. 허구의 가상 세계에서 가능한 원인들은 잠재적 효과를 갖는다. 다음 장에서 보듯이 취학전 아이들도 이것을 이해하고 실제 세계와 가상 세계에서 일어나는 일들에 대해 올바른 결론을 내린다.

아이들은 세 번째 영역, 즉 초자연·마법·종교 영역들에 대한 이해가 발달하는 듯하다. 그러나 이 영역은 사실과 역사에 대한 기본적인 이해가 먼저 발달하고, 환상과 가상이 발달한 이후에 발달한다. 아이들은 많은 어른들처럼 이 세 번째 영역이, 단순한 허구와 환상의 세계는 불가능한 방식으로, 사실의 영역과 공존할 수 있다고 믿게 된다.

마법의 골칫거리는 인과율을 위반하는 보이지 않고 만질 수 없는 존재들, 허구와 공통점이 많은 존재들이 실제의 인과적 결과를 갖는다는 가정이다. 많은 문화들에서 결코 보거나 만질 수 없는 영이 존재하고 우리를 아프게 만들 수 있다고 아이들에게 가르친다. 가장 서구적인 두 마법 후보자인 치아 요정과 산타클로스 신화는 분명하게 실제 결과가 있다. 아이가 아침에 깨면 정말 이가 사라지고, 정말 선물들이 있다.(장남 알렉세이는 다섯 살 때쯤 어느 크리스마스에 산타클로스 이야기로 행복했다. 세련된 몬트리올 저널리스트인 아빠는 산타를 위해 좋은 코냑을 잔에 부었다. 청교도적인 미국의 우유와 쿠키들보다 더 따뜻한 대접이다. 물론 아이들이 침대로 가면 마셔버렸다. 아침에 빈 잔을 본 알렉세이는 완전히 놀라서 "그는 진짜 있어요!"라고 소리쳤다.)

아이들은 더 나이가 들어야 이런 종류의 마법을 다룰 수 있게 되는 듯하다. 특히 아이들은 보이지 않는 영이 진짜 효과를 갖는 종교적이거나 마법적인 사례의 범위를 점진적으로 이해하게 된다. 게다가 그들은 분명히 유사하지만 마법이 아닌 과학적 사례들과 그것들을 비교해야 한다. 예를 들어 눈에 보이지 않는 세균과 가스처럼 신비한 존재들은 부정할 수 없는 진짜 효과가 있다.

아이들이 이런 사례들을 다루는 법을 아는 데는 상당한 시간이 걸린다. 그러나 열 살 정도 되면 실제적이고 과학적인 주장, 허구적이고 가상적인 주장, 마법적이고 종교적인 주장을 다르게 다룬다. 종교적인 공동체들에서도 그렇다. 과학적 주장에 산소나 대장균 같은 존재들이 포함될 때 그렇게 한다.

아이들이 과학과 마법을 구분하는 데 어떤 단서를 사용하는지는 분명치 않지만 몇 가지 가능성이 있다. 한 가지는 어른들이

"나는 믿는다."와 같은 문구를 사용해 초자연적인 것임을 명시적으로 표시하는 것이다. 어느 누구도 "나는 오렌지를 믿는다."거나 "어떤 사람들은 오렌지를 믿고 다른 사람들은 믿지 않아." 혹은 "어떤 사람들은 오렌지는 오렌지색이라고 믿는 반면 다른 사람들은 파란색이라고 믿는다."라고 말하지 않는다. 그러나 우리는 이런 관용적 표현으로 마법적이거나 종교적인 믿음을 묘사한다. 역설적이게도 "나는 마법을 믿어."라는 말을 들으면 실제로 아이들이 당신의 믿음이 진실이라고 생각할 가능성은 더 작아질 것이다.

또 다른 가능성은 아이들이 어른들 간에 합의가 되었는지 아닌지에 민감하다는 것이다. 어른들은 대개 실제 사실과 허구적 이야기 모두에 동의한다. 우리는 앞에서 아이와 어른들이 때로 의견이 상반될 때 자신의 눈을 믿지 못한다는 것을 보았다. 그러나 그 반대도 진실이다. 초자연적이고 종교적인 믿음은 다양하고, 다른 사람들은 인정하지 못하는 것을 인정한다.

여덟 살이나 열 살이 되면 마법이나 종교적 믿음이 널리 퍼져 있는 공동체의 아이들은 믿음에 대해 어른과 같은 '이중적 의식'을 갖게 된다. 크리스틴 리가레와 수전 겔만은 남아프리카의 시골과 도시에 살고 있는 아이들이 에이즈에 대해 어떻게 생각하는지를 알아보았다. 남아프리카의 많은 어른들은 바이러스 같은 생물학적 요인이나 주술로 인해 에이즈에 걸릴 수 있다고 믿는다.

시골 아이들이나 도시 아이들 모두 처음에는 주술에 근거한 설명보다 생물학적 설명을 선호했다. 주술 아이디어가 발달하려면 시간이 필요했고, 실제로 어른들이 아이들보다 더 주술을 믿었다. 아이들이 주술을 지지할 때가 되면 질병에 대한 두 종류의 생각이 모두 공존할 수 있다.

| 질문과 설명 |

코미디언 루이스 C.K.는 세 살 된 딸과의 대화에 대해 말한다. "아빠, 왜 우리는 밖에 나갈 수 없어요? 비가 오기 때문이야. 왜요? 어, 왜냐하면 하늘에서 물이 나오기 때문이야. 왜요? 왜냐하면 그것이 구름 속에 있었기 때문이지. 왜요? 어, 증발하면 구름이 만들어지니까. 왜요? **나도 몰라! 나도 더 이상은 몰라! 그게 내가 알고 있는 전부야!"**

세 살 아이가 있는 사람들이면 누구나 이런 끝이 없는 '왜' 대화를 경험한다. 당신이 이성적이고 참을성 있게 "왜냐하면 내가 그렇게 말했으니까."라고 말하는 자신의 목소리를 듣게 되는 두려운 순간까지 계속되는 질문과 대답의 긴 사슬이다.

그런 끝없는 질문들은 진짜인가 혹은 단지 대화를 연장하거나 주목을 받기 위한 방법인가? 실제로 최근 연구들에 따르면 아이들은 정말 질문에 대한 답을 원하고, 정말 좋은 설명을 원하며, 정말 그것들로부터 배운다.

아이들은 주변 사람들로부터 많은 정보를 흡수하지만 수동적이지 않다. 대신 그들은 사람들의 세부적인 행동방식들에 근거해 정교하게 변별한다. 아이들은 점점 더 능동적으로 자신의 학습을 통제한다. 그들은 정보를 흡수할 뿐 아니라 요청한다.

CHILDES 데이터베이스는 발달심리학의 보물 중 하나다. 1970년대 많은 언어학자들이 아이들의 수많은 대화를 기록하기 시작했다. 말은 모두 하나의 데이터베이스에 합쳐졌고, 거기에서 (오래전에 어른이 되어 이제는 자신의 아이가 있는) 아이들의 매력적인 말saying과 예상치 못한 시poetry들을 찾아볼 수 있다. 데이터베이스를 뒤져보는 것은 다락방에서 오래된 장난감들과 숨겨진 책들을 정리하는 것처럼 뭔가 아련하다.

연구자들은 이 기록들을 공들여 탐색하고 어린아이들의 질문을 분석했다. 무엇보다 아이들의 질문 중 70%는 대화 전략이나 주목을 끌려는 시도가 아니라 정보에 대한 분별 있는 요구였다. 그러나 가장 놀라운 것은 그들의 엄청난 호기심이었다. 취학전 아이들은 평균적으로 시간당 거의 75개의 질문을 했다. 계산해보면 첫 몇 년 동안 수십만 개의 질문을 한다. 이것은 아이들에게 만족을 모르는 호기심이 있다고 생각하는 부모들에게도 놀라운 일이다. 이 계산을 하고 나도 놀랐다. 때로는 내 이름이 구글 할머니였어야 한다고 느끼는 것도 놀랄 일이 아니다.

CHILDES 아카이브는 노동자 집단 자녀들을 포함하지만 대부분은 기록을 담당했던 언어학자들의 자녀들이었다. 그러나 연구자들은 보다 대표성이 있는 부모 집단에게 아이들의 초기 질문들에 대한 일기를 쓰게 했고, 같은 결과를 발견했다. 가난한 캘리포니아 이민자 공동체의 어린아이들은 "왜 물고기는 물에 빠져 죽지 않나요?" "왜 지렁이는 우리가 땅 위를 걸을 때 으깨지지 않나요?"와 같은 사려 깊은 질문들을 했다.

실제로 한 연구에서 부모와 아이들에게 물 한 그릇과 여러 가지 물건들을 주고 어떤 것들은 가라앉고 어떤 것들은 뜨는 이유를 찾아내라고 했다. 고등교육을 받은 중산층 부모와 아이들은 이것을 학교 활동처럼 했다. 그들은 가라앉고 뜨는 것보다 수업의 진행방식에 관해 말하는 데 더 많은 시간을 보냈다. 교육 수준이 낮은 덜 부유한 부모들은 실제 문제에 대한 말을 더 많이 했고, 아이들은 더 깊고 더 개념적인 질문을 했다.

아이들은 말할 수 있게 되면 부모로부터 더 많은 말과 정보를 끌어내기 위해 말을 한다. 초기 질문들은 무엇과 어디에 대한 사실적 요구들이다. "그건 뭐야?"가 아이들이 가장 처음 하는 질문 중 하나다. 그러나 두 살이 되지 않았을 때부터 아이들은 설명을 요구하는 질문을 시작한다. "왜"와 "어떻게"가 나타나기 시작하는 것이다.

루이스 C.K.의 아이가 끝없는 '왜'의 사슬을 만들어내는 유일한 아이는 아니다. 아이들의 질문은 하나가 다른 것을 뒤따르는 경향이 있었다. 한 질문이 다음 질문을 자극하는 듯했다. 한 연구에서 6,000개 이상의 초기 질문들, 그 질문에 대한 대답들, 그리고 그 대답에 대한 훨씬 더 많은 아이들의 반응들이 있었다. 부적절하거나 공허한 대답에는 또 다른 질문을 하거나 방금 물었던 질문을 반복했다. 정보가 많은 대답을 얻으면 동의를 표현했고, 정교화하고 차별화하고 더 많은 상세한 내용을 요구하기 위해 다음 질문을 했다.

아이들이 질문을 하게 만드는 것은 무엇인가? 또 다른 실험 연구에서 연구자들은 네 살 아이들에게 앞뒤가 맞지 않는 이상한 것들을 주었다. 예컨대 광대 코에 정장을 한 남자, 새 두 마리와 거북이 한 마리가 있는 둥지 그림 등이었다. 아이들은 특히 이런 이상한 사건에 대해 질문하기를 좋아할 것이다. "왜 이 남자는 광대 코를 하고 있어요?"라고 물을 것이다.

실험자들은 그런 질문들에 대해 체계적으로 다른 대답을 했다. 때로는 설명을 했다. "아마도 그는 광대로 일하고 있는데 코를 떼는 것을 잊었을 거야." 때로는 단지 사실을 반복했다. "그래, 그건 광대의 코구나!" 어른들이 합리적인 설명을 했을 때 아이들은 대화를 계속하거나 진전시켰다. 예를 들면 "왜 그 사람은 광대 일을 하지요?"라고 물었다. 어른들의 설명이 바람직하지 않을 때 아이들은 원래 질문을 계속 반복했다. "왜 그 남자는 광대 코를 하고 있어요?"

| '왜'라는 질문은 왜 하는가 |

'왜' 질문들은 특히 공통적이다. 이것은 흥미롭고 심오한 의문을 불러온다. '왜'에 대한 가장 좋은 대답은 무엇인가? 사실적 질문에 대한 가장 좋은 대답은 분명하다. 만일 장치가 실제로 '닥스'라면 누군가 "그것은 무엇인가?"라고 물으면 '닥스'라고 말하면 된다. 그러나 '왜' 질문에 대한 옳은 답은 훨씬 더 까다롭다. 부모들이 이것을 알게 되는 때는 비구름은 무엇이 증발되어서 생겼다거나 밤과 낮은 왜 있는지, 자전거는 어떻게 작동하는지를 설명하려고 할 때다. "그런데 아기는 엄마 뱃속에 어떻게 들어갔어요?"에 대한 답을 할 때는 아니다.

무엇으로 좋은 설명과 나쁜 설명을 구분하는가? 어른 혹은 아이인 우리에게 설명은 어떤 기능을 하는가? 사실에 대한 재언급이 그런 사실들이 진실인 이유에 대한 설명보다 훨씬 덜 만족스러운 이유는 무엇인가? 아이들이 설명을 그토록 원한다면 설명들이 특별해야 한다. 그렇다면 그것은 무엇인가?

타니아 롬브로조는 '왜' 질문과 그것에 대한 설명은 깊고 넓은 방식으로 아이들이 세상을 이해하게 한다고 주장했다. 우리는 어떤 것을 설명할 때 대개 그 사건들이 어떻게 그렇게 되는지에 대한 인과적 이야기를 한다. 특별한 사건이 새로운 사건에 대한 결론을 끌어내게 하는 방식으로 설명될 때 인과적 설명들은 특히 강력하다. 아침에 광대 코를 붙였기 때문에 그 남자는 광대 코를 가졌다는 설명은 단지 이 사건에만 적용된다. 그러나 그가 광대로 일한다고 말하는 것은 이 사건을 다른 많은 사건들과 연결한다. 사람들은 종종 특별한 작업복을 입는다. 실제로 많은 연구들은 아이들이 사물을 설명할 때, 심지어 자기 자신에게 할 때도 그들의 이해 수준은 더 깊어진다는 것을 보여준다.

예를 들면 한 연구에서 네 살 아이들에게 움직이는 기어와 레고 조각들로 만든 복잡하고 기묘한 루브 골드버그 장치를 보여주었다. 그 기계의 어떤 부분은 실제로 작동하는 데 기여했다.(예를 들어 빨간 기어는 녹색 기어와 맞닿는다.) 다른 부분은 단지 장식이었다. 파란 레고는 기어의 꼭대기에 놓여 있지만 아무것도 하지 않는다.

연구자들은 아이들에게 기계가 어떻게 작동하는지 '설명'하거나 혹은 단순히 기계를 '묘사'만 하게 했다. 그런 다음 그들은 장치를 분해했고, 아이들에게 그것을 재조립하게 하고, 어떤 조각이 어디로 가야 하는지에 대한 사실적인 질문을 했다. 설명을 요구받았던 아이들은 기계의 기능적 부분들에 대해 더 많이 기억했고 재조립할 때 훨씬 더 잘했다.

설명으로 인해 아이들이 기계에 더 많이 주의를 기울이는 것은 아니었다. 기계를 '묘사'했던 아이들은 실제로 장식적인 부분들을 더 많이 기억했다. 어떤 작용도 하지 않았던 부분들이었다. 대신 '설명'은 기계의 인과적 구조와 관련된 정보—어떻게 작동하는지 알려주는 정보—에 초점을 맞추게 했다. 마치 설명은 덜 중요한 정보는 무시한다는 의미 같았다.

우리는 블리켓 탐지기를 이용한 실험에서 같은 패턴을 발견했다. 대부분의 대상들은 내부에 있는 것—배터리, 기어, 심장, 뇌—때문에 그 같은 방식으로 작동한다. 우리는 네 살 아이들에게 겉의 모양과 색이 다를 뿐 아니라 속도 다른 블록들을 보여주었다. 어떤 블록은 속에 작은 핀이 있고 어떤 것은 없었다. 그런 다음 블록들을 탐지기 위에 올려놓고 시동을 걸었다. 탐지기의 작동방식을 설명할 때 아이들은 보이는 블록의 색이나 모양보다 숨겨진 보이지 않는 핀에 대한 말을 훨씬 더 많이 했다. 반면에 아이들이 일어난 일만을 묘사할 때는 표면적인 외부 사건들에 초점을 맞췄다.

아이들은 단지 세상에 대한 더 많은 정보를 원하는 것이 아니다. 그들은 더 깊고 넓은 방식으로 세상을 이해할 인과적 정보를 원한다. 미래 학습을 가능하게 하는 정보다. 그리고 아이들은 놀라울 정도로 자신들에게 이런 깊이 있는 인과적 정보가 없는 때를 알고, 그것을 얻고자 노력한다.

모든 아이들은 듣고 보는 것으로부터 배운다. 어떤 문화와 공동체에서 어떤 아이들은 관찰과 모방에 더 많이 의존하는 반면, 다른 아이들은 말에 더 많이 의존한다. 설명을 듣는 것은 세상에 대한 깊이 있는 인과적 지식을 얻는 한 가지 방식이다. 그러나 앞 장에서 보았듯이 숙련되게 행동하는 사람들을 봄으로써 유사한 추론을 할 수 있다. 로고프가 연구한 마야 아이들은 어기가 나를 보고 배우는 것보다 더 많은 것을 연장자를 보고 배웠다.

어쨌든 나는 요리, 원예, 육아와는 거리가 먼 말의 세계 속에서 살고 있다. 나의 유용한 기술 레퍼토리는 전부 단어들을 난폭하게 다루는 것들이다. 바구니를 짜고 사슴을 사냥하는 대신 문장을 짜고 과학적 진실들을 사냥한다. 나에게 말하는 것, 특히 '왜' 질문을 끊임없이 하는 것은 어기가 필요한 정보를 얻는 훨씬 더 좋은 방법이다. 또한 물려받을 말로 된 세계의 기술을 훈련할 수 있다. 그러나 만일 어기가 바구니를 짜거나 사슴을 사냥하는 법이나 수플레를 만들고 아기 동생을 돌보는 법을 배워야 한다면 모방이야말로 정말 좋은 전략이다.

여전히 그렇게 많은 문화에서 그렇게 어린 나이부터 아이들이 자발적으로 질문한다는 사실은 모방처럼 세상에 대한 정보를 얻는 이 방식이 생물학적 뿌리가 매우 깊다는 것을 시사한다. 아이들이 질문하는 것은 허용하지만 가르칠 필요는 없다.

그러나 아이들의 모든 질문들에 대답할 필요는 없으며 루이스 C.K.의 반응에 죄책감을 덜 느껴도 된다. 어린아이들은 끈기가 있다. 그들은 자신이 원하고 필요한 정보를 계속 찾을 것이다.

연구들에 따르면 아이들은 무의식적으로 다른 사람들로부터 얻는 지식의 상태뿐 아니라 자신의 지식 상태에 매우 민감하다. 아이들은 당신의 행동보다 당신이 의미하는 것을 더 잘 아는 것처럼 자신에게 필요하거나 알고 싶은 것이 무엇인지 당신보다 더 잘 알고 있다.

| 본질적인 질문 |

아이들은 미묘한 언어의 특징들로부터 배울 수 있다. 심리학자들이 본질주의라고 부르는 것의 발달은 특히 매력적이다. 수전 겔만은 30년 동안 아이들의 본질주의를 연구해오고 있다. 모든 생각하는 생명체들은 세상을 범주들로 구분한다. '본질주의'는 범주들이 심오하고 선천적이고 영속적이며, 우리의 마음이 아니라 세상에서 나온 것이라고 생각하는 경향성을 나타내는 심리학자의 용어다.

이런 본질주의자 충동은 어디에서 온 것인가? 어른의 말은 아이들이 범주들에 대해 생각하는 방식에 영향을 미친다. 말의 미묘한 세부 특징들도 아이들이 세상을 보는 방식을 조형할 수 있다. 실제로 말의 미묘한 세부 특징들은 특히 아이들이 생각하는 방식에 효과적으로 영향을 미친다. 명백한 가르침보다 더 효과적이다.

아이들은 세상을 TV나 찻주전자 같은 물리적 범주, 민들레와 오리 같은 생물학적 범주, 남자아이와 여자아이 같은 사회적 범주로 나눈다. 그러나 범주들은 표면적인 편리함이나 심오한 확신을 반영할 수 있다. 나는 임의로 옷장을 검은 옷과 흰 옷, 위와 아래로 나눌 수 있고 책들을 큰 책과 작은 책, 혹은 염가본과 양장본으로 나눌 수 있다. 어떤 방식이든 중요하지 않을 것이다. 그러나 많은 범주들에서 더 심오한 무언가가 있다고 느낀다.

다음의 다소 섬뜩한 철학적 사고 실험에 대해 생각해보라.(아마도 철학자들은 실제로 실험할 필요가 없기 때문에 이 실험은 폭력적인 듯하다.) 여기 고양이 한 마리가 있다. 꼬리를 자른 다음 더 크고 풍성한 꼬리로 대체하고, 정확하게 스컹크처럼 보이고 소리를 내고 냄새가 날 때까지 크고 하얀 줄을 칠하고 악취가 나는 향선을 꿰매었다. 이것은 스컹크인가 고양이인가?

물론 우리 생각에 그것은 여전히 고양이일 것이다. 그러나 그 이유를 말하기는 더 어려울 수 있다. 만일 정확하게 스컹크처럼 보이고 행동한다면 그것은 스컹크와 정확하게 무엇이 다른가? 아마도 내부의 어떤 것—유전자나 화학물질 혹은 어떤 것—이 있다고 말하고 싶을 것이다. 당신은 딸의 질문에 대답하려고 노력하는 루이스 C.K.처럼 느낄 것이다.

아이들이 범주에 대해 이런 식으로 생각하기 시작하는 것은 언제인가? 피아제부터 몬테소리를 거쳐 프로이트까지, 관습적 생각에 따르면 어린아이들의 생각은 지금 여기, 그리고 즉각적 감각과 직접적 지각에 제한되어 있다. 그러나 아주 어린 아이들도 주변 사물들의 더 깊은 본질을 이해하기 위해 표면 아래를 본다. 실제로 아이들의 실수는 종종 그들이 실제로 아무것도 없을 때 너무 열심히 본질을 찾기 때문에 일어난다.

두 살과 세 살 아이들도 자연적 범주들은 지속적이고 보이지 않는 어떤 기본적 본질이 있다는 애매한 인식을 갖는 듯하다. 깊고 본질적인 범주는 새로운 예측을 할 때 도움이 된다. 만일 어떤 것이 오리임을 안다면, 겉모습뿐만 아니라 가장 심오한 오리의 특성과 오리스러운 태도를 갖고 있다면, 나는 그것이 오리처럼 걷고 오리처럼 꽥꽥거리고 오리처럼 헤엄칠 거라고 예측할 수 있다. 그 일이 정확하게 무엇인지 확실하지 않더라도 그것은 다른 오리들이 하는 일들을 할 것이다. 만일 단지 몇 마리의 오리들에 관련된 새로운 것—깃털에 방수가 되는 기름이 있다는 것—을 발견하면 나는 다른 오리들 모두 이런 특징이 있다고 결론 내릴 수 있다.

취학전 아이들도 만일 한 종의 어떤 동물이 특정 속성을 가지고 있다면—비록 보이지 않을지라도—그 종의 다른 구성원들도 그 속성을 가지고 있다고 생각하는 듯하다. 만일 오리에게는 장막이 있다고 아이들에게 말한다면 그들은 다른 오리도 장막이 있다고 말할 것이다. 그들은 (비록 그것이 무엇인지 분명하지 않을지라도) 특정 오리의 내부는 다른 오리들과 같다고 생각한다. 예를 들면 아이들은 같은 범주에 속하기 때문에 오리 알은 다 자란 오리의 내부와 같다고 말한다.

아이들은(그리고 어른들도) 모든 범주에 대해 그렇게 느끼지는 않는다. 예를 들면 고양이 대신 찻주전자를 수술한다고 가정해보라. 주둥이와 손잡이를 없애고, 꼭대기를 얇게 자르고, 모서리를 줄로 다듬고, 다시 칠하고, 거기에 설탕을 채운다. 우리는 그 물건이 더 이상 찻주전자가 아니며 설탕 그릇으로 바뀌었다고 말할 것이다. 아이들도 같은 방식으로 반응한다. 마찬가지로 많은 찻주전자가 자기로 되어 있다는 것을 알게 되더라도 다른 모든 찻주전자들이 자기로 되어 있다고 결론 내리지는 않을 것이다.

내부에 대한 이런 다소 애매한 가정들과 함께 본질주의는 선천성과 영속성을 포함한다. 걸음마기 아이들도 오리는 오리이며 항상 오리였다고 생각한다. 그것이 알이었을 때조차도. 아이들은 아기 오리가 전적으로 개들에 둘러싸여 길러졌더라도 그것은 오리처럼 걷고 소리 내고 헤엄칠 거라고 말한다.

이런 본질주의 사고는 물리적 세계나 생물학적 세계를 이해할 때 도움이 된다. 무엇보다 과학은 우리에게 자연 범주들은 종종 기대하지 않은 근본적인 본질이 있다고 말한다. 돌고래는 물고기처럼 생겼고 물고기처럼 헤엄을 치지만 실제로 물고기가 아니며, 펭귄과 타조는 전형적인 새처럼 보이지도 행동하지도 않지만 새다.(물론 이런 사고의 한 가지 단점은 사람들이 진화적 주장을 받아들이기 힘들게 만들 수 있다는 것이다. 본질주의적 방식으로 종들에 대해 생각한다면 종들은 변하기 쉽고 다양하고 지속적이라는 진화의 기본 전제들을 특히 이해하기 힘들다.)

아이들은 사회적 세계에 대해서도 본질적 관점을 발달시키며 그것은 문제가 더 많다. 아주 어린 아이들은 성·인종·언어와 같은 범주들을 오리나 개와 같은 범주들과 같은 방식으로 대한다. 그들은 사회적 범주들도 선천적이고 깊고 변할 수 없다고 생각한다.

그들은 임의적으로 구성된 사회집단들을 같은 방식으로 대하는 듯하다. 아이들에게 '자제스'라는 집단과 '프러프스'라는 또 다른 집단이 있다고만 말해도 그들은 자제스와 프러프스는 여러 면에서 다를 것이고, 또한 슬프게도 자제스는 다른 자제스 동료보다는 프러프스를 해칠 가능성이 더 크다고 결론 내렸다.

특히 아이들은 매우 초기에 본질주의적 성 관점을 발달시킨다. 우리 문화에서 인종에 대한 본질주의적 태도는 더 늦은 대략 다섯 살 이후의 아이들에서 나타난다. 그러나 네 살 아이들은 여자아이는 항상 여자아이일 것이고, 결코 남자아이가 될 수 없다고 말한다.

신체적 성에 대한 본질주의는 충분히 합리적인 듯하다. 무엇보다 그것은 대체로 진실이다. 그러나 아이들은 종종 심리적 성에 대해서도 본질주의자다. 비성차별적인 방식으로 키우려고 노력할 때도 그렇다. 사실 아이들은 종종 어른들보다 성에 대해 더 절대적이다. 그들은 바지를 입은 의사 엄마에게 여자아이들은 드레스를 입으며 여자 어른은 간호사라고 말할 것이다.

이런 본질주의는 어디에서 오는가? 어느 정도는 선천적이거나 진화된 경향성일 수 있다. 인류학자 스콧 아트란은 진화적 과거에 채집인들은 식물과 동물의 종을 식별해야 했고, 이것이 본질주의 충동으로 이끌었다고 주장했다. 당신은 식물을 수집하고 이용하는 데 전문가인 채집인들에게 그들의 '민속식물학'을 설명하라고 요청할 수 있다. 그들은 실제로 식물학적 종들을 놀랄 정도로 잘 추적한다. 그들은 형태나 색 같은 식물의 표면적인 특징들에만 주목하지는 않는다. 그들의 범주들은 과학적 이론들의 범주들과 더 비슷하다.

본질주의는 주변 세상에 대한 인과적 의미를 만들려는 아이들의 추동에서 나올 수 있다. 만일 동물과 식물이 무엇을 할 것인지, 혹은 당신이 그것으로 무엇을 할 것인지를 예측하고 싶다면 표면적인 특징들보다 내재하는 본질에 대해 생각하는 것이 더 나을 것이다. 겉으로 비슷하지만 버섯과 독버섯에 내재하는 차이가 있음을 아는 것은 글자 그대로 생명을 구할 것이다.

언어도 본질주의를 촉발한다. 예를 들면 "메리는 당근을 먹는다." 혹은 "메리는 당근을 먹는 사람이다."라고 특정 여자아이를 묘사할 수 있다. 만일 세 살 아이들에게 그 여자아이는 "당근을 먹는 사람"이라고 말한다면 그들은 그 여자아이가 본질적으로 당근을 먹는 사람이고, 항상 당근을 먹었고, 계속 당근을 먹을 거라고 생각할 것이다. 만일 그 여자아이가 당근을 먹는다고만 말하면 당근에 대한 열광은 그 여자아이의 일시적인 현상이라고 결론 내릴 것이다.

그러나 언어학자들이 총칭어라고 부르는 특별한 종류의 언어가 있는데, 그것은 특히 본질주의 사고로 이끌 수 있다. 다음 문장들에 대해 생각해보라. "새들은 난다." "고양이는 매번 쥐를 뒤쫓을 것이다." "그 얼룩말은 줄무늬가 있다." 이제 이것들을 다음 문장들과 비교해보라. "어떤 새들이 난다." "고양이가 생쥐를 뒤쫓았다." "그 얼룩말은 그 호랑이로부터 멀리 달아났다."

비록 단어들은 매우 비슷하지만 의미는 사뭇 다르다. 첫 번째 문장들, 즉 총칭어는 전체 동물 집단에 대한 어떤 것을 말하며 특정 짐승들에 대한 것이 아니다. 두 번째 문장들은 특정 새, 고양이, 얼룩말에 대해서만 말한다.

총칭어는 예외를 허용한다. "새들은 난다."는 모든 새가 날지 않아도 진실이다. 그러나 그것들은 특별하게 만드는 한 범주의 본질에 대해 말한다. "새들은 남극에 산다." 혹은 "그 새는 갈색이다."는 많은 새들이 남극에 살고, 많은 새들이 갈색임에도 불구하고 잘못인 것처럼 들린다. 그런 특성들이 새를 정의하는 것은 아니다.

이제 다음의 문장들에 대해 생각해보라. "신사는 금발을 좋아한다." "소년들은 울지 않는다." "소녀들은 단지 재미를 원한다." "영국인의 집은 성이다." "올해 옷 잘 입는 남자는 스패츠를 입는다." 이것들도 총칭어지만 특정 사회집단들을 정의한다. 그것들은 특정 사람들의 본질에 대해 말해준다.

몰리에르의 연극 〈신사 되기〉에서 부르주아 미스터 주르댕은 그의 문학 가정교사들이 그가 평생 동안 산문체로 말하고 있었다고 말하자 놀란다. 그는 "나는 한 번도 그것을 의심한 적이 없었다."라고 말한다. 당신도 총칭어를 사용하고 있다는 것을 알게 되면 마찬가지로 놀랄 수 있다.

아이들은 매우 어릴 때부터 총칭어를 적절히 사용한다. CHILDES 아카이브에서 두 살 반 된 아담은 능숙하게 "아담들은 낮잠을 자지 말아야 해요."라고 말했다. 네 번째 생일에 알렉세이에게 〈스타워즈〉를 보여주었을 때 그는 인상적인 추론을 했다. "네 살 아이들은 놀라지 않아요. 나는 네 살이에요. 나는 놀라지 않아요."

어른들은 아이들에게 말할 때 많은 총칭어를 사용한다. 어른들이 사용하는 총칭어를 들은 어린아이들은 새로운 예측을 하고 새로운 결론을 끌어낸다. 예를 들면 아이들은 "반트들은 줄무늬가 있다."라는 말을 들은 다음 줄무늬가 있는 새로운 동물을 보면 그 동물이 반트라고 결론 내릴 것이다. "이 반트는 줄무늬가 있다."라는 말을 들었을 때는 그렇게 하지 않는다.

24개월 걸음마기 아이들도 총칭적 문장으로부터 본질주의 범주들로 옮겨가는 듯하다. 한 연구에서 실험자가 아이들에게 작은 장난감 동물 두 개, 오렌지색과 파란색, 그리고 작은 장난감 우유 컵 한 개를 보여주었다. 그런 다음 그 작은 동물 중 하나가 마시게 했고, "블릭들은 우유를 마신다!" 혹은 "이 블릭은 우유를 마신다."라는 말을 했다. 그 후 아이들에게 장난감 둘 다를 주고 말했다. "나에게 보여줄 수 있니?"

이 어린 걸음마기 아이들이 "블릭들은 우유를 마신다."라는 총칭적 문장을 들었을 때, 그들은 블릭들은 모두 우유를 마시고 장난감 블릭 둘 다 우유를 마신다고 결론 내렸다. 그러나 "이 블릭은 우유를 마신다."라는 말을 들었을 때, 오렌지 블릭만 마시게 했다. 그들은 이 특별한 동물만 우유를 마신다고 결론 내렸다.

총칭어들은 사회적 범주들에 대해 반트들과 블릭들뿐 아니라 신사들과 금발들에도 같은 효과가 있을 것인가? 겔만과 동료들은 성에 대한 아이와 엄마 간 대화를 살펴보았다. 그들은 아이들에게 그림책을 주었는데 바느질하는 여자아이처럼 정형화된 그림들과 트럭을 운전하는 여자아이처럼 고정관념에 반대되는 그림들이 교대로 들어 있는 그림책이었다.

성 평등에 완전히 열성적인 엄마들도 성에 대해 이야기하는 시간 대부분 총칭어를 사용했다.(예를 들면 "남자아이들은 트럭을 운전해." 혹은 "여자아이들은 트럭을 운전할 수 있어.") 가장 어린 아이들은 엄마가 사용했음에도 총칭어를 많이 사용하지 않았다. 여섯 살쯤 되자 성에 대해 말할 때 엄마들보다 더 많은 총칭어를 사용했다. 그리고 엄마와 아이들이 총칭어를 사용하는 빈도 간에는 강한 상관이 있었다.

그런 쓰라리고 가슴 아픈 역설들 중 하나는 엄마들이 성차별주의와 싸우려고 노력할 때도 총칭어를 사용했다는 것이다. "여자아이들은 트럭을 운전할 수 있다."라는 말은 여전히 여자아이들이 모두 같은 범주에 속하며, 깊이 내재하는 동일한 본질을 갖는다는 의미다.

총칭어 사용은 실제로 아이들이 사회적 범주들에 대해 더 본질주의적이 되게 할 수 있는가? 또 다른 연구에서 네 살 아이들에게 성별·인종 등이 다른 다양한 집단의 사람들을 보여주었다. 그런 다음 이 사람들의 매우 기이한 특징들에 대해 말했다. 연구자들은 총칭적으로 "자피는 무당벌레를 무서워한다." 혹은 비총칭적으로 "이 자피는 무당벌레를 무서워한다."로 그 사람들을 묘사했다.

그런 다음 다른 자피들은 무당벌레를 무서워했는지, 자피들은 항상 무당벌레를 무서워했었고 항상 무서워할 것인지 등을 물었다. 아이들은 총칭적 묘사를 들었을 때 본질주의적 대답을 할 가능성이 훨씬 더 높았다.

실험자들은 어른들에게 무당벌레를 무서워하는 것은 자피 특성의 본질적인 부분이라거나 우연한 변덕이라고 말했다. 그런 다음 어른들에게 자피에 대해 아이들에게 말하도록 했다. 어른들은 자피가 본질적 범주라고 생각할 때 총칭어를 더 많이 사용했다.

어른들이 말하는 방식의 미묘한 측면들은 아이들이 자피에 대해 생각하는 방식에 영향을 미쳤다. 또한 그들은 아이들이 진짜 오리와 다람쥐들, 진짜 남자아이와 여자아이들에 대해 어떻게 말할지에도 영향을 미쳤다. 아이들이 다른 사회집단들—멕시코인과 미국인, 흑인과 백인, 후투와 투시, 세르비아인과 크로아티아인—에 같은 방식으로 적용해 총칭어를 해석할지를 알아보기 위한 추정은 더이상 필요 없다.

이 모든 것이 부모들에게 어떤 의미가 있을까? 또 다른 일상에서 루이스 C.K.는 옛 속담을 수정해 자신의 양육 기법들을 묘사한다. 물고기를 주면 그 사람은 하루 종일 물고기만 먹을 것이다. 낚시하는 법을 가르쳐라. 그러면 그 사람은 평생 동안 낚시를 할 것이다. 혹은 그 녀석을 홀로 남겨두어라. 그러면 그는 알아낼 것이다.

부모들이 문제다. 아이들은 부모 혹은 다른 양육자로부터 배운다. 관찰을 통해 배우든 진술을 통해 배우든. 그들은 주의 깊게 부모의 행동을 보고 부모의 말을 주의 깊게 듣는다. 아이들에게 말하는 것과 듣는 것, '왜'라고 묻는 것과 대답하는 것은 그들이 잘 자라는 데 도움이 된다.

이 장과 앞 장에서 소개했던 연구들은 전통과 혁신의 역설을 잘 설명한다. 보고 배우거나 듣고 배우는 것은 모두 축적된 문화적 지식의 전수를 위해 매우 중요한 수단이다. 그러나 아이들은 자신이 보고 들은 다른 사람들의 행동이나 말을 생각 없이 단순히 재생하지 않는다. 대신 지적이고 사려 깊은 방식으로 그 정보를 취한다. 그들은 관찰을 통해 배운 것을 많은 다른 정보와 적극적으로 결합한다. 그리고 그것을 이용해서 새로운 도구, 새로운 기법, 새로운 이야기, 새로운 설명을 만들어낸다.

부모의 역할은 양육 모델이 제안하는 것과 매우 다르다. 부모나 다른 양육자들은 어린아이들을 가르칠 필요가 없다. 그들이 배우도록 그냥 내버려두어야 한다. 어린아이들은 민첩하고 쉽게 다른 사람들로부터 배우고, 필요한 정보를 얻거나 정보를 해석하는 데 놀랄 정도로 유능하다. 부모는 아이들이 필요로 하는 정보를 주기 위해 자신의 말을 의식적으로 조작할 필요가 없다.

실제로 아이들의 학습이 얼마나 민감하고 미묘한지를 생각한다면 의식적 조작은 무의미하다. 원한다고 해도 총칭어를 사용하는지 가장어로 말하는지에 계속 주의를 기울일 수는 없다. 의식적으로 그런 일을 통제할 수 없다. 더욱이 그래야 한다고 생각할 이유도 전혀 없다.

부모 되기는 기본적으로 관계, 즉 사랑의 형태라는 대안적인 정원사 그림은 아이들이 어른들로부터 어떻게 배우는지와 관련된 또 다른 수확이 있다. 그리고 그것은 실제로 연구와 일치한다.

안정적이고 신뢰할 만한 양육자는 분명하게 가르치는 양육자보다 학습에서 더 가치가 있다. 애착 연구에서 아이들은 그 사람이 누구이고 그들에 대해 어떻게 느끼는지에 따라 다르게 정보를 수집하고 학습했다. 기본적인 신뢰의 관계는 가르치는 전략보다 더 중요하다.

만일 모방이 파드되(발레에서 두 사람이 추는 춤-옮긴이)라면 대화는 듀엣이다. CHILDES 연구들은 그림책에 대한 간단한 대화 속에서 일어나는 섬세한 놀이, 주고받음, 요구와 반응을 보여준다. 물론 때로 우리는 의도적으로 아이들에게 그리고 어른들에게 특별한 정보를 전달하기 위해 말을 사용하는 것이 사실이다. 그러나 어른들과 아이들에게 있어 대화는 관계를 형성하는 방식, 즉 다른 사람과 함께하는 방식이다. 주고받는 놀림과 농담, 애칭과 애정이 담긴 말, 영혼 탐색과 잡담 등은 가장 분명한 사랑의 징후다. 다른 사람에게 말하기를 거부하는 것은 그 사람에게 친밀감이 전혀 없다는 신호다. 아이들은 친밀하고 개방적이고 역동적인 대화에 참여함으로써 배운다.

다른 기술을 가진 서로 다른 사람들을 관찰하고 모방함으로써 배우는 것처럼 아이들은 서로 다른 사람들이 서로 다른 방식으로 서로 다른 일에 대해 말하는 것을 들음으로써 주변 세상에 대해 배운다. 역설적이게도 부정확하거나 오해의 소지가 있는 정보를 듣는 것도 아이들에게 도움이 될 수 있다. 그들은 단지 누군가의 말만이 아니라 그들이 얼마나 믿을 만한지 그리고 미래에 그들을 얼마나 신뢰할지를 배운다.

아이들에게 많은 다른 사람들의 행동을 자세하게 관찰할 기회를 주는 것은 그들이 보고 배우도록 돕는 가장 좋은 방식이다. 아이들에게 다른 많은 사람들과 말할 기회를 주는 것은 듣고 배울 수 있게 돕는 가장 좋은 방식이다.

6

아이들은 놀아야 잘 자란다

: 놀이의 작용

찰스 디킨스의 『위대한 유산』에 웃기면서 동시에 으스스한 순간이 있다. 미친 미스 해비샴이 허물어지고 있는 자신의 저택에 앉아서 가난한 주인공 아이 핍에게 '놀아라.' 하고 말할 때다.

> "피곤해."라고 미스 해비샴이 말했다. "기분 전환이 필요해. 난 사람들과 관계를 끊었어. 놀아라."
> 나는 논쟁을 좋아하는 독자들이 그것을 수긍할 것이라고 생각한다. 그녀가 그 상황에서 그 불우한 소년에게 한 것보다 소년에게 더 힘든 일은 없을 것이다.
> "자, 자!" 그녀는 오른손 손가락을 짜증스럽게 움직이며 말한다. "놀아

라, 놀아라, 놀아라!"

미스 해비샴은 극단적인 경우지만 디킨스의 오싹한 코미디는 놀이의 심오한 수수께끼를 반영한다.

아이들은 논다. 아동기와 놀이는 함께 간다. 그리고 대부분의 부모와 교사들은 놀이는 좋은 것이라고 애매하게 인식한다. 놀이를 격려하는 것이 좋은 양육 기법이라고 생각할 수도 있다.

그러나 놀이에 대해 생각해보면 양육의 목표로서 놀이는 모순이다. 무엇보다 놀이의 정의에 따르면, 놀이는 어떤 것을 하려고 노력하지 않을 때 하는 것이다. 목표가 없는 것이 목표인 활동이다. 만일 어른들이 원하는 대로 한다면 그게 놀이인가? 미스 해비샴이 아니더라도 우리는 아이들에게 '놀아라'라고 말할 수 있는가?

놀이에는 과학적인 모순이 있다. 놀이가 학습에 좋다는 생각은 직관적인 호소력이 있다. 그러나 만일 놀이가 정말 우리를 더 똑똑하고, 더 집중하고, 다른 사람들을 더 잘 이해하게 한다면, 왜 더 똑똑하고 더 집중하고 더 공감적이 되는 것을 직접적인 목표로 하지 않는가? 왜 놀이라는 우회로로 돌아가는가?

패러독스는 실제 과학적 증거에 반영되어 있다. 아주 최근까지 놀이가 아이들의 학습에 도움이 된다는 직관적인 생각을 확인하는 연구가 놀랄 정도로 드물었다.

놀이와 학습 둘 다 많은 다른 방식들이 있다는 것이 문제다. 탐색놀이, 거친 놀이, 가장놀이, 혹은 게임놀이를 말하는가? 언어학습, 운동기술의 발달, 마음의 이해, 집행 기능의 향상 혹은 일상적 이론들의 완성을 의미하는가? 놀이의 유형에 따라 학습의 종류가 다를 수 있고, 모든 종류의 놀이가 모든 종류의 학습과 관련 있을 것이라고 믿을 타당한 이유는 없다.

이 장에서 나는 놀이의 종류와 그것이 아이들의 학습에 도움이 되는 방식에 대해 간단히 살펴볼 것이다. 우선 진화적 질문에 대해 생각해보자. 동물들이 놀이를 하는 이유는 무엇인가?

어린 인간은 놀이를 한다. 어린 늑대와 돌고래, 쥐와 까마귀들도 그렇다. 문어들도 플라스틱 병을 가지고 논다. 어린 늑대들은 사냥에서 놀고, 어린 까마귀는 막대를 가지고 놀고, 어린 쥐는 형제들과 싸움놀이를 하고, 어린 고양이는 실뭉치를 가지고 논다.

놀이는 상대적으로 긴 아동기, 많은 부모 투자, 그리고 큰 뇌를 가진 사회적 동물—인간 같은—들에서 특히 공통적이다. 아동기가 긴 동물 대부분은 아동기의 많은 시간을 놀이에 소비한다.

그러나 우리에게 놀이는 어떤 의미인가? 놀이 행위와 싸움놀이, 하키와 소꿉놀이, 모두의 공통점은 무엇인가? 쥐와 형제들, 까마귀와 땅을 파는 막대기, 새끼 고양이와 실뭉치를 연결하는 근본적인 연결고리는 무엇인가?

생물학자들은 모든 종류의 놀이가 공유하는 다섯 가지 특징들로 놀이를 정의한다. 무엇보다 놀이는 일이 아니다. 싸움과 사냥, 굴 파기와 청소처럼 보이지만 실제로 어떤 것을 완수하는 것이 아니다. 어린 고양이는 실제로 실을 먹지 않고, 어린 새들은 어떤 벌레도

파내지 않으며, 레슬링하는 쥐는 실제로 형제를 다치게 하지 않는다. 마찬가지로 소꿉놀이는 냉장고에 더 많은 음식을 넣거나 거실을 더 깨끗하게 하지 않는다. 실제로는 그 반대다.

그러나 놀이가 단지 쓸모없는 일만은 아니다. 놀이와 진짜를 구분하는 특별한 특징들이 있다. 쥐들은 싸움놀이를 할 때 서로의 목을 코로 비빈다. 아이들이 차를 따르는 척할 때는 움직임을 과장해서 정상적이라면 밖으로 튈 만큼 크게 움직인다. 마찬가지로 사냥을 하거나 성행위를 하는 척하는 어린 동물들은 집으로 베이컨을 가져오거나 새끼를 낳지 않을 것이다.

놀이는 즐겁다. 9개월 된 아기들은 까꿍놀이를 할 때 키득거린다. 동물들의 경우에도 놀이는 즐거움, 기쁨, 미소나 웃음 비슷한 것으로 이끈다. 예를 들면 쥐들은 싸움놀이를 할 때 웃는데, 사람들이 듣기에는 너무 높은 독특한 초음파의 찍찍거림이다.

미스 해비샴에게는 미안하지만 놀이는 자발적이다. 놀이는 동물 자신을 위한 어떤 것이다. 지시를 받거나 보상을 받지 않기 때문이다. 실제로 어린 쥐들은 놀기 위해 일할 것이다. 놀기 위해 막대 누르기를 학습할 것이다. 만일 어린 쥐들에게서 놀이를 박탈한다면 추동 같은 소망이 만들어지며, 그것을 할 기회를 갖는 순간 바로 실행한다. 아이들도 같다. 휴식시간을 알리면 기뻐 날뛰며 소리 지르는 초등학생을 생각해보라.

그러나 놀이는 음식, 물, 따뜻함에 대한 기본 추동과 다르다. 동물들은 기본 욕구들이 모두 만족될 때만 놀이를 한다. 굶주리거나 스트레스를 받을 때 놀이는 줄어든다. 일반적으로 아동기처럼 놀이는 안전과 보안에 달려 있다.

놀이는 특별한 구조, 즉 반복과 변형의 패턴이 있다. 쥐들은 싸움놀이를 할 때 서로 다른 패턴의 공격과 방어를 시도한다. 6개월 된 아기는 딸랑이를 더 시끄럽거나 더 조용하게 흔들고, 탁자를 더 강하게 혹은 더 약하게 두드리며 논다. 문어는 병을 물 안과 밖으로 옮긴다. 돌고래는 후프를 처음에는 코에, 다음에는 지느러미에 건다. 이런 종류의 주제와 변형은 포획되고 스트레스를 받는 동물들, 때로 인간들에서도 보았던 반복—페이싱pacing(다른 사람 따라 하기-옮긴이) 혹은 흔들기—과는 반대다.

만일 놀이가 생물학적으로 어디에나 존재한다면 동물의 삶과 동물의 뇌에 어떤 도움이 되는가?

| 몸싸움을 하는 쥐 |

거친 신체놀이는 구르고 레슬링하고, 꼬집고 찌르고, 전반적인 법석떨기이며, 특히 인간 남아들에서(여아들도 그렇지만) 볼 수 있다. 다 큰 아들이 셋인 엄마로서 그것은 나를 가장 좌절하게 만든 양육 딜레마의 근원이었다. 비폭력적 가치를 중요시하는 평화주의자인 나는 사랑하는 귀여운 남자아이들이 친구는 말할 것도 없고 서로를 때려눕히는 것을 볼 때 무엇을 해야 할까? 그 귀여운 아이들이 끈기 있게 내가 이해하지 못하는 것을 설명할 때 어떻게 반응해야 하는가? 작은 눈을 굴리면서 그들은 내게 어린 남자아이들의 사회에서 몸싸움은 가장 분명한 우정의 표시라고 주장한다.

과학은 내 아이들이 맞다고 말한다. 인간 아이들에서 초기의 거친 신체놀이는 이후 더 나은 사회적 유능성과 연합되어 있다. 아마도 사회적 유능성은 아이들에게 다른 아이들과 놀 기회를 더 많이 줄 것이다.

그러나 인간 아이들이 야단법석을 떠는 유일한 동물은 아니다. 어린 쥐들도 그렇다. 과학자들은 쥐의 뇌 발달에 대해 훨씬 더 많이 안다. 그들은 쥐를 이용해 놀이가 발달에 어떤 영향을 미치는지 체계적으로 탐색한다.

과학자들은 쥐의 싸움놀이 모습을 주의 깊게 살펴보고 그것이 실제 싸움과 어떤 차이가 있는지 기록한다. 코를 비비는 것과 무는 것 간의 차이처럼 어떤 차이들은 분명하다. 그러나 더 미묘한 차이들도 있다. 싸움놀이에서 어린 쥐들은 다양한 공격과 방어를 시도하고, 서로에게 교환하고 교대할 기회를 준다. 분리되어 있던 두 명의 어린 남자아이가 팔다리가 얽혀 구르는 모호한 한 덩어리로 변하는 것처럼 어린 쥐들이 얽혀서 싸움놀이를 하면 그들을 제어하는 것은 불가능하다.

과학자들은 다른 어린 쥐들과 함께 놀면서 성장한 쥐들과 그렇지 않은 쥐를 비교한다. 어렸을 때 분리된 쥐들이 자란 다음 상호작용하기는 어렵다. 단지 사회적 접촉이 없었기 때문인가? 혹은 놀이할 기회가 없었기 때문인가?

어떤 인간 어른들처럼 다 자란 쥐들은 놀이하는 법을 잊는다. 혹은 아마도 그들은 너무 바쁘고 경주—모두 충족되지 않는 보상을 얻기 위해 미로를 달린다—로 녹초가 되었을 수 있다. 다 자란 쥐와 함께 산 어린 쥐들은 많은 사회적 접촉을 하지만 야단법석을 떨 기회가 많이 없다. 과학자들은 이 쥐들을 사육방식은 같지만 다른 새끼들과 놀았던 쥐들과 비교했다.

어릴 때 놀이가 박탈되었던 쥐는 다 자랐을 때 다른 쥐들과 지내는 데 어려움이 있고, 그 어려움에는 교훈이 있다. 놀이를 하지 못했던 쥐들도 놀이한 쥐들과 같은 일을 할 수 있다. 공격하고 방어하는 법, 다른 쥐에게 접근하고 후퇴하는 법을 안다. 그러나 싸우든 연애를 하든 그들은 야단법석을 떠는 쥐들처럼 신속하고 유연하고 부드러운 방식으로 다른 쥐들에게 반응할 수 없다. 벌처럼 찌를 수 있지만 나비처럼 춤을 추지 못한다. 춤을 추는 능력, 단번에 복잡한 사회적 맥락을 흡수하고 그것에 직관적으로 반응하는 능력은 쥐나 인간이나 똑똑하고 사교적으로 만든다.

우리는 이런 능력들의 기초가 되는 뇌 기제를 알아낼 수 있다. 쥐와 사람들에서 전두엽의 특정 부위가 사회적 조화에서 특히 중요한 역할을 한다. 이 영역이 손상된 쥐는 놀이가 박탈된 쥐와 상당히 비슷하다. 그들은 연애나 싸움에 숙달할 수 있지만 유연하고 부드럽게 다른 쥐들에게 반응할 수 없다. 이 영역이 손상된 인간들의 경우 단어를 올바르게 이해하지만 노래를 하지는 못한다. 스텝은 알지만 춤에 숙달할 수 없다.

놀이하는 쥐와 놀이하지 않는 쥐의 뇌는 다소 다르게 발달한다. 어떤 부위는 더 복잡해지고 다른 부위는 더 단순해진다. 두 종류의 변화 모두 서로 다른 방식으로 다 자란 쥐의 사회적 유능성에 기여한다. 놀이한 쥐의 경우 전두피질의 사회적인 부분에서 어떤 화학물질, 특히 콜린성 전달물질이 생성된다. 신경과학자들의 말처럼 이 화학물질들은 뇌를 더 유연하게 만든다.

신경과학에서 가소적인 뇌는 더 쉽게 변하는 뇌다. 가소적인 어린 뇌는 특정 경험 후 새로운 신경 연결을 많이 만드는 반면, 나이 든 뇌는 그대로 유지될 가능성이 더 높다. 초기 놀이는 이런 화학물질을 생성할 뿐 아니라 나중에도 뇌가 이 화학물질들에 더 민감하게 만듦으로써 가소성이 지속되는 데 도움이 된다.

이것을 설명하기 위해 연구자들은 어렸을 때 놀이를 했던 성체 쥐와 놀이를 하지 않았던 성체 쥐에게 니코틴을 투여했다. 니코틴과 같은 화학물질들은 뇌가 학습을 더 잘하게 만드는 자연 콜린성 전달물질을 흉내 낸다. 이것이 흡연자들이 담배를 피웠을 때 정신이 더 또렷하고 집중되었다고 느끼는 이유다. 니코틴과 같은 약물이 뇌를 더 어리고 가소적인 자기self처럼 만들지만 뇌가 얼마나 가소적이 될지는 다를 수 있다. 니코틴은 어렸을 때 차분했던 형제 쥐보다 법석을 떨었던 쥐에게 효과가 훨씬 더 컸다. 초기 놀이의 역사는 다 자랐을 때도 가소성의 잠재력을 유지했다.

모든 쥐의 뇌는 나이가 들면서 덜 가소적이 되었다. 그러나 어렸을 때 놀이를 했던 쥐들은 다 자란 뒤에도 여전히 변하는 능력을 유지했다. 즉 더 가소적인 뇌를 지녔다. 놀이는 쥐들이 특별히 어떤 한 가지 일을 하는 데 도움이 되지는 않았지만 더 유연하고 다양한 방식으로 많은 일을 배우는 데에는 도움이 되었다.

| 모든 것에 빠져들기 |

거친 신체놀이는 본질적으로 사회적이다. 싸우기 위해서는 둘이 필요하다. 또한 동물과 아이들은 물건을 가지고 논다. 새로운 장난감을 주면 아기들은 그것을 입에 넣고 흔들고 떨어뜨리고 뒤집는다.(사실 그들은 당신이 분명 주고 싶지 않았던 물건들—카페트 보풀로 뒤덮인 비스킷 같은 것들—로도 같은 행동을 한다.)

1960년대로 돌아가면 잘 먹고 돌봄을 받지만 아무것도 없는 우리에서 자란 쥐와 놀 것이 많은 '풍요로운' 환경에서 자란 쥐를 비교하는 매력적인 연구들이 있다. 사실 '풍요로운' 환경은 쥐들의 자연 환경과 비슷했다. 매력적인 텅 빈 소다 컵과 버려진 피자 상자들로 둘러싸인 전형적인 뉴욕 시를 생각해보라.

모든 연령의 모든 뇌 발달 측정에서 놀 것이 많은 쥐들이 더 잘 발달했다. 그들의 뇌는 다른 쥐들보다 컸으며, 연결이 더 많고 전두엽이 더 컸다. 거칠게 노는 쥐처럼 그들은 단순한 우리에서 자란 쥐보다 더 많은 학습 화학물질을 생성했다. 다른 쥐들과 노는 것뿐 아니라 장난감을 가지고 노는 것도 더 가소적인 뇌를 만드는 데 도움이 되는 듯했다. 이것은 다른 동물들, 예를 들면 원숭이들의 경우에도 동일하다.

그러면 어린 동물들은 실제로 장난감을 가지고 노는가? 확실히 어린 까마귀들은 그렇다. 까마귀, 떼까마귀, 큰까마귀는 놀랄 정도로 똑똑한 동물들이다. 그들은 원숭이들만큼, 아마 침팬지들만큼 똑똑할 것이다. 나는 앞에서 저 먼 태평양의 섬 뉴칼레도니아에서만 발견되는 아주 똑똑한 까마귀에 대해 말했다.

뉴칼레도니아 까마귀들은 원숭이와 유인원들처럼 도구를 사용할 수 있다. 또한 도구를 이용해 다른 도구를 만들 수 있고, 다음 세대에게 변혁된 도구 디자인을 전달할 수도 있다. 동물들에게 아주 드문 능력이다.

이런 동물들의 아동기가 예외적으로 긴 것은 우연이 아니다. 뉴칼레도니아 까마귀들은 2년 동안 어린 상태로 남아 있다. 실제로 새들의 삶에서 매우 긴 시간이다. 긴 아동기 동안 무엇을 하는가? 인간 아이들처럼 놀이를 한다. 그러나 레고나 인형 대신 막대기나 야자나무 잎사귀를 가지고 놀 것이다.

앞에서 묘사했듯이 다 자란 뉴칼레도니아 까마귀들은 높은 IQ를 사용해 야생에서 야자나무 잎사귀로 파는 도구를 만든다. 그들은 가시가 있는 막대기로도 같은 일을 하며, 실험실에서 철사로 후크를 만들 수도 있다.

어린 새들은 어떤가? 그들도 판다누스 야자나무 잎사귀들을 가지고 논다. 그러나 예상하듯이 어린 새들은 완전히 무능하다. 그들은 뭉뚝한 끝이 아닌 뾰족한 끝으로 잎사귀들을 집어올리고, 가시가 난 쪽을 위로 향하게 해서 줄기를 안에 넣는다. 그 결과 유충을 집을 수 없으며, 대개 별 소득 없이 노닥거린다.

이 모든 과정에서 부모 까마귀들은 새끼들에게 유충들을 끈기 있게 제공한다. 그리고 새끼들이 와서 막대를 가지고 가게 한다. 그것은 다른 다 자란 까마귀들에게는 결코 허용되지 않는 것이다.(다른 약간 덜 영리한 종의 까마귀들은 새끼들에 대한 참을성이 더 적다.) 요컨대 뉴칼레도니아 부모 까마귀들은 새끼들에게 놀 장난감을 준다. 어린 새들의 행위는 아무 의미도 없는 것처럼 보인다. 분명 효과적이지 않다. 그러나 어린 까마귀들은 잎사귀와 막대들의 여러 가능성들을 모두 시도한다. 성공하든 못하든, 영리하든 멍청하든 이 시도로 인해 지능이 발달한다. 그들은 놀랄 정도로 어른스런 행동을 하게 된다. 적어도 막대기들과 관련해서는.

놀랄 정도로 복잡한 행동을 할 수 있는 다른 새들이 있다. 그러나 이런 많은 새들은 타고난 복잡성이 있으며, 그것은 자연선택에 의해 고정된 듯하다. 예를 들면 병아리들은 놀랄 정도로 세련되고 특별한 지식과 기술을 가지고 부화한다. 다 자란 닭들이 알갱이를 쪼아 먹는 데 매우 효과적인 기술들이다. 그러나 이 기술은 그 밖의 것을 할 때 닭들을 방해한다. 까마귀의 독특한 점은 유연하다는 것이다. 까마귀는 실험실에서 철사 조각으로 후크 만드는 법을 알아낼 수 있었다. 자연 환경에는 철사가 없었음에도 불구하고.

철학자 이사야 벌린은 예전에 철학자를 여우와 고슴도치로 나누었다. 이것은 고대 그리스의 시인 아르킬로코스의 말에 기초한다. "여우는 많은 것을 알고 있지만 고슴도치는 한 가지 큰 일을 알고 있다." 닭은 고슴도치처럼 한두 가지 큰 일을 알고 있다. 그들은 그것을 매우 잘 알고 매우 일찍 안다. 여우처럼 까마귀는 많은 새로운 일들을 배울 수 있다.

여우와 고슴도치는 왜 다른가? 대부분의 철학자들처럼 벌린은 아동기에 대해 많이 생각하지 않았다. 그러나 생물학에 따르면 그 차이를 만드는 것은 그 동물들이 어렸을 때 얼마나 많이 놀았는지다.

고슴도치는 여우보다 아동기가 훨씬 더 짧다. 6주가 되면 독립한다. 여우는 6개월이 될 때까지 엄마와 아빠가 필요하다. 여우 커플은 함께 머물고 아빠들은 새끼들에게 음식을 가져다주는 것을 돕는다. 고슴도치 아빠들은 짝짓기가 끝나면 사라진다.

어린 여우들은 고슴도치들보다 놀이를 훨씬 더 많이 한다. 약간 기이한 방식이긴 하지만. 엄마 여우들은 처음에는 새끼들에게 자신이 게워낸 음식을 먹인다. 그런 다음 생쥐처럼 살아 있는 먹이를 굴로 가져온다. 새끼들은 그것들을 사냥하면서 논다.

벌린은 플라톤 고슴도치와 아리스토텔레스 여우에게 헌신적인 아빠가 있었는지, 자식을 돌보지 않은 아빠가 있었는지, 혹은 철학과 학생들처럼 많은 놀이시간을 가졌는지에 대해서는 별로 말을 하지 않았다. 비록 그 행동을 하게 해준 연장자들에게 둘러싸인 보호받는 환경에서 어린 새끼들이 살아 있는 먹이를 쫓아가 잡아먹는 게임을 하는 것이 철학 졸업 세미나에 참여하는 것과 유사해보이지만. 그러나 사실 훨씬 더 일찍 무명의 철학자는 지능, 부모 투자, 놀이 간 관련성을 이해했다. 벌린은 못했지만. 모든 네 살 아이들의 사랑을 받는 아주 인상적인 노래 〈여우〉는 처음에 「철학자들의 어록」 15세기 복사본 앞뒤의 빈 백지 위에 쓰여 있었다. 영리한 여우는 마을로 달려간다. 농부보다 앞서 회색 거위의 등을 물고 도망간다.

> 그는 아늑한 굴에 도착할 때까지 달렸어요.
> 어린 여우 여덟, 아홉, 열 마리가 있었어요.
> 그들이 말해요. "아빠, 다시 돌아가요.
> 분명히 아주 좋을 거예요. 멋진 마을이야, 정말 멋져!"
> 그런 다음 싸우지 않고 여우와 그의 아내는
> 포크와 나이프로 거위를 잘라요.
> 태어나서 지금까지 그런 저녁을 먹어본 적이 없어요.
> 어린 여우들은 물어뜯어요. 맛있는 뼈야. 정말 맛있어!

무명의 철학자는 단지 호모 사피엔스를 앞선 영리하고 사교적인 육식동물을 묘사한 것만이 아니라 그(혹은 그녀)는 여우가 아늑한 굴에 있는 어린 여우들에게 먹이를 가져오는 생명체임을 말했다. 그 회색 거위는 맛있는 뼈일 뿐 아니라 인지적 연습과 기술 형성의 출처였다.

동물들 중에서, 물론 우리 인간은 여우보다 더 여우 같다.

| 팝비즈와 포퍼 |

최근 MIT에서 로라 슐츠와 학생들은 어린 인간들이 우리의 판다누스 야자나무 잎—우리 주변의 많은 테크놀로지 장치들—에 어떻게 숙달하는지를 조사하는 매혹적인 연구들을 수행했다. 흥미로운 새로운 장치와 함께 유치원 아이를 홀로 남겨놓았을 때 그들이 그것을 가지고 노는 것은 놀랍지 않다. 오히려 놀라운 것은 그들이 그 장치의 작동법에 대한 정보를 얻을 수 있는 구조화된 방식으로 논다는 것이다. 이 아이들에게 놀이는 글자 그대로 실험이다.

예를 들면 한 연구에서 실험자들은 네 살 아이들에게 블리켓 탐지기를 주었다. 어떤 물건을 올려놓으면 불이 켜지고 음악이 연주되는 상자다. 그들은 기계 위에 블록들을 올려놓는 대신 서로 달라붙거나 잡아당겨 분리할 수 있는 장난감 플라스틱 구슬인 팝비즈를 사용했다.

처음에 실험자는 아이들에게 서로 분리되어 있는 구슬들 중 어떤 것들은 장난감을 작동시켰지만 다른 것들은 그렇지 못하다는 것을 보여주었다. 그런 다음 서로 붙어 있는 새로운 구슬 세트를 주었고, 놀 수 있게 홀로 내버려두었다. 아이들은 주의 깊게 구슬들을 당겨 분리했고 그것들을 하나씩 따로 시험했다. 실험자가 몰래 구슬들을 접착제로 붙여놓았을 때 아이들은 붙어 있는 쌍의 한쪽 끝으로 교묘하게 기계 위를 살짝 건드렸고 그런 다음 다른 쪽으로 뒤집어서 시도했다. 따라서 그들은 각 구슬의 효과를 알아낼 수 있었다.

또 다른 버전의 연구에서는 모든 구슬들이 기계를 작동시켰다. 여기서 실험자가 아이들에게 서로 붙어 있는 구슬들을 주면서 놀게 했을 때 아이들이 구슬들을 당겨 분리할 가능성이 훨씬 적었다. 아이들은 이번 경우에는 구슬들을 당겨 분리해도 새롭게 알게 될 것이 하나도 없다는 것을 알아챈 듯했다.

또 다른 실험에서 연구자들은 약간 더 나이 먹은 아이들에게 평균대를 주었다. 이것은 지렛목으로 균형을 잡는 일종의 시소 저울로 한쪽 끝이나 다른 쪽 끝에 무게 추를 추가할 수 있다. 여섯 살 아이들은 평균대의 작동방식에 대한 부정확하지만 지적인 이론을 가지고 있었다. 그들은 만일 지렛목이 평균대의 중앙에 있다면 균형을 잡을 것이라고 생각한다. 각 끝에 있는 추가 얼마나 무거운지에 상관없이.

일곱 살이나 여덟 살쯤 되면 더 정확한 질량 이론이 발달하기 시작한다. 무게중심은 평균대의 끝이 얼마나 무거운지에 달려 있다. 만일 한쪽 끝에 무거운 블록을 추가하면 평균대의 균형을 잡기 위해 무거운 쪽으로 지렛목을 움직여야 한다.

연구자들은 자석을 이용해 양쪽 무게가 다를 때 중앙에서 균형을 잡거나, 혹은 양쪽 무게가 같을 때 한쪽으로 치우쳐서 균형을 잡는 트릭 평균대를 고안했다. 그들은 아이들이 중심 이론가인지 혹은 질량 이론가인지를 확인했고, 그런 다음 트릭 평균대와 새로운 장난감들과 아이들을 홀로 남겨놓았다.

'중심 이론가' 아이들은 평균대가 중심에서 벗어났을 때 평균대를 더 많이 가지고 놀았다. 다시 말해 자료가 자신의 이론을 부정할 때다. 기대했던 대로 중앙에서 균형이 잡혔을 때는 흥미를 잃고 새로운 장난감을 더 많이 가지고 놀았다. 다른 한편으로 '질량 이론가' 아이들은 반대 방식으로 행동했다. 그들은 균형이 중앙에 있지만 무게가 같지 않을 때 더 많이 놀았다. 두 집단 모두 평균대를 가지고 놀 때 트릭 자석을 발견할 가능성이 더 높았다.

따라서 아이들은 평균대에 대한 학습에 도움이 되는 방식으로 놀았다. 그러나 그들이 놀이하는 방식은 평균대의 작동방식에 대한 기존의 생각에 달려 있었다. 위대한 과학철학자 칼 포퍼는 좋은 과학자라면 자신의 이론을 확증하는 증거보다 부정하는 증거에 더 많은 관심을 가져야 한다고 했다. 이 어린아이들은 포퍼의 조언을 따랐다. 자신의 이론을 부정하는 증거를 보았을 때 그것을 실험했다. 다만 그들은 놀이로 했다.

이것은 매우 어린 아이들에게도 진실이었다. 에이미 스탈과 리사 페인슨은 11개월 된 아기들이 과학자들처럼 자신의 예측이 빗나갔을 때 주목하고, 그 결과 특히 잘 배우며, 무슨 일이 일어났는지를 알아내기 위한 실험을 한다는 것을 체계적으로 보여주었다.

그들은 몇 가지 고전적인 연구를 통해 아기들은 기대하지 않았던 것을 더 오래 본다는 것을 보여주었다. 아기들은 공이 단단한 벽돌 벽을 통과하는 불가능한 사건 혹은 같은 공이 텅 빈 공간을 통과해서 움직이는 가능한 사건들을 보았다. 그런 다음 공이 내는 끼익 하는 소음을 들었다. 아기들은 공이 예측한 대로 행동했을 때보다 예측하지 못한 방식으로 행동했을 때 공이 소음을 만들었다는 것을 배울 가능성이 더 높았다.

두 번째 실험에서 어떤 아기들은 신기한 녹는 공 혹은 일반적인 단단한 공을 보았다. 다른 아기들은 공이 난간을 따라 구르거나 혹은 난간을 넘어 떨어진 공이 허공에 매달려 있는 것을 보았다. 그런 다음 실험자들은 아기들에게 놀이할 공들을 주었다. 아기들은 예측 못한 방식으로 움직일 때 공을 더 많이 탐색했다. 그리고 공을 탐색하는 방법이 달랐다. 그들은 벽을 통과해 신비하게 사라졌던 공을 두드렸지만 허공을 맴돌았던 공은 아래로 떨어뜨렸다. 마치 그 공이 실제로 단단한지 혹은 정말로 중력을 거스르는지를 알아보기 위한 실험을 하는 것 같았다.

실제로 이런 실험들은 아기들이 어른들보다 더 나은 과학자일 수 있음을 보여주었다. 어른들은 종종 '확증편향'에 시달린다. 우리는 이미 알고 있는 것과 일치하는 일들에 주목하고 예상을 흔들 수 있는 일을 무시한다. 다윈은 자신의 이론과 맞지 않는 모든 사실들의 특별한 목록을 가지고 있었다. 그렇지 않으면 그것들을 무시하거나 잊으려는 유혹이 있음을 알았기 때문이다.

다른 한편 아기들은 예측하지 못한 것에 대한 긍정적인 갈망이 있다. 칼 포퍼의 이상적인 과학자들처럼 그들은 항상 자신의 이론이 잘못임을 입증하는 사실들을 찾는다. 아기들은 그런 사실들을 발견하기 위해 놀이하고 탐색한다.

| 가 장 하 기 |

쥐와 여우와 아이들은 싸움놀이를 하고, 까마귀와 돌고래와 아이들은 물건들을 가지고 논다. 그러나 인간 아이들은 더 특이한 방식으로 논다. 사실 아주 독특하게 인간적이다. 그들은 가장한다.

아이들은 한 살 때 가장하기 시작하고 세 살이나 네 살쯤 절정에 이른다. 어기가 내 정원에 오기 시작했을 때 그곳은 아보카도 나무에 사는 호랑이, 선인장들 사이에 숨는 친절한 괴물주식회사의 괴물들, 그리고 태양등에 살고 풍경에서 춤추는 세 요정의 집이 되었다. 할머니의 손을 꼭 잡고 있기만 하다면 위험을 무릅쓰고 그것들을 보기 위해 밤에 나갈 수 있다.

가장놀이의 내용은 문화에 따라 다양하며, 야생의 공상부터 실질적인 가사일이나 사냥 게임에 이른다. 미국을 포함해 어떤 공동체들의 부모들은 적극적으로 아이들의 가장놀이를 말린다. 그러나 모든 문화에서 아이들은 어쨌든 가장한다. 적어도 가끔. 역사적으로 아이들은 항상 가장한 듯하다. 고고학자들은 청동기 시대 아이들의 구역에서 4,000살 인형과 미니어처 조리도구들을 발견했다.

왜 가장하는가? 거친 신체놀이나 탐험놀이에는 이점이 있다. 어린 동물들은 다 자랐을 때 필요한 기술들을 연습하거나 막대기나 블리켓 기계 같은 새로운 것을 발견할 기회를 갖는다. 그러나 왜 사실이 아니며 결코 사실이 아닐 일들에 대한 생각을 연습하는가?

과거 피아제 같은 심리학자들은 아이들이 현실과 환상을 구분할 수 없기 때문에 가장한다고 생각했다. 그러나 아주 어린 아이들도 그 둘을 쉽게 구분한다. 어떤 수준에서 그들은 사랑하는 상상 속 친구와 두려운 상상 속 존재는 실제가 아니라는 것을 안다.

아이들이 혼동하기 때문에 가장하는 것이 아니라면 왜 가장하는가? 가장은 또 다른 독특한 인간의 능력인, 가설적 사고나 반사실적 사고와 밀접한 관련이 있다. 그것은 세계가 그럴 수도 있을 대안적 방식들을 생각하는 능력이다. 그것은 강력한 인간 학습 능력의 핵심이다.

| 베이지안 아기들 |

베이즈 주의Bayesianism(확률적 접근을 통한 추리-옮긴이)는 인간 학습에 대한 최근 설명 가운데 가장 영향력 있다. 그것은 18세기 신학자이며 확률론의 선구자인 토머스 베이즈 목사의 이름을 딴 것이다. 베이지안은 학습이 과학적 과정들과 매우 유사하다고 생각한다. 우리는 서로 다른 가설, 즉 세상이 어떻게 작용하는지에 대한 서로 다른 그림을 생각한다. 그 가설들 중 어떤 것은 다른 것보다 가능성이 더 높지만 그 어떤 것도 절대적으로 진실이라고 확신할 수 없다. 어떤 가설이 진실이라고 믿는다는 말이 의미하는 것은 그것이 바로 지금 우리가 가지고 있는 최선의 추측이라는 것이다.

이제 새로운 실험을 하거나 새로운 관찰을 한다고 가정해보라.

새로운 증거는 그 최선의 추측에 대해 다시 생각하게 한다. 실제로 새로운 자료를 더 잘 설명할 수 있는 다른 가설이 있을 수 있다. 만일 다른 가설이 진실이라면 무슨 일이 일어날 것인가?

만일 새로운 가설이 모든 자료, 옛것과 새것을 더 잘 설명한다면 그것이 실제로 진실일 가능성이 더 높다. 그것은 여전히 잠정적이고 일시적인 진실로서 이전 자료를 대체할 것이다.

아이들은 실험을 하고 관찰을 한다. 비록 그것을 '모든 것에 빠져들기'라고 부를지라도. 슐츠 실험실의 아이들이 팝비즈를 당겨 분리하거나 하나씩 차례대로 블리켓 기계 위에 올려놓고 시험할 때 그들은 기계의 작동방식에 대한 새로운 자료들을 수집한다. 평균대 실험에서, 그들은 특히 세상의 작동방식에 대한 그들의 현재 생각을 반박하는 새로운 자료들에 흥미를 갖는다.

아주 유사하게 솔 펄머터와 동료 실험물리학자들은 전파망원경을 만지작거리다가 생각보다 우주가 빠르게 확장한다는 것을 발견했다.(그들이 사용한 장난감들은 훨씬 더 비쌌지만 그 장난감들이 그들에게 노벨상을 주었다.)

새로운 발견을 향한 첫 발은 현재 가설이 잘못임을 발견하는 것이다. 그러나 그 과정에 또 다른 단계가 있다. 다른 가설들을 생각해내는 것이다. 펄머터의 발견들은 이론물리학자들이 대안적 설명들을 향해 달리게 했다. 무엇이 필요한지 잠깐 생각해보라. 당신은 가설을 세워야 하고, 만일 그것이 사실이라면 무슨 일이 일어날 것인지에 대해 생각해야 한다. 예를 들면 실제로 다중우주가 있다면 우리는 어떤 자료 패턴을 예측할 수 있는가? 혹은 우주상수(진공의 에너지 밀도에 대한 상수, 아인슈타인의 상대성 이론-옮긴이)가 있다면? 펄머터의 예측하지 못했던 자료처럼 보일 것인가?

과정은 가장과 많이 비슷하다. 우리는 현재 거짓이라고 생각하는 전제로 시작한다. 아마도 버클리의 뒷마당에 있는 아보카도나무들에는 어떤 호랑이도 없을 것이다. 그러나 어쨌든 그런 거짓 전제의 결과가 무엇인지 안다. 만일 호랑이가 있다면 당신은 조심스럽게 호랑이에게 접근할 것이다. 만일 호랑이가 잠들어 있다면 호랑이를 깨우는 위험을 감수하기보다 까치발로 지나가고 싶을 것이다.

물론 어기의 호랑이와 암흑 에너지 이론 간에는 차이가 있다. 물리학자는 현재 믿지 않지만 사실로 판명될 수 있는 이론들을 찾는다. 어기는 호랑이가 그곳에 있는지 없는지에 신경 쓰지 않는 듯하다. 그러나 다른 방식의 놀이와 많이 비슷하다. 실제로 생물학자의 정의에 따르면, 놀이는 즉각적으로 유용한 결과를 가져오지는 못하지만 어린 동물들이 유용한 기술을 연습할 때 일어나는 것이다.

이렇게 반사실적으로 생각하는 것은 어른들에게 매우 유용한 기술이다. 우리는 이것을 상상과 창의성의 힘이라고 말한다. 반사실적 사고는 세상에 대한 학습에서 결정적이다. 무언가를 배우려면 지금 생각하는 것이 거짓일 수 있다고 믿어야 하고 세상은 다를 수 있다고 상상해야 한다.

세상을 바꾸고 싶다면 반사실적 사고는 중요하다. 세상을 바꾸기 위해 세상은 다를 것이라고 상상해야 하고, 그런 다음 실제 그렇게 만들기 시작해야 한다. 사실 내가 앉아 있는 방에 있는 모든 것들은 홍적세 채집인들의 관점에서는 완전히 허구다. 직물, 목공 의자, 전기나 컴퓨터는 말할 것도 없다. 우리의 세계는 조상들의 마음에서 나온 반사실적인 상상에서 시작되었다.

가장놀이는 아이들이 고차적 심적 기술들을 연습하는 안전한 공간이다. 마치 싸움놀이가 어린 쥐들에게 싸움과 사냥을 연습하는 안전한 공간이고, 탐색놀이가 어린 까마귀들에게 막대기 사용법을 연습하는 안전한 공간인 것과 같다.

그러나 이것이 진실임을 보여줄 수 있는가? 놀이는 실험실에서 연구하기가 쉽지 않다. 정확하게 미스 해비샴의 원리 때문이다. 연습 없이 아이들에게 특별한 방식으로 놀라고 말할 수 없다. 그러나 대학원생인 다프나 부크바움은 아이들이 자발적으로 가장놀이를 하게 하는 영리한 방법을 생각해냈다.

다프나는 먼저 아이들에게 장난감 원숭이를 소개하고 원숭이의 생일이라고 말했다. 그녀에게는 원숭이에게 들려줄 '생일 축하' 노래를 연주할 수 있는 특별한 기계가 있었다. 우리의 옛 친구인 블리켓 탐지기의 위장 버전이었다. 잔도라고 부르는 블록들이 그것을 작동시킨다. 아이들은 그 기계의 작동방식을 빨리 학습했고, 잔도를 사용하는 데 능숙해졌다. 다시 말해 아이들은 녹색 블록이 잔도이고 빨간색 블록은 잔도가 아님을 발견했다.

그런 다음 우리는 그 기계에 대한 가설적 질문을 했다. 만일 녹색 블록이 잔도가 아니라면 무슨 일이 일어날까? 빨간색 블록이 잔도라면 무슨 일이 일어날까? 질문에 대답하려면 이론물리학자처럼 아이들은 진짜 전제가 거짓이라면 어떤 일이 일어날지에 대해 생각해야 했다.

놀랍게도 대부분의 세 살과 네 살 아이들은 이것을 할 수 있었다. 그러나 모든 아이들이 할 수 있는 것은 아니었다. 아이들 가운데 3분의 1은 엄격하고 성실한 (말 그대로 해석하는) 직해주의자였다. 그들은 현재와 다르다면 무슨 일이 일어날지가 아닌 실제로 일어날 일을 보고했다.

이제 실험의 더 영리한 부분이 시작된다. 문에서 노크 소리가 났고, 위압적인 꼭두각시가 들어와 다프나에게 생일 기계를 달라고 했다. 물론 다프나는 당황한 것처럼 연기했지만 꼭두각시는 기계를 가져가겠다고 주장했다. 풀이 죽은 다프나는 마찬가지로 당황한 아이들에게 돌아서서 "오, 안 돼. 우리는 원숭이를 위해 연주할 수 없어. 어떻게 해야 할까?"라고 말했다. 갑자기 그녀는 멋진 생각이 떠올랐다. "알겠다. 우리 그런 척하는 거야." 그녀는 무늬가 없는 판지 상자와 아무렇게나 놓여 있는 블록 몇 개를 들어올렸다. "이 상자가 기계이고 이 블록이 잔도인 척하자." 아이들은 이 영리한 해결책에 열광했다.[이야기는 〈뜻대로 하세요〉에서 믿기 어려운 플롯 포인트(플롯이 바뀌는 지점)와 비슷했다. 올랜도는 로절린드를 사랑한다. 하지만 그들이 숲에서 만났을 때 그녀는 남자아이로 변장을 하고 있다.(올랜도는 남장한 로절린드를 몰라본다.) 그래서 그녀는 올랜도에게 그녀가 여자아이인 척해야 한다고 제안한다. 즉 그녀는 그가 그녀를 로절린드인 척해야 한다고 제안한다. 아이들은

올랜도 만큼 쉽게 그것을 했다.]

미스 해비샴 문제를 해결한 다프나는 아이들에게 그런 척 가장할 것을 요구했다. 특별히 블록이 잔도인 것처럼 가장하도록 요구했다. 아이들은 즐겁게 블록을 상자 위에 놓은 다음, 그 상자가 음악을 연주하고 있는 척했다. 그들은 허밍을 하고 노래를 따라 불렀다.

그런 다음 다프나는 아이들에게 블록이 잔도가 아닌 척 가장하도록 요구했다. 이제 기계 위에 그 블록을 놓으면 소리가 나지 않는 척해야 한다. 아이들은 그런 척 가장했다.(마지막 것은 꽤 상상하기 어려운 것이다. 아이들은 실제로는 음악을 연주하고 있지 않은 기계가 음악을 연주하고 있지 않은 척 가장해야 했다. 진짜 로절린드인 로절린드가 로절린드인 척했던 올랜도처럼.)

아이들 대부분은 가장했을 뿐 아니라 자발적으로 가장의 전제를 정교하게 했다. 정원에서의 어기처럼 그들은 즐거워하며 어른들보다 더 나갔다. 그들은 기계가 여러 가지 다른 노래를 연주하고 있는 척 가장했고, 정교하게 포장된 눈에 보이지 않는 가장의 선물들을 원숭이에게 주는 척했다. 그들은 자발적으로 '실험했다.' 기계 위에 서로 다른 가장의 블록을 시도했고 가장의 결과들을 말했다.

그러나 아이들 중 3분의 1은 엄격하고 고지식했다. 그들은 단순히 실험자에게 사실을 말했다. 결코 어떤 음악도 연주되고 있지 않다고.

흥미로운 점은 반사실적 질문에 사실대로 진지하게 대답했던 아이들과 같은 아이들이었다는 것이다. 즐거운 가장은 가능성에 대해 생각하는 능력과 강하게 관련이 있다.

그러나 가장하는 아이들은 다른 아이들보다 더 영리했는가 혹은 질문에 사실대로 대답하려는 충동에 더 잘 저항했는가? 두 번째 실험에서 우리는 아이들의 인지 능력과 집행 기능을 검사했다. 이 능력들과 가장하거나 반사실적으로 생각하는 능력 간에는 관련이 없었다. 가장하기와 가능성에 대해 생각하기는 매우 특별하게 연관되어 있었다. 그리고 우리가 수행했던 실험들을 보면 실제로 처음에 가장을 한 아이들이 나중에 반사실적 추론을 더 잘했다. 우리는 어떤 아이들이 다른 아이들보다 가장을 더 많이 하는 이유를 확실히는 모른다. 그래서 우리는 이것이 다른 사람들의 가장을 보는 빈도와 관련 있는지를 탐색하고 있다.

| 여러 가지 마음들 |

만일 가장하기가 학습에 중요한 반사실적 사고들을 연습하는 데 도움이 된다면, 더 많이 가장하는 아이가 더 많이 배울 것이라고 예상할 수 있다. 그리고 사실 그렇다는 약간의 증거가 있다. 가장하기가 학교에서 육성하는 학업 기술들을 향상시킨다는 증거는 많지 않다. 그러나 그런 학문적 학습은 어린아이들에게(혹은 우리 나머지 모두에게) 가장 중요하지도 않고 도전적인 학습과도 거리가 멀다.

어린아이들에게 있어 단연코 가장 중요하고 흥미로운 문제는 다른 사람들의 마음을 알아내는 것이다. 마음 이론은 이름 그대로 다른 사람의 소망, 지각, 감정, 믿음을 이해하는 능력이다. 그것은 아마도 사람들의 가장 중요한 학습일 것이다.

자폐증이 있는 사람들을 보면 그것이 얼마나 중요한지 알 수 있다. 자폐스펙트럼 장애ASD는 물론 복잡한 증후군이지만 핵심 문제는 ASD 아이들이 다른 사람들의 마음에서 무슨 일이 일어나는지를 이해하기 어려워한다는 것이다. 이것은 고통스런 사회적 곤경에 처하게 한다.

아주 어린 아기들도 다른 사람의 마음과 자신의 마음이 어떻게 작용하는지에 대해 어떤 중요한 것을 이해한다. 그리고 스무 살인 사람(서른 살, 마흔 살, 쉰 살인 사람까지)도 여전히 배우고 있다. 그러나 18개월에서 다섯 살 사이의 기간은 마음 이론 발달에서 큰 분수령이다. 아이들은 사람들의 소망, 감정, 믿음이 어떻게 작용하는지에 대한 기본적인 사실들을 학습한다. 사람들은 서로 다른 일들을 원하고 믿는다는 것을 학습한다. 그리고 그런 차이가 사람들이 아주 다르고 아주 혼란스런 방식으로 행동하게 이끌 수 있다는 것을 배운다.

아이들은 물리적 세계를 가장하지만 그들의 자발적 가장 대부분은 사람들(혹은 호랑이, 괴물, 요정처럼 보이는 사람들)의 행동에 관한 것이다. 어기와 내가 달빛 정원을 까치발로 통과할 때 우리는 이해할 수 없는 생명체인 타이탄, 아리엘(공기의 정령-옮긴이), 팅커벨의 행동을 예측한다.

상상의 친구들은 특별히 생생한 가장의 예다. 상상의 친구는 매혹적이거나 소름끼친다. 사람들은 종종 그것들을 천재성, 광기 혹은 그 둘 다의 증상이라고 생각한다. 그러나 실제로 그것들은 매우 일반적이다. 심리학자 마저리 테일러는 취학전 아동들 중 66%가 상상의 친구가 있고, 보통은 다정하지만 때로 위협적이고 약간 기묘하다는 것을 발견했다. 커다란 점박이 꼬리가 달린 공룡, 남극에 살고 있고 마루에 끌리는 땋은 머리를 한 여자아이이다.

상상의 친구가 있는 아이들이 다른 아이들보다 더 영리하거나 더 이상한 것은 아니다. 그러나 테일러는 사람들에 대한 가장과 마음 이론 간에 매우 분명하고 강력한 관계가 있음을 발견했다. 그녀는 아이들에게 다른 사람들의 마음을 이해해야 해결할 수 있는 문제를 주었다. 예를 들어 가장 잘 알려진 과제는 틀린 믿음 검사다. 아이들에게 반창고 대신 종이 클립들이 가득 들어 있는 반창고 상자를 보여준다. 그런 다음 이 상자에 무엇이 들어 있다고 생각했는지 그리고 다른 어떤 사람은 그 속에 무엇이 들어 있을 것이라고 생각할지 묻는다. 어린아이들은 자신들은 항상 상자 속에 클립들이 들어 있다고 생각했었고 다른 사람들도 그럴 것이라고 말한다. 다섯 살이 되면 대부분의 아이들은 자신의 과거 틀린 믿음과 타인의 틀린 믿음을 이해할 수 있다. 그럼에도 불구하고 자폐증이 있는 아이들은 이 문제를 해결하는 데 특별한 어려움을 겪는다.

가장을 많이 하는 아이들은 다른 사람들을 이해하는 데 유리하다. 그들은 이런 '틀린 믿음' 검사들에서 훨씬 잘한다. 그리고 그 이점은 상상의 친구가 있는 아이들에서 특히 분명히 보인다.

가장하기는 어른들을 더 나은 심리학자로 만드는 듯하다. 어른들의 경우, 소설이나 드라마는 가장놀이나 상상의 친구와 같다. 연구들에 따르면 소설 읽기는 가장하기와 같은 이점이 있다. 더 많은 소설을 읽은 사람들이 일반적으로 다른 사람들에게 더 많이 공감하고 더 잘 이해한다. 그들은 같은 양의 논픽션을 읽은 사람들보다 성인용 마음 이론 검사에서 더 잘한다.

그것이 원인인가 단지 상관이 있을 뿐인가? 한 연구에서 연구자들은 사람들에게 문학 소설과 대중 소설, 논픽션의 구절들을 읽게 했다. 그런 다음 어떤 사람의 행동에 기초해 그 사람이 어떤 생각을 하는지 혹은 어떤 사람의 얼굴 표정에 근거해 그 사람이 어떤 감정을 느끼는지 알아내도록 했다. 문학 소설은 마음 이론 문제의 해결에서 즉각적인 향상으로 이끌었다. 대중 소설과 논픽션은 같은 효과가 없었다.(당신이 정말로 심리학에 대한 이해를 높이고 싶다면 즉시 이 책을 내려놓고 대신에 조지 엘리엇의 『미들마치』를 읽어야 할 것이다.)

| 춤 추 는 로 봇 |

거친 신체놀이는 동물과 아이들이 다른 동물이나 아이들과 상호작용하는 데 도움이 된다. 탐색놀이는 동물과 아이들이 사물이 어떻게 작동하는지를 학습하는 데 도움이 된다. 가장놀이는 아이들이 가능성에 대해 생각하고 다른 사람들의 마음을 이해하는 데 도움이 된다.

그러나 우리는 여전히 왜 놀이가 도움이 되는지 답하지 못하고 있다. 대답은 심리학 대신 공학에서 나올 수 있다. 대자연은 때로 괴짜들이 새로운 생명체를 만들어낸 것과 같은 기법들을 사용하기도 한다.

로봇을 만들고 있는 중이라고 가정해보라. 당신은 계속 똑같은 일을 하는 거대한 산업 로봇을 원치 않는다. 대신에 동물과 사람들처럼 끊임없이 변하는 세계에 적응할 수 있는 로봇을 원한다.

한 가지 일을 하는 로봇을 설계하는 것은 상대적으로 쉽다. 변하는 환경에 대처할 수 있는 로봇을 설계하는 것은 훨씬 더 어렵다. 걸을 수 있는 로봇을 설계할 수 있지만 만일 옆으로 돌려놓는다면, 벽에 부딪친다면, 무릎을 삔다면, 사지를 잃는다면 무슨 일이 일어날까? 살아 있는 것들은 유연하게 이런 변화에 적응할 수 있다. 부상당한 군인이 어떻게 정상적인 걸음걸이에 적응을 하고, 걷기를 배우고, 심지어 의족으로 달릴 수 있는지에 대해 생각해보라. 반면 로봇들은 대체로 무기력해진다.

컴퓨터과학자 호드 립슨은 한 가지 전략을 발견했는데 로봇이 자신의 몸이 어떻게 작동하는지에 대한 내적 그림을 발달시키게 하는 것이다. 그러면 로봇은 만일 자신의 신체 내부에서 혹은 외부 세계에서 어떤 변화가 일어난다면 무슨 일이 일어날지를 예측할 수 있다. 그것은 만일 블록이 잔도라면 무슨 일이 일어날지를 계산하는 베이지안 아이들과 비슷하다. 그리고 최선은 로봇에게 놀 기회를 주는 것이다. 무작위로 여러 다른 움직임을 시도하고 그 결과를 알아내는 것이다.

립슨의 로봇은 유용한 무언가를 하기 전에 바보같이 무작위적인 방식으로 이리저리 춤추기—마치 결혼식에서 술에 취한 사촌처럼—시작한다. 이후 예기치 않은 일이 일어났을 때 놀이 같은 춤추는 단계에서 수집된 정보를 이용해 어떻게 행동할지를 결정한다. 엔지니어들이 로봇의 사지 중 하나를 제거했을 때도 여전히 걸을 수 있다. 처음에 분명히 쓸모없었던 춤은 나중에 로봇을 더 강하게 만들 것이다.

로봇은 아이들이 놀이에서 얻는 이득에 대한 실마리를 준다. 놀이를 통해 아이들은 광범위한 행동과 아이디어들을 무작위로 다양하게 시도하고, 결과를 알아낸다. 립슨의 로봇이 자신의 신체 움직임을 시험해보는 것은 어린 쥐가 서로 다른 방식으로 공격과 방어를 시도하고, 어린 까마귀가 막대기를 아래위로 돌리거나, 아이들이 평균대를 만지작거리는 것일 수 있다.

가장놀이에서 실험은 더 흥미롭다. 아이들 혹은 소설을 읽는 어른 독자들은 만일 세상이 달랐다면 어떤 일이 일어날지를 생각하고 그 결과를 알아낸다. 만일 원숭이의 생일이었다면? 혹은 나타샤의 첫 무도회는? 혹은 피에르의 첫 전투는?

놀이의 어리석음, 무작위적인 기이함이 그것을 효과적으로 만든다. 립슨은 자식 같은 로봇이 모든 상황에서 해야 할 일을 예측하려고 노력했다. 우리가 아이들과 하고 싶은 것과 같다. 그러나 그것은 단지 예측된 일에 대한 정보를 준다. 놀이의 선물은 예측하지 못한 것을 다루는 방식을 가르쳐주는 것이다.

그것은 놀이에 관한 또 다른 수수께끼를 설명하는 데 도움이 된다. 놀이는 왜 즐거운가? 왜 우리는 놀이 같은 행동들에서 특별한 즐거움을 느끼는가? 목표지향적 행동이 가치가 있다는 것을 배우기는 쉽다. 무엇보다 목표에 도달하면 보상을 얻는다. 그러나 동물이나 아이들이 진화가 예측하지 못했던 상황을 다룰 수 있다고 확신하는가? 우리 모두는 끊임없이 예측하지 못한 일에 직면한다. 그것은 망가진 무릎일 수도, 새로운 레슬링(혹은 희롱하는) 움직임일 수도, 인간 동료의 어떤 심리적 놀람일 수도 있다. 공학 연구는 로봇이나 동물이나 아이에게 놀 기회—광범위하게 탐색하고 무작위로 행동하고 우스꽝스럽고 아무 이유 없이 어떤 일을 할 기회—를 주는 것이 해결책이라고 제안한다.

그러나 그러려면 결과와 관계없이 그 자체를 즐길 필요가 있다. 그것은 성관계에서 일어나는 것들과 어느 정도 유사하다. 내적 관점에서 우리는 즐거움을 위해 성관계를 갖는다. 아기는 단지 부작용이다. 그러나 진화적 관점에서는 정반대다. 생식이 최종 목표이며 성관계에서 오는 즐거움은 인센티브일 뿐이다.

놀이가 우리에게 강한 인지적 기능을 줄 것이라고 생각하기 때문에 노는 것이 아니다. 비록 놀이에 진화적 동기가 있을지라도. 우리는 단지 재미있기 때문에 논다.

훨씬 많은 연구를 해야 하지만 놀이와 학습은 조화를 이룬다. 앨리스 먼로의 독자도 그렇고 쥐들도 그렇다. 아이들의 놀이는 분명히 중요하다. 그러면 양육자들의 역할은 무엇인가? 부모들은 아이들이 더 잘 놀도록 도울 수 있는가?

우울한 미스 해비샴 방식은 실제로 어른들이 놀이하는 방식이다. 엘리자베스 보나위츠와 동료들은 팝비즈 실험들의 놀이 같은 탐색적인 학습을 학교의 직접적인 지도와 비교했다. 그들은 취학전 아이들에게 서로 다른 기능의 여러 플라스틱 관이 있는 장난감을 주었다. 어떤 관을 밀면 호출기에서 끽 소리가 났고, 다른 관에는 숨겨진 거울이 달려 있고, 세 번째 것은 불을 켰고, 네 번째 것은 음악을 연주했다.

실험자는 아이들 중 절반에게 장난감을 소개하고, "오, 이 멋진 장난감을 봐! 이런!"이라고 말했다. 그런 다음 그녀는 '우연히' 관에 부딪쳤고 호출기에서는 끽 소리가 났다. 다른 절반의 아이들에게는 교사처럼 행동했다. 그녀는 말하기를 "오, 내 멋진 장난감을 봐! 그것이 어떻게 작동하는지 보여줄게." 그리고 의도적으로 호출기에서 끽 소리를 내게 하는 관을 밀었다. 그런 다음 그녀는 그 장난감을 가지고 놀도록 아이들을 혼자 남겨두었다.

두 집단의 아이들 모두 즉각적으로 호출기에서 소리가 나게 했다. 그들은 호출기의 작동방식을 학습했다. 질문은 아이들이 그 장난감의 다른 기능들에 대해서도 배울 것인지였다. 실험자가 장난감을 우연히 작동했을 때 아이들은 마음을 빼앗겼고 놀이를 했다. 무작위로 여러 다른 행동을 시도함으로써 그들은 장난감이 할 수 있는 모든 일을 발견했다. 그러나 실험자가 교사처럼 행동했을 때 아이들은 호출기에서 소리가 나게 할 수 있었다. 그런 다음 새로운 것을 시도하는 대신에 지겹도록 되풀이해서 끽 소리가 나게 했다.

실험자가 의도적으로 가르치려고 했을 때보다 우연히 호출기에서 소리가 나게 했을 때 아이들은 장난감을 더 오래 가지고 놀았고, 여러 다른 행동들을 더 많이 시도했으며, '숨겨진' 특징들을 더 많이 발견했다.

따라서 가르침은 양날의 검이다. 앞에서 보았듯이 아이들은 놀랄 정도로 자신들이 가르침을 받고 있다는 사실에 민감했다. 가르침은 아이들이 장난감의 모든 가능성들을 발견하는 것을 방해했다. 아이들은 스스로 무언가를 발견하기보다 교사를 모방하는 데 열심이었다.(나와 같은 대학교수들은 이런 증상이 성인기까지 계속된다는 것을 알고 있을 것이다.)

모방에 관한 장에서 묘사했던 세 가지 행동 실험을 기억하는가? 그 실험에서 네 살 아이들은 어른이 복잡한 순서로 장난감을 조작하는 것을 보았다. 장난감을 흔들고 꽉 쥐어짠 다음 고리를 당긴다. 혹은 두드리고, 버튼을 누른 다음 뒤집는다. 때로는 장난감에서 음악이 나오고 때로는 나오지 않는다. 사건들의 패턴은 기계를 작동시키는 방식이 훨씬 더 단순하다는 것을 보여준다. 예를 들면 단지 고리를 당기면 끝이다.

어른이 장난감의 작동방식을 모른다고 말했을 때 아이들은 지적인 전략을 발견했다. 그러나 어른이 교사처럼 행동하고 장난감의 작동방식을 보여주었을 때 아이들은 교사의 행동을 모방했다.

그러면 어른 교사들은 항상 일을 엉망으로 만드는가? 반드시 그렇지는 않다. 본질적으로 자발적 놀이는 방향이 없고 변하기 쉽다. 그러나 만일 학교에서 하는 것처럼 아이들에게 특별히 무언가를 가르치고 싶다면 어떤가?

한 연구에서 연구자들은 취학전 아이들에게 어려운 기하학적 개념, 즉 도형 개념을 가르치려고 노력했다. 취학전 아이들은 기하학에 중요한 형태의 기본 원리를 아직 모른다. 그들은 삼각형은 세 면이 있는 형태이며 길이가 길든 짧든, 각이 예리하든 둔하든 상관없다는 것을 알지 못한다.

연구자들은 네 살 아이들에게 서로 다른 형태가 그려져 있는 카드 한 세트를 주었다. 정삼각형이나 사각형 같은 전형적인 형태와 평행사변형 같은 드문 형태들이다. 한 집단은 단지 그 카드를 가지고 놀게 했다.

두 번째 집단의 경우, 실험자들이 놀이에 참여했다. 그들은 탐정 모자를 썼고 형태의 비밀을 찾아낼 것이라고 설명했다. 그런 다음 삼각형과 오각형 집단을 가리켰고 아이들에게 공통된 비밀을 찾아내게 했다. 아이들이 대답을 하면 어른들은 그들의 말을 정교하게 묘사했고 게임의 일부로서 질문을 했다. 나는 어기의 호랑이와 요정들에 대해 같은 방식으로 정교하게 묘사했다. 아마도 어기는 스스로 타이탄이나 아리엘이라는 이름을 찾아내지 못했을 것이다.

세 번째 집단의 경우, 실험자들은 교사처럼 행동했다. 그들은 두 번째 집단의 실험자들과 같은 것을 말했다. 그러나 아이들이 스스로 비밀을 찾도록 격려하기보다 그것이 무엇인지 말해주었다.

일주일 후 연구자들은 아이들에게 새로운 형태들을 기하학적 규칙을 따르는 '진짜' 형태와 그렇지 않은 '가짜' 형태로 분류하게 했다. '안내된 놀이' 조건인 두 번째 집단의 아이들은 다른 두 집단보다 훨씬 더 잘했다. 그들은 형태의 성질을 더 깊게 학습했고, 원리들을 더 완벽하게 이해했다.

이런 안내된 놀이는 교사와 교육자들을 위한 모델이 되었다. 과학자들은 이런 종류의 상호작용을 '발판화'라고 했다. 어른은 아이를 위한 지식을 만드는 것이 아니다. 대신에 어른은 발판을 만들고, 그 발판은 아이가 스스로 지식을 만들도록 돕는다. 안내된 놀이의 이런 작업은 앞에서 묘사했던 아이들의 학습이나 듣기 작업과 유사하다.

양육자들이 아이들을 놀게 하거나 혹은 그들이 어떻게 놀지를 통제하지 않고 놀이에 기여할 수 있는 방식들은 많다. 첫째, 동물 연구들에서 나온 중요한 교훈이 있다. 놀이는 끔찍한 환경에서도 등장하는 인간 아동기의 기본적 부분이다. 아이들은 나치 강제 수용소의 공포 속에서도 놀이를 했다. 그러나 분명히 놀이는 안정되고 안전한 환경에서 번성한다. 양육자들이 그런 환경을 만들기 위한 자원들을 발견할 때 다른 사람들보다 더 중요한 역할을 한다. 그것은 쉽지도 특별히 재미있지도 않으며, 우리 중 누구도 완벽하게 할 수 없다. 그러나 그것은 아이들이 놀게 하는 선물이다.

둘째, 양육자들은 아이의 세계를 풍요롭게 한다. 아이들은 문화에 따라 다른 놀이를 하는데 부분적으로 놀잇감이 다르기 때문이다. 막대기, 돌멩이, 옥수숫대부터 아이패드까지. 어른들은 그런 놀잇감들을 제공할 수 있다. 어른들은 아이들에게 특정 문화의 도구들에 숙달할 기회를 줄 수 있다. 새끼들에게 막대기와 나뭇잎을 가지고 놀게 하는 어미 까마귀처럼.

〈와이어드〉 매거진은 시대를 초월한 가장 좋은 장난감 상을 막대기에게 수여했다. 그것은 취사도구(솥과 냄비들), 물통과 화분, 금붕어와 애벌레, 심지어 아이폰과 태블릿에 결합될 수 있다.

어른들은 때로 스스로 놀이에 참여한다. 만일 아이들이 다른 사람들의 마음을 탐색한다면 실제 타인들의 실제 마음은 가장 좋은 장난감이다. '안내된 놀이'는 좋은 예다. 어른들은 아이들이 앞장서는 것을 허락하지만 제안을 하거나 정교하게 한다.(그리고 우스운 탐정 모자를 쓴다.)

그러나 아이들과 함께 노는 것이 더 중요한 이유가 있다. 놀이는 실제로 어른들에게도 재미있다. 그것은 아이들의 성장에 필요한 자원을 모으는 별로 재미있지 않은 작업에 대한 작은 보상이다. 분명히 나도 어기만큼 정원에 있는 요정들을 즐긴다. 만일 그렇지 않았다면 그런 멋진 앙증맞은 게임을 했을 가능성은 거의 없을 것이다. 나는 카펫 위에서 라이트닝 맥퀸 차 경주를 하지도, 가짜 수프를 만들기 위해 오래된 솥에 블록들을 채우지도, 악명 높은 사고뭉치 어린 원숭이 다섯 마리처럼 침대 위에서 점프를 하지도 않았을 것이다. 조지와 함께하는 까꿍놀이와 '거미가 줄을 타고 올라갑니다'도 매우 재미있다. 조지 특유의 전염성 있는 키득거림과 함께라면 더욱더.

역설적이게도 현대 중산층 부모들은 양육 작업의 일부라는 확신이 있을 때만 스스로에게 놀이 자격증을 준다. 미국은 청교도적인 구석이 있는 것으로 유명하다. 우리는 다른 문화들에서는 단순한 즐거움인 음식, 걷기와 성관계를 힘든 작업 프로젝트들로 바꾸는 재주가 있다. 스파게티와 토마토를 먹는 대신 지중해식 다이어트를 하고, 저녁식사 후 산책 대신 에어로빅 하이킹을 하고, 성관계의 즐거움 대신 성관계의 기쁨을 연습한다.

아이들이 자발적으로 무작위로 스스로 놀게 하는 것은 그들의 학습을 돕는다. 그러나 진화적 이야기의 또 다른 부분에서 놀이는 그 자체로 만족스런 것이다. 아이들뿐 아니라 부모들을 위한 기쁨, 웃음, 재미의 원천이다. 만일 다른 합리적인 이유가 없다면 놀이의 순수한 즐거움은 정당화의 이유로 충분하다.

지금까지 나는 대체로 여섯 살 정도까지의 어린아이들에 대해 이야기해왔다. 어린아이들은 특히 변하기 쉽고, 창의적이고, 완전히 엉망이며, 그들을 돌보는 것은 부담이 크다. 하지만 아이들이 나이가 들면 무슨 일이 일어날까?

물론 우리 아이들의 경우 중요한 사건은 학교다. 학교는 나이 든 아이들의 양육자다. 심리학 교재는 마치 학교가 기본적인 생물학적 차이를 정의하는 것처럼 학령전기와 학령기로 나눈다. 그러나 '학교교육'은 실제로 '양육'보다 약간 더 오래된 것이다. 수백 년 전부터 존재했을 뿐이다. 인간 역사에서 눈 깜박할 사이이다.

현대 양육 딜레마와 학교교육의 딜레마 간에는 유사점이 있다. 부모들처럼 교육자들은 학습과 발달에 대한 과학적으로 부정확한 그림을 그린다. 사실 그들은 같은 부정확한 그림을 공유한다. 오해의 소지가 있는 아이디어는 교육이 아이를 특정한 어른이 되도록 조형해야 한다는 것이다. 특히 놀랄 정도로 널리 퍼진 표준화된 시험이 좋은 예다. 학교의 임무는 표준화된 시험들에서 좋은 점수를 받는 아이들을 만들어내는 것이다.

적어도 양육 프로젝트는 아이가 행복하고 성공적인 어른이 되는 것 같은 의미 있는 목표가 있다. 비록 그런 목표들을 성취하는 법에 대한 분명한 처방전은 없을지라도. 그러나 원칙은 아니지만 실제로 학교교육은 높은 시험 점수, A등급과 상급학교 입학 허가와 같은 임의적 목표들을 성취하는 것으로 끝난다.

양육에 대한 오해는 학교교육에 대한 오해와 비슷할 뿐만 아니라 서로 상호작용한다. 학교교육이 성공으로 가는 열쇠인 세상에서 양육은 어쩔 수 없이 학교에서 아이들의 성공을 보증하는 것에 초점을 맞추게 된다.

만일 학교가 나이 든 아이들에 대해 잘못된 그림을 그린다면 옳은 그림은 무엇인가? 과학적 관점에서 볼 때 학습은 절대로 시험 점수가 아니다. 학습은 주변 세상의 현실을 좇는 것이다. 모든 아이들은 그 그림을 사용해서 자연스럽게 세상에 대한 정확한 그림을 그리고, 예측하고 설명하고 대안을 상상하고 계획을 세운다. 그들 모두 세상을 이해하기를 원하고 또 이해해야 한다.

그러나 여섯 살 아이들은 어린아이들과 아주 다른 방식으로 학습한다. 항상 그렇다. 대략 여섯 살과 청소년기 사이의 기간은 영아기나 아동 초기만큼 독특하다. 자연 그대로의 이상하고 시적인 취학전 아이들에서 분별 있고 진지한 일곱 살과 여덟 살 아이들로 진짜 놀라운 변화가 일어난다. 사실 지구상에 여덟 살보다 더 분별 있고 진지한 생명체는 없을 것이다.

취학전 아이들의 진화 과제는 가능한 광범위하게 많은 가능성을 탐색하는 것이다. 이런 탐색을 통해 아이들은 세상이 작용하는 근본 원리들을 발견한다. 이 원리들이 성인기 능력의 버팀목이 된다.

학령기 아이들의 임무는 실제로 스스로 유능한 어른이 되기 시작하는 것이다. 그들의 진화 과제는 자기 문화의 특정 기술들, 특히 사회적 기술들을 연습하고 숙달하는 것이다. 그러나 그들은 여전히 어른 돌봄의 안전한 보호막 안에 있다.

새로운 학습으로의 이런 전환은 학교로의 전환을 통해 강화될 수 있다. 그러나 역사적으로 학교가 발명되기 전 시기들 동안 그리고 학교가 일반적이지 않은 문화들에서, 사람들은 여섯 살이나 일곱 살 무렵에 무언가 변화가 있다는 것을 인식했다. 역사적으로 이때는 아이들이 비공식적 견습생, 즉 사냥꾼, 기사, 요리사가 되는 학습이 시작되는 때다. 아이들이 실제로 일했던 시기로 돌아가면 그들의 직업생활이 시작된 때였다. 그리고 첫 영성체—전통적인 가톨릭의 '이성의 시대'의 여명—같은 의식들은 새로운 삶의 단계를 표시한다. 영구치와 함께 새로운 어른의 책임을 진다.

우리가 더 어린 아이들에서 보았던 어떤 종류의 학습은 나이

든 아이들에서도 계속 중요하다. 어린아이들뿐 아니라 나이 든 아이들은 세상의 작용방식에 대한 직관적 이론들을 만들고 수정한다. 그들은 자발적으로 새로운 물리학, 생물학, 심리학의 개념들을 발달시킨다. 예를 들면 열 살 무렵에 밀도 개념이 발달하고 밀도를 무게와 구분하기 시작했다. 여섯 살과 일곱 살 아이들은 새로운 방식으로 생물학을 이해하기 시작한다. 네 살 아이들은 죽음을 단순히 다른 장소로의 이동이라고 생각하는 반면, 나이 든 아이들은 죽음은 되돌릴 수 없는 과정이라는 비극적인 이해가 발달한다. 특히 애완용 물고기가 있거나 농장에서 산다면 그럴 것이다. 나이 든 아이들은 또한 빈정거림과 양가성과 같은 미묘한 심리적 개념들을 이해하기 시작한다. 그들은 당신이 어떤 말을 할 때 그 말의 의미가 전혀 다를 수 있다는 걸 안다. 혹은 슬픔과 기쁨을 동시에 느낄 수 있음을 안다.

일곱 살과 여덟 살 아이들은 아기와 학령전기 아이들처럼 매우 흥분한 상태로 탐색과 발견에 참여한다. 나이 든 아이들은 지적인 모방과 관찰학습을 잘한다. 그들은 사람들의 다양한 진술들을 이해한다. 주변 어른들로부터 들은 모순되는 많은 정보들이다. 다양성, 어수선함, 놀이는 계속해서 아이들이 견고하고 유연하고 창의적인 방식으로 학습하는 데 도움이 된다.

그러나 학령기 아이들은 발견학습보다 숙달학습을 한다. 숙달학습에서는 이미 알고 있는 것을 가지고 그것을 두 번째 본성으로 만들지만 새로운 것을 많이 학습하지는 않는다. 옛 문제에 대한 해결책을 잘 알고 있어서 그것에 대해 생각하지도 않고, 노력 없이 빠르고 효과적으로 기술들을 수행한다. 숙달학습은 탐색이 아니라 개발이다.

두 유형의 학습 간에는 주고받는 거래가 있다. 아이들은 때로 어른들보다 더 쉽게 새로운 일들을 배우며, 마찬가지로 취학전 아이들은 어떤 종류의 학습을 학령기 아이들보다 더 잘한다. 특히 학령기를 거치면서 아이들의 지식은 점점 더 몸에 익고 자동적이 된다. 그리고 아이들은 더 효과적으로 그에 따라 행동한다. 그러나 바로 그 이유 때문에 변하기가 더 어려워진다.

어떤 의미에서 숙달학습은 더 영리해지는 것이 아니라 더 어리석어지는 것이다. 이미 학습한 것은 자동적이고 무의식적인 과정이 된다. 이것은 새로운 발견들에 주의하거나 생각하지 않게 한다.

숙달을 촉진하는 활동들은 발견을 촉진하는 활동들과는 다르다. 지식을 자동적으로 만드는 것은 당신을 카네기홀로 가게 할 것이다. 연습, 연습, 연습. 특정 정보를 사용하거나 특정 기술들을 반복함으로써 인간은 결국 전혀 생각할 필요 없는 지점에 도달한다. 이런 종류의 연습은 바바라 로고프가 연구한 과테말라 같은 환경에서 자연스럽게 일어난다. 1년 동안 매일 토르티야를 만들면 아주 잘할 수 있게 될 것이다. 같은 것이 우리 문화의 아이들에게도 진실이다. 부유하든 가난하든 아이들은 몇 시간 동안 하는 비디오 게임에 놀랄 정도로 능숙해진다.

두 종류의 학습에 포함되는 근본 기제들과 뇌 영역들은 서로 다른 듯하다. 아이들은 가장 똑똑한 어른들만큼 혹은 그보다 더 발견학습을 잘한다. 그러나 숙달학습은 나이가 들면서 더 잘하는 듯하다. 특히 앞에서 보았듯이 아이들은 나이가 들면서 뇌의 집행부인 전전두 영역이 뇌의 나머지 부분들을 점점 더 많이 통제한다. 아기와 어린아이들은 흥미롭고 정보가 많은 것에 주목하고, 그 결과 학습한다. 그러나 나이가 들수록 학습은 더 많이 특정 목표를 향한다. 숙달학습은 어린아이들에게는 불가능한 일종의 통제된 집중을 요구한다.

다른 변화들도 숙달학습의 출현에 기여한다. 신경 연결은 광범위하게 가지치기가 된다. 많은 연결들이 사라진다. 남아 있는 신경 연결들, 특히 자주 사용되는 연결들은 점점 더 수초라는 물질로 덮이는데 수초는 연결들을 더 효과적인 전도체로 만든다. 동시에 뇌는 점점 더 전문화된다. 어린아이들은 전형적으로 과제 해결을 위해 나이 든 아이나 어른들보다 더 많은 영역들을 사용한다.

이 모든 변화들은 어린 뇌를 변형시킨다. 취학전 아이들의 뇌는 매우 유연하고 쉽게 변하지만 소란스럽기도 하다. 학령기 아이들의 뇌는 훨씬 더 효과적이고 효율적이지만 더 경직되어 있기도 하다.

숙달학습은 부분적으로 이런 변화들 때문에 가능하지만 기술을 숙달하게 하는 연습과 통제의 경험들은 뇌를 변하게 할 수 있다. 계속 반복해서 같은 신경 연결들을 만들 때, 예를 들어 반복적으로 피아노로 음계들을 연주할 때 그런 연결들은 더 강해지고 더 효과적이 된다. 야구공을 반복해서 던지는 것이 어깨 근육을 강화하는 것과 같다. 그러나 그것들은 점점 더 변하기 힘들어진다. 아마도 두 종류의 변화는 서로 상호작용하는 듯하다. 뇌의 변화는 새로운 경험들을 할 가능성을 높이고, 이 경험들은 뇌를 다시 조형한다.

| 도제 기간 |

숙달은 어떻게 일어나는가? 대부분의 인간 역사에서 아동 중기의 학습은 도제교육이며, 학교교육이 아니다. 아이들은 가족 내에서 비공식적으로 혹은 가족 밖에서 더 공식적이고 더 늦게 기술들을 숙달하는 학습을 한다. 대부분의 사람들은 채집인이거나 농부였으며, 아이들은 채집하거나 농사짓는 것을 도우면서 배웠다. 그들은 여전히 그렇게 한다. 아이들은 또한 상업과 수공업을 숙달하기 위한 견습생이 되어 보다 전문화된 기술들을 학습했다.

미취학 아이들이 주변 사람들을 모방할 때 도제학습이 시작된다. 인류학자들과 문화심리학자들은 아주 어린 걸음마기 아이들도 부모들은 말할 것도 없고, 자신이 본 어른들의 행동 모두를 능숙하게 모방한다고 입을 모은다. 마체테를 다루는 것부터 팬케이크를 만드는 것까지. 미취학 아이들은 기본적으로 어른의 기술들로 놀이를 하는 반면, 학령기 아이들은 그것들을 성실하게 숙달하기 시작한다. 두 살 아이들과 함께 팬케이크를 만드는 일은 혼자 하는 것보다 훨씬 번거롭다. 그러나 여덟 살이나 아홉 살이 되면 아이들은 실제로 가족 경제에 기여할 수 있다. 도제교육은 놀이인 동시에 일이다.

학령기 아이들은 어린아이들처럼 관찰하고 모방한다. 그러나 독특한 시행착오 주기를 거치면서 특별히 숙련된 어른들과 상호작용할 때 잘 배운다. 견습공은 장인을 주의 깊게 보고, 그 기술의 단순한 부분을 시도한다. 육수 냄비를 젓거나 패턴을 자르거나 목공틀을 대충 그릴 수 있다. 그런 다음 장인은 (대개 매우 비판적으로) 견습공이 한 것에 대해 지적하고 다시 하게 한다. 모방과 연습, 비판의 각 라운드를 지나면서 학습자는 점점 더 숙련되고 점점 더 복잡한 부분을 소화해낸다.[베샤멜 소스, 보디스의 다트(재봉에서 옷이 몸에 잘 맞게 하기 위해 솔기가 드러나지 않도록 천에 주름을 잡아 꿰맨 부분-옮긴이), 장부맞춤(사각형 장부 구멍에 다른 부재의 섬유 방향으로 된 장부를 끼워 맞춘 접합-옮긴이) 등]

도제학습은 엄격한 연습을 요구한다. 일본의 선 이야기에 수련자 마타유로가 나온다. 그는 위대한 검도 스승 반조의 지도를 받고자 필사적이었다. 반조는 지도해주는 대신 그를 주방으로 보내 채소를 준비하도록 했다. 첫째 날 마타유로가 무를 썰고 있을 때 반조가 경고도 없이 갑자기 나타나 커다란 나무 검으로 탁 소리가 날 정도로 그를 때렸고, 아무 설명이 없었다. 이런 일이 수개월 동안 계속되었고, 매번 반조는 더욱 예측할 수 없는 순간에 나타났다. 3년이 다 될 무렵 주방에 있는 마타유로는 끊임없이 경계했고, 뒤꿈치를 든 채로 서서 어떤 순간에도 대처할 준비를 했다. 그제야 반조는 마타유로가 훈련을 시작할 수 있다고 말했다. 물론 마타유로는 일본에서 가장 위대한 검객이 되었다.

내가 아는 저널리스트는 라디오 뉴스 작성하는 것을 배우는 과정에 대해 비슷한 이야기를 했다. 그는 적막한 오버나이트 뉴스룸에서 가장 어리고 지위가 낮은 카피라이터로 시작했다. 웅얼거리고 반쯤 취한 아주 괴팍한 나이 든 편집자는 텔레타이프 기계에서(이건 정말 오래전이다.) 기사 한 장을 찢어 신출내기에게 주며 라디오 스크립트로 쓰라고 말했다. 그는 미친 듯이 스크립트를 타이핑해서 끝낸 원고를 편집자에게 돌려주었다. 다섯 번 중 네 번 편집자는 끙 앓는 소리를 냈다. "이건 쓰레기야."라며 휴지통으로 던져버렸다. 그러나 때로 편집자는 끙 앓는 소리를 내고 인박스로 던졌다. 점진적으로 편집자는 이야기들을 약간 더 많이 채택했고 약간 더 적게 거부했다. 마침내 절반 이상이 인박스로 들어갔다. 검객 도제처럼 저널리스트는 라디오 뉴스를 어떻게 쓰는지 배웠음을 깨달았다.

물론 이것이 정확하게 학교교육에 이상적인 방식인지는 분명치 않다. 그러나 이런 이야기들은 도제교육이 숙달로 이끄는 방식에 대한 교훈이 있다. 효율적인 많은 교사들은 현대 학교에서도 도제교육의 요소들을 이용한다. 그러나 역설적이게도 이런 교사들은 필수 수업이 아닌 '과외' 수업에서 발견될 가능성이 높다. 엄격하지만 사랑이 많은 야구 코치나 요구가 많지만 열정적인 음악 교사는 아이들이 이런 방식으로 배우게 한다.

빈곤한 도심 지역 아이들은 스포츠와 음악을 중시하는 경향이 있다. 이런 기술들은 수학이나 과학보다 실제로 살아가는 데 도움이 될 가능성이 더 적다. 이것은 비현실적인 문화적 기대를 반영한다. 그러나 내 생각에 스포츠와 음악이 수학이나 과학, 문학보다 도제교육을 통한 가르침을 받을 가능성이 훨씬 더 높다.

발레나 야구는 도제식으로 가르침을 받아야 하는 반면, 과학과 수학은 그러지 말아야 할 특별한 이유가 없다. 어느 과학자의 말처럼 우리의 직업은 피아노나 테니스처럼 어렵게 얻은 기술과 같다. 과학을 가르치는 대학원에서 우리는 요리사나 재단사와 똑같은 방법을 사용한다. 학생들은 보고서의 쉬운 부분을 쓰거나 큰 연구의 하위 연구를 설계하는 것으로 시작하며 서서히 스스로 완전히 독창적인 실험을 하면서 졸업한다. 내가 나무 검을 휘두르거나 쓰레기통에 버리는 것은 아니지만 학생 논문에 대한 나의 '경로 변경' 논평은 매우 혹독할 수 있다.

나의 다른 직업인 글쓰기도 같은 방식이다. 특히 좋은 편집자와 함께 반복해서 글을 쓰며 글 쓰는 법을 배워야 한다.(존 케네스 갤브레이스는 비평가들이 좋아하는 자연스러움은 대체로 아홉 번째 원고에서 완성된다고 한다.)

그러나 얼마나 많은 학령기 아이들이 실제로 과학이나 수학, 에세이 쓰기를 연습하거나 혹은 직업으로 과학자나 수학자, 작가가 되는가? 얼마나 많은 공립학교 교사들이 과학이나 수학이나 글쓰기를 평균적인 코치가 야구를 잘하는 것만큼 잘하는가? 그리고 교사들이 전문가일 때도, 얼마나 많은 아이들이 실제로 교사가 에세이를 쓰거나 새로운 과학 실험을 설계하거나 낯선 수학 문제를 해결하는 작업을 보는가?

만일 우리가 과학을 가르치는 방식으로 야구를 가르친다면 어떨지 상상해보라. 열두 살이 될 때까지 아이들은 야구 기법과 역사에 대해 읽고, 때로 영감을 주는 위대한 야구 선수들에 대한 이야기들을 듣는다. 그들은 야구 규칙에 대한 퀴즈들을 풀 것이다. 학부 학생들은 엄격한 감독 하에 유명한 역사적 야구 경기를 재현하라는 지시를 받는다. 그러나 실제로 게임을 하는 것은 대학원의 두 번째나 세 번째 해일 것이다. 만일 이런 방식으로 야구를 가르쳤다면 현재 아이들의 과학 점수에서 보는 정도의 성공을 리틀 리그 월드 시리즈에서나 기대할 수 있을 것이다.

마타유로와 카피라이터는 검객 SAT나 카피라이팅 기말시험을 통과하기 위해 배우는 것이 아니다. 그들의 학습은 과정과 결과로 분리될 수 없다. 야구하기를 배우는 것은 당신에게 야구 선수가 될 준비를 시키는 것이 아니다. 그것은 당신을 야구 선수로 만든다.

| 학 업 기 술 들 |

일반적으로 학교들이 도제교육을 대체했다. 보편적인 공공 학교교육은 산업혁명과 함께 최근에 발명되었다. 학교는 사람들이 산업사회에서 성공을 하는 데 기본적인 새로운 기술들을 갖게 하기 위해 고안된 것이다. 학교는 아이들이 읽기·쓰기·연산의 기술적 세부 사항들을 숙달하게 하기 위해 발명되었다. 그리고 결과적으로 아이들의 양육자가 인류 역사상 처음으로 일하는 동안 떨어져 있는 아이들에게 보호받는 피난처를 제공하게 되었다.

이런 학업 기술들은 대단히 중요할 수 있지만 그 자체로는 의미가 없다. 글자와 소리 간의 인위적 대응이나 구구단 같은 곱셈 학습이 포함된 본질적인 발견은 없다. 자연 환경에서 어느 누구도 그런 대응을 찾거나 그런 절차들을 따를 생각을 해보지 않을 것이다.

그럼에도 이 기술들이나 유사한 다른 기술들을 숙달하기와 자동적이고 수월하게 분명한 방식으로 숙달하기는 틀림없이 필요했고, 현재도 필요하며, 앞으로도 계속 필요할 것이다.(그렇지만 컴퓨터 시대에 연산 기술은 분명히 코딩과 프로그래밍 기술들로 대체되어야 한다. 키보드 작업이 이미 손글씨를 대체하고 있는 것과 같다.) 이 기술들은 훨씬 더 넓은 세계에서 학습 능력을 연습할 수 있게 하기 때문에 필수적이다. 독서는 가까이에 사는 전문가들만이 아니라 과거의 모든 인간 전문가들로부터 배울 수 있게 한다. 단어를 소리에 대응시키거나 혹은 덧셈표를 외우는 무의미한 기술들을 숙달하는 것은 이후 에세이를 쓰거나 과학적 가설들을 검증하거나 혹은 통계 패턴을 분석하는 중요한 기술들을 숙달하게 해준다.

문제는 아이들의 타고난 학습 능력들이 이런 부자연스런 기술들의 숙달을 위한 지렛대 역할을 하게 만드는 방법이다. 이것은 중요하고 힘든 도전이며, 심리학자들은 수십 년 동안 그것을 위해 일하고 있다. 예를 들면 우리는 난독증 같은 읽기 장애들은 대체로 말소리를 분석할 때 겪는 어려움과 관련 있음을 알게 되었다. 말하기 위해 미세한 방식으로 소리를 분석할 필요는 없다. 그러나 소리를 글자에 대응시키고 싶다면 분석이 필요하다. 같은 방식으로, 심리학자들은 아주 어린 아이들의 수에 대한 직관적 이해와 정확한 수학적 계산 간에 연속성이 있음을 발견하기 시작했다.

초등학교에서 많은 아이들의 문제는 그들이 충분히 똑똑하지 않다는 것이 아니라 충분히 어리석지 않다는 것이다. 그들이 읽기·쓰기·연산과 같은 기술들을 분명하고 자동적인 방식으로 숙달할 수 없었다는 것이다. 이것은 특히 읽기와 쓰기를 연습할 자연스런 기회가 없었던 아이들에게 진실이다. 중산층 가정에서 읽기와 쓰기는 과테말라 마을에서 토르티야를 만드는 것만큼 아주 흔한 일이다. 어기는 두 살도 되기 전에 자발적으로 책을 변기로 가져갔었다. 그러나 빈곤한 가정의 장면은 매우 다르다. 사실 학교에서의 읽기 수행을 가장 잘 예측하는 요인은 아이들이 집에서 얼마나 많은 말을 듣고 얼마나 많은 책을 접하는가라는 증거가 있다.

그러나 읽기·쓰기·연산 같은 학습 기술의 숙달은 그 자체가 목적이 아니다. 새로운 발견을 위한 수단이다.

물론 교육을 심각하게 생각하기 시작한 때부터 사람들은 아동기의 특징인 자연스런 발견이나 호기심과 학교 학습 간의 불일치를 알아챘다. 그런 관찰이 '탐구학습'에 기초한 많은 '진보적인' 대안적 형태의 교육을 뒷받침한다. 우리는 이제 막 과학적으로 이해하기 시작했지만 많은 학교 교사들은 직관적으로 발견학습을 인정했다. 과학자들에 앞서 유치원 교사들이 직관적으로 가장놀이를 인정했던 것과 같다.

그러나 대부분의 학교에서는 아이들이 체육관 밖에서 발견할 기회가 제한되었을 뿐 아니라 진짜 숙달을 할 기회가 없다는 것을 지적하는 것은 가치가 있다. 학교들은 발견을 촉진하는 기관이 아니며 도제교육 센터도 아니다.

대신에 학교가 가장 잘하는 것은 아이들에게 학교에 가는 법을 가르치는 것이다. 학령기 아이들은 어른의 기술들에 마음을 빼앗기고 도제학습으로 마음이 기운다. 그들이 주변 어른들에게 가장 중요한 활동들을 모방하고 연습하는 것은 자연스런 일이다. 의도적이든 아니든 그것은 학교에서 집중하고 시험보고 성적을 얻는 것을 의미한다.

가장 나쁜 경우, 그 기술들은 많은 아이들에게 단지 이상하거나 불가능하다. 그러나 가장 좋은 경우, 즉 높은 성취를 한 아이들의 경우에도 단지 학교에 가는 법을 배우도록 아이들을 학교에 보내는 것이 좋은 생각인지 의심스럽다.

많은 버클리 학부생들이 우리 수업을 듣는 시기가 되면 그들은 완전히 시험보기 마타유로들이 된다. 그들에게 실제로 도제 과학자나 학자가 되라고 요구할 때 우리가 깊이 실망하는—그들은 분개하고 놀란다—것은 놀랄 일도 아니다. 물론 숙련된 어른들은 계속해서 어려운 문제들에 직면한다. 그러나 시험 통과는 그중 하나가 아니다. 세상에서 최고 수험자가 되는 것은 그 세상에 대한 새로운 진실이나 그 속에서 발전하는 새로운 방식들을 발견하는 데 큰 도움이 되지 않는다.

| 다르게 생각하기 |

이것은 학교교육과 학습이 잘 조화되지 않는 또 다른 측면이다. 인간 아이들은 모든 종류의 새롭고 여러 다른 아이디어와 행동들을 시도한다. 그러나 아이들은 서로 매우 다르다. 태어날 때부터 다양한 기질과 흥미, 강점과 약점을 갖는다. 심지어 같은 가족 내에서도 그렇다. 앞에서 보았듯이 진화적 관점에서 이런 다양성은 유연성과 강건함으로 가는 통로다. 분명히 공동체, 마을, 나라는 변화하는 환경을 다룰 수 있다. 그것은 문화적 진화 능력을 위한 처방이다.

그러나 목표지향적인 '학교교육' 관점은 다양성을 약점으로 만든다. 만일 학교가 특정한 특성들을 갖는 아이들을 만들기 위해 고안된 기관이라면 다양성은 약점이며, 강점이 아니다. 사실 가장 나쁜 경우 다양성은 단순히 문제가 아니라 질병이 된다. 학교의 요구를 감당할 수 없는 아이들은 아프거나 결함이 있거나 무능력한 사람으로 취급받는다. 이런 '질병' 모델은 널리 퍼져 있다. 학교에서 중요한 많은 기술들은 대부분의 타고난 능력이나 성향과 관련이 없기 때문이다.

특히 학교교육은 좁게 집중하는 능력을 요구한다. 교실에서 교사의 말, 단지 교사의 말에만 집중하는 것이 기본이다. 우리는 학문적 학습에 익숙해서 이런 집중이 다른 종류의 학습에도 분명한 전제조건인 것처럼 여긴다.

그러나 바바라 로고프가 연구했던 과테말라 마을의 어른들은 실제로 아이들이 주의를 분산하도록 격려한다. 만일 한 아이가 한 장난감에만 주의를 기울이고 있으면 엄마는 아이의 다른 손에 또 다른 장난감을 놓아준다. 이런 문화의 아이들은 아무도 적극적으로 그들을 가르치지 않을 때도 학습을 잘하게 된다. 그들은 교훈이나 정보가 될 수 있는 주변의 것을 잘 알아차린다. 종이접기 실험을 떠올려 보라. 토착민 아이들은 교사가 다른 아이에게 보여주는 기술 시범을 보는 것만으로 학습한 반면, 서양 아이들은 교사가 분명하게 자신들을 가르칠 때만 학습했다.

아동 초기에서 아동 중기로 전환하는 동안 아이들은 자연스럽게 넓은 주의에서 좁은 주의로 바뀐다. 아이들이 순수한 발견학습에서 숙달학습으로 옮겨가게 하는 것과 같은 뇌 변화가 아이들이 주의를 기울이는 방식을 바꾼다. 집행적 전전두 영역이 뇌의 다른 부위들을 점점 더 통제하게 되면서 주의와 의식 자체가 좁아진다. 주의는 밝은 점과 같다. 세상의 어느 부분은 비추지만 주변 부분은 어둠 속에 남겨둔다.

어린아이들의 의식은 랜턴과 비슷하다. 한 번에 모든 것을 비춘다. 미취학 아이들이 주의를 기울이지 못한다고 말할 때 진짜 의미는 그들이 주의를 기울이지 않는 것을 못한다는 뜻이다. 그들은 방해자극에 주의하지 않는 데 어려움이 있다.

사실 최근 연구들은 어린 아기들은 정확하게 배울 가능성이 높은 환경에서 사건들에 지속적으로 주의를 기울인다는 것을 보여준다. 이 연구들에서 연구자들은 한 살배기들에게 배경과 반대로 움직이는 대상들이 나오는 비디오들을 보여주었다. 연구자들은 특정 비디오에 새로운 정보가 얼마나 많은지를 계산하고 아기들이 각 이미지를 보는 시간을 기록했다. 한 살배기들은 정보가 많은 '스위트 스폿'(배트로 공을 치기에 가장 좋은 곳-옮긴이) 내에 있는 장면들에 더 많은 주의를 기울였다. 이곳은 학습하기에 충분히 복잡하지만 이해할 수 없을 정도로 어지럽지는 않다. 사실 아기들의 주의와 눈 움직임은 그 장면에 얼마나 많은 정보가 있는지를 정교하게 추적했다.

그러나 이런 주의는 학교에서 실제로 정보가 얼마나 많은지와 상관없이 단순하게 수업에 집중할 때의 주의와 아주 다르다.

최근 연구들은 실로시빈 같은 환각약물을 복용한 사람들의 뇌 활동과 아주 어린 아이들의 뇌 활동 간 유사성을 발견했다. 전형적인 뇌에 비해 이런 약물에 노출된 뇌는 덜 통합적이다. 뇌 영역들은 서로 더 독립적으로 활동하며, 집행적 전두 영역은 통제를 훨씬 덜한다. 마치 약물들이 뇌를 미취학 아이의 뇌와 유사한 상태로 퇴행시키는 듯하다.

분명히 이런 약물들은 정확하게 효과적이고 잘 조직된 목표지향적 행위를 위한 처방은 아니다. 그러나 약물들이 안전한 보호 환경에서 통제된 방식으로 투약될 때 정신이 맑은 조건에서는 이용할 수 없는 종류의 유연성, 탐색, 학습—이것들은 어린아이들의 강점이다—을 허용하는 듯하다.

현상학, 즉 이 약물들을 복용한 결과에서 오는 바로 그 경험은 아기와 어린아이들을 연상시키는 광범위한 주의를 포함한다. 습관은 세상의 많은 것을 보이지 않게 한다. 환각물질이나 다른 '확장된 의식'은 세상의 그 부분들에 다시 민감해지게 만든다. 나뭇가지 하나, 민들레 한 송이, 보도의 깨진 틈, 한 음악 작품에 완전히 사로잡히는 능력은 이런 경험구조의 독특한 부분이다. 그것은 어기나 조지에게 세상이 어떤 모습일지에 대한 힌트를 준다.

여기 친숙한 거래가 있다. 광범위한 취학전 아이의 주의는 광범위하고 유연한 학습과 어울리는 반면, 학령기 아이의 집중되고 통제된 주의는 신속하고 숙련된 집행을 할 수 있다.

| 주의력 결핍 장애 |

학교는 평범한 어른의 삶보다 극단적인 형태의 초점화된 주의를 더 많이 요구한다. 많은 아이들은 나이가 들면서 그런 종류의 주의가 발달한다. 그러나 더 많은 아이들은 학령기까지 집중하는 데 계속 어려움을 겪는다.

학교의 출현과 주의력 결핍 장애의 발달 간에는 긴밀한 관련성이 있다. 지난 20년 동안 주의력 결핍 과잉행동 장애ADHD로 진단받은 아이들의 수는 거의 두 배다. 미국인 남아 다섯 명 중 한 명이 열일곱 살이 되면 ADHD 진단을 받는다. 진단받은 아이들 중 70% 이상—수백만 명의 아이들—이 약을 먹는다.

많은 사람들은 ADHD의 폭발적 증가와 학교 수행 강조의 증가 간에 관계가 있다고 의심한다. ADHD 진단이 가파르게 증가했던 20년 동안 더 많은 주에서 시험 점수에 근거해 학교와 교사들을 평가하기 시작했다.

그러나 그런 관련성을 어떻게 증명할 수 있는가? ADHD 진단과 큰 이권이 걸린 시험이 극적으로 증가한 것은 우연의 일치일 수 있다. 스티브 힌쇼와 리처드 셰플러는 이를 검증하기 위해 일종의 '자연 실험'을 했다. 미국의 여러 다른 지역에서 서로 다른 시기에 새로운 교육 정책들이 도입되었다. 연구자들은 몇몇 주에서 고부담 검사가 포함된 새로운 정책 도입 시기와 ADHD 진단 비율 간 관련성을 살펴보았다. 정책들이 도입된 직후 ADHD 진단이 극적으로 증가했다. 게다가 ADHD 진단은 공립학교의 빈곤한 아이들에서 특히 급격하게 증가한다.

높은 시험 점수에 대한 압력을 받고 있을 때 학교들은 ADHD 진단을 권하려는 동기를 의식적이든 무의식적이든 갖게 된다. 약물이 수행이 낮은 아이들의 점수를 더 좋아지게 하기 때문이거나 ADHD 진단이 시험에서 아이들을 배제하는 데 사용될 수 있기 때문이다. 특히 분명하게 학교 직원이 부모에게 ADHD 약물치료를 권하는 것을 금지하는 법이 있는 곳에서는 상응하는 증가가 보이지 않았다.

이런 결과들은 ADHD를 어떻게 생각할지에 대해 시사하는 것이 많다. 우리는 질병과 사회적 문제 간 차이를 알고 있다고 생각한다. 천연두, 폐렴, 신장결석 같은 질병들은 피부가 찢어지거나 바이러스나 박테리아가 침입했을 때 일어난다. 올바른 약물치료를 하면 치유된다. 빈곤, 문맹, 범죄와 같은 사회적 문제들은 제도가 실패할 때—사람들의 성장을 돕는 대신 비참하게 만들 때—생긴다.

ADHD에 대한 많은 논쟁은 그것이 생물학적 질병인지 혹은 사회적 문제인지에 초점이 맞춰져 있다. 그러나 연구는 이런 범주들이 잘못임을 보여준다.

ADHD를 천연두 같은 질병이 아니라 주의 양식의 연속선 상 특정 지점에 있는 것으로 생각해야 한다. 어떤 아이들은 '자연스럽지 않은' 수준의 높은 집중을 하는 데도 어려움이 없다. 다른 아이들은 집중하는 것이 사실상 거의 불가능하다. 대부분은 그 사이에 있다.

그 차이는 사냥꾼, 채집인, 농부에게 크게 중요하지 않았다. 사실 넓은 주의는 실제로 사냥꾼들에게 이득일 수 있다. 그러나 우리 사회에서 그것은 엄청나게 중요하다. 학교는 점점 더 성공에서 필수적이고, 초점화된 주의는 점점 더 학교에서 필수적이다. 항생제가 폐렴을 치료하는 방식으로 각성제가 ADHD를 치료하지는 못한다. 대신 각성제들은 주의 능력을 연속선을 따라 이동시키는 듯하다. 그것들은 때로 중독이나 부작용의 형태로 심각한 대가를 치르지만 일상에서 집중을 더 잘하게 한다.

연속선의 가장 끝에 있는 아이들의 경우, 약물은 성공과 실패 간 차이를 만들 수 있다. 중요할 수 있는 시기에 학교에 열광하는 세상에서 실제로 약물은 아이들이 학교에서 더 잘하게 만든다는 증거가 있다. 그러나 약물이 어떤 아이들의 행동을 단기적으로 변화시킬 수는 있지만 훨씬 더 많은 아이들의 경우 약물은 도움이 되지 못하고 해로울 수 있다. 행동치료는 같은 정도로 효과적이고 훨씬 덜 위험하다. 그리고 약물이 장기적으로 효과가 있다는 증거는 거의 없다.

미취학 아이들을 포함해 점점 더 어린 아이들이 ADHD로 진단될 뿐 아니라 약을 먹고 있다는 사실은 심히 걱정스럽다. 좁은 주의는 성장의 일부일 수 있다. 그리고 넓은 주의는 어리다는 것의 일부다. 고쳐야 할 것이 아니다.

목표지향적 양육과 학교교육의 또 다른 약점들 중 하나는 아동기 자체를 단지 성인기로 가는 중간 기착지로 취급하는 것이다. 어른의 과장된 집중 형태와 비슷하게 되도록 세 살 아이들에게 약물을 투약하는 것은 이런 태도의 극적인 표현이다.

ADHD는 생물학적이기도 하고 사회적이기도 하다. 제도를 바꾸는 것은 아이들이 잘 성장하는 데 도움이 될 수 있다. 학교에 맞추기 위해 아이들의 뇌에 약물을 투약하는 대신 우리는 더 넓은 아이들의 뇌를 수용하도록 학교를 바꿀 수 있다.

| 학교교육과 학습 |

ADHD 문제는 학교가 해결해야 할 도전 과제들 중 가장 극적인 예다. 학교는 아이들이 발견 능력을 지속적으로 연습할 수 있는 장소여야 한다. 학교는 아이들이 실제 세계의 기술들을 숙달할 수 있는 장소여야 한다. 읽기·쓰기·계산하기와 같은 학업 기술들을 숙달할 수 있는 장소여야 한다. 문제는 엄청나게 다양한 아이들의 선천적 학습 능력들을 어떻게 이런 서로 다른 의제들에 맞게 적응시킬 것인가이다.

그러나 학교는 다양성을 더 많이 존중하기보다 오히려 점점 덜 존중하고 있다. 표준화된 시험들을 생각해보라. 평가와 책임(학생 성적에 대한 교사의 책임, 인사 고과의 기준-옮긴이)을 위해 매우 가치 있는 목표들인 표준화된 시험이 필요하다는 것은 당연한 말이 되었다. 표준화된 시험 점수는 아이들을 조형하는 것을 목표로 삼는 학교교육에 대한 목수 그림의 절정이다. 이 목수 그림은 학교가 모든 아이들이 특정 특성들을 가진 생명체가 될 수 있게 설계되어야 한다는 생각이다.

우리는 ADHD에서처럼 의학적 모델을 통해 다양성을 인식한다. 의학적 입장에서 볼 때 학습 장애 혹은 난독증, ADHD로 고통받으며 그로 인해 '정상' 아이들과 다른 대우를 받아야 하는 아이들이 있다. 이 아이들을 진단하는 것은 독채산업(병원 등에서 작은 집단 단위로 수용하는 독채의 집에서 이루어지는 일-옮긴이)이다. 이 진단들을 통해 우리는 다양성을 정상 아이들 집단과 무능력하거나 아픈 아이들 집단이라는 두 개 집단으로 바꾸어버린다. 사실 능력에는 범위와 연속성이 있으며, 다양성을 인식하고 반응하는 방식에 대한 설계는 모든 아이들을 도울 것이다. 아이가 이 진단들을 받았든 받지 않았든.

기이한 것은 평가와 책임은 본질적으로 표준화된 시험과 거의 관련이 없다는 것이다. 우리가 학교를 아이들이 잘 성장하도록 설계된 환경으로 생각했다고 가정하라. 우리가 양육을 안전하고 안정적이며 구조화되고 풍요로운 환경을 설계하는 방식이라고 생각하는 것과 같다. 다양성, 개혁, 신기함이 꽃을 피우는 환경이다. 어느 경우든 판단과 책임감을 버린다는 의미가 아니다. 부모가 중요한 것처럼 학교도 중요하다. 양육자의 돌봄을 평가하는 것처럼 우리는 학교에서도 같은 일을 할 수 있다.

이런 식으로 학교와 교사들을 평가하는 것은 전형적인 평가와는 완전히 다르다. 우리는 각 아이의 시험 점수가 아니라 학교가 아이들을 전반적으로 얼마나 잘 교육하는지에 근거해 판단해야 한다. 교실을 방문하고 거기에서 진행되는 교수와 학습의 질에 대한 점수를 매길 수 있다. 예를 들면 단일 시험 점수가 아니라 교사가 학생들에 따라 다르게 반응하는지와 같은 것이다.

| 놀이터의 사람들 |

인디언 번(혹은 인디언 럽 혹은 차이니스 선번)이 무엇인지 아는가? 다음 문장을 완성하라. '나무 아래 앉아 있는 존과 매리는……' 왜 갈라진 금을 밟지 말아야 하는가? 매년 나는 버클리의 발달심리학 강의에서 학생들에게 이런 질문들을 한다. 해마다 미국 구석구석에서 온 인종과 종교가 다른 학부생들이 약간 부끄러운 얼굴로 놀라울 정도로 같은 대답을 한다. (a) 인디언 번은 팔이 빨개질 때까지 누군가의 팔을 비틀 때다. (b) K-I-S-S-I-N-G. (c) 정말 엄마의 허리를 부러뜨리고 싶지 않다.(금을 밟으면 엄마의 허리가 부러진다는 미신이 있다.-옮긴이)

가장 중요한 아동 중기의 학습은 교실에서는 전혀 일어나지 않는다. 그것은 점심시간이나 휴식시간에 강당이나 혹은 버스를 타면서 일어난다. 학령기 동안 가장 중요하고 가장 도전적인 전환은 양육자들에게 집중된 삶에서 또래에 집중된 삶으로의 전환이다. 또래들은 어른으로서 우리 삶을 지배할 친구와 적, 지도자와 추종자, 연인과 라이벌이다.

역설적으로 이런 종류의 교실 밖 학습은 발달적 관점에서 무엇보다 중요하지만 전형적인 학교교육의 의제는 이런 학습을 산만함이나 문제로 취급한다. 나는 어떤 교사와 대화를 나눈 적이 있는데, 그 교사는 중학교 교실의 아이들은 어렸을 때 가졌던 호기심이나 학습 동기를 더 이상 보이지 않는 듯하다고 한탄했다. "그들은 누가 누구를 좋아하는지 알아내려는 호기심이나 동기가 있나요?"라고 물었다. "오, 물론입니다."라고 대답했고 "그들은 그것을 말하는 데 모든 시간을 소비합니다. 그것이 큰 문제죠."

세 살 아이의 부모와의 관계는 정서적 삶에서 가장 뜨거운 중심이다. 프로이트의 이론들은 현대 발달심리학에서 불신을 받아왔다. 그러나 '가족 로맨스'에 대한 프로이트의 기본 통찰은 놀랄 정도로 견고하다. 아이와 어머니 혹은 아버지 사이의 열렬한 애착에서 나온 오이디푸스 드라마는 여전히 미취학 아이의 삶에서 놀라운 부분이다. 물론 진화적 관점에서 이것은 완벽한 의미가 있다. 미취학 아이들의 삶에서 강한 의존성은 독특한 특징이다. 그들에게 있어 양육자와의 관계는 말 그대로 삶과 죽음의 문제다.

그렇지만 어떻게든 짧은 기간 내에 인간 아이들은 강력한 가족 애착이 매우 다른 또래 관계로 변형되어야 한다.

협력하고 조직하는 독특한 인간의 재주는 중요한 진화적 특징이다. 광범위한 우정과 제휴 네트워크, 노동의 분배, 협상, 타협, 이익 관리는 인간의 가장 중요한 도전 과제들이다. 학령기 아이들이 친구들과 놀 때 이 능력들이 발달한다.

미취학 아이들의 놀이는 상상의 친구와 끝없는 가장으로 다른 사람들의 마음을 탐색한다. 대신 학령기 아이들은 사회집단을 조직하는 방식들에 초점을 맞춘다. 아이들은 혼자 가장하는 것에서 집단으로 규칙이 있는 게임을 하는 것으로 옮겨간다.

우리는 아이들의 방과 후 삶을 지배하는 야구나 축구 같은 조직화된 게임들에 익숙하다. 그러나 아이들이 스스로 조직하는 게임들—포 스퀘어(네 개의 사각형에서 하는 공놀이-옮긴이)와 월볼, 사방치기, 줄넘기의 모든 변형들—은 더 흥미롭고 심오하다. 또한 요새 짓기, 나무집 짓기, 클럽 형성 같은 활동을 생각해보라. 이런 게임들은 어른의 삶에서 필수적인 타협과 협력을 활용한다. 월볼 규칙들을 결정하는 것은 입법의 전조다. 나무집을 짓는 것은 작은 도시를 건설하는 것과 같다.

아이들의 가장놀이도 변형된다. 어린아이들은 심리적 가능성을 탐색하기 위해 상상의 친구를 이용하는 반면, 학령기 아이들은 '파라코즘'을 만들어 문화적·사회적 가능성들을 탐색한다. 파라코즘paracosms은 제휴와 전투, 지도자와 반대자들이 모두 갖추어진 가상의 세계다. 자신의 세계를 직접 만들지 않는 아이들도 다른 사람들이 만든 복잡한 대안적 사회들—톨킨의 미들어스부터 롤링의 호그와트까지—에 열광한다.

아동기의 구전 지식—차이니스 선번, 갈라진 금 밟기, 존과 매리—은 또래집단 형성에서 결정적인 부분이다. 초등학생들의 세계를 가장 잘 아는 연구자는 심리학자들이 아니라 민속학자들이다. 피터 오피와 아이오나 오피는 20세기 초 위대한 민속학자 전통의 일부였다. 민속학자들은 발칸 반도부터 미시시피까지 여행하면서 발칸 반도에선 발라드, 미시시피에선 블루스를 기록했다. 그러나 오피 부부는 집에서 훨씬 가까운, 이국적이지만 탐험되지 않은 나라를 발견했다. 학교 운동장과 놀이터의 나라다. 그들은 초등학생들의 구전 지식과 말을 기록하기 시작했다.

오피의 큰 발견은 학교 운동장 문화가 있다는 것이다. 학령기 아이들은 자신들의 문화를 만들었고, 어린아이들이 심리적 세계를 탐색했던 것과 똑같은 방식으로 사회적 세계를 탐색하기 위해 그 문화를 이용했다.

오피가 기록했던 게임, 노래, 일상, 신화는 놀랄 정도로 출처가 광범위했다. 17세기 정치 풍자의 단편들은 세대에서 세대로 〈어린 잭 호너〉와 같은 노래로 보존되었다. 우리 엄마의 제2차 세계대전 〈나치 잠수함〉 줄넘기 노래는 나의 1960년대 버전 〈참견쟁이 잠수함〉이 되었다. 내 아이들은 성장하면서 버클리의 거친 구역에서 AK-47s(총-옮긴이)에 대한 줄넘기 노래를 들었다.

오피는 대개 K-I-S-S-I-N-G 노래처럼 너무 파괴적이어서 어른들과 공유하기 힘든 이런 구전 지식의 수집물을 초등학생들이 스스로 조직하고 전수하는 방식을 추적했다.

이런 휴식 중에 하는 일들은 점점 더 많은 압력을 받고 있다. 그러나 휴식은 교실 활동이나 방과 후 프로그램들의 조직화된 게임이나 스포츠들보다 훨씬 더 중요하고 도전적일 수 있다. 게임, 농담, 이야기들은 각각의 아이들 세대가 자신들의 독특한 문화를 만드는 방식이다. 전통과 혁신의 위대한 춤 속에서 갈라진 금 밟기와 K-I-S-S-I-N-G 학습은 SAT보다 훨씬 더 중요할 수 있다.

그러나 물리적 세계를 탐색하는 아기들이나 심리적 세계를 탐색하는 미취학 아이들처럼 학령기 아이들은 여전히 자기 행동 결과로부터 안전하게 보호받는다. 그들은 진정으로 가족 경제에 기여하기 시작할 수 있지만 여전히 생산보다 소비를 더 많이 한다. 전투나 프로젝트, 문화들에 매달리지 않으면서도 말이다. 여덟 살 아이들은 진지하게 눈싸움을 하고 나무집을 짓고 신화를 만들 수 있다.

적어도 중산층 아이들에게 있어 양육 모델은 공식 학교 수업 후 과외 활동들, 그 다음으로 숙제가 뒤를 잇는 과도한 일정으로 인해 악명 높은 생활로 이끌었다. 아이들의 사회생활과 탐색들도 통제되고 일정이 관리된다. 모든 것이 아이들을 조형하는 데 도움이 된다. 아이들은 시간적인 틈이 생길 때 자율적인 탐색을 계속하고 있지만 부모들은 돕지 않는다. 중산층이 아닌 아이들의 경우, 공적 공간이 사라지는 것은 더 해롭다. 탐색할 안전하고 안정적인 세계와 함께 실험할 또래집단 대신, 부유한 아이들은 학교교육과 통제의 세계에서 살고, 가난한 아이들은 혼동과 무시의 세계에서 산다.

| 청소년기의 두 가지 체계 |

학령기 아이들은 대개 엄숙함과 진지함의 모델이다. 그러나 아이들이 청소년기에 도달하면 지적으로도 정서적으로도 놀라운 유연성, 다양성, 혼란이 부활한다. 사실 어떤 신경과학자들은 청소년기에는 미취학 아동들의 특징인 신경 유연성과 가소성이 부활한다고 주장한다. 아동 초기처럼 청소년기는 혁신과 변화의 시기로 설계된 듯하다. 차이는 보호받는 아동기의 안전한 맥락에서 세계를 탐색하는 것이 더 이상 의제가 아니라는 것이다. 대신에 청소년의 임무는 보호받는 맥락을 떠나 스스로 일을 만드는 것이다.

10대의 부모들에게 주어진 매우 역설적인 임무는 그런 변환을 허용하고 일어나도록 격려하는 것이다. 우리는 부모로서 아이들을 위험으로부터 보호하면서 수년을 보낸다. 그러나 아이들이 10대가 되면 우리는 그들 스스로 위험을 감수할 수 있는 독립적인 사람들이 되게 하는 법을 찾아내야 한다.

아동 초기처럼 청소년기는 부모와 아이들 간 관계에 내재하는 긴장을 특히 강렬하게 만든다. 다시 말해 10대들은 두 살배기만큼 우리를 미치게 만든다. 과학은 우리에게 10대들의 생각과 행동 그리고 그것을 다루는 법에 대해 무슨 말을 하는가?

"도대체 무슨 생각을 하고 있는가?" 이것은 10대 자녀가 왜 그런 식으로 행동하는지를 이해하려는 당황한 부모들의 익숙한 외침이다. 음주운전을 하지 말아야 하는 이유를 신중하게 설명할 수 있는 남자아이가 어떻게 음주운전 사고를 내는가? 피임에 대한 모든 것을 아는 여자아이는 왜 임신을 하는가? 심지어 좋아하지도 않는 남자의 아이를? 고등학교에서는 뛰어났지만 그 후 대학을 중퇴하고 여러 직업들을 전전하다가 지금은 부모의 집 지하에 살고 있는, 재능 있고 상상력이 풍부한 아이에게 무슨 일이 일어났는가?

청소년기에 대한 신경과학자들의 이론적 설명 중에서 우세한 것은 두 체계 이론이다. 핵심 아이디어는 신경학적이고 심리적인 독특한 두 체계가 상호작용해서 아이들이 어른이 되게 한다는 것이다. 첫 번째 체계는 정서나 동기와 관련 있다. 그것은 사춘기의 생물학적이고 화학적인 변화들과 매우 밀접하게 관련 있고, 보상에 반응하는 뇌 영역을 포함한다. 이것은 대체로 차분한 열 살 아이들을 가만히 못 있고 활기 넘치고 정서적으로 강력한 10대로 만드는 체계다. 이들은 모든 목표를 성취하고, 모든 소망을 실현하고, 모든 감각을 경험하는 데 필사적이다.

청소년기가 끝난 후 이 동기 체계는 다시 낮아지고 가만히 있지 못하는 10대들은 상대적으로 차분한 어른이 된다. 이 체계는 특징적이고 다소 불길한 곡선이 있다. 아이들이 청소년기에 들어서면서 사고, 범죄, 자살, 약물 복용 모두 극적으로 증가한다. 청소년기가 끝날 때는 아동기 수준으로 감소한다.

신경과학자 B. J. 케이시는 청소년들이 위험을 과소평가하기 때문이 아니라 보상을 과대평가하기 때문에, 혹은 어른들보다 더 많은 보상을 발견하기 때문에 무모하다고 제안한다. 청소년 뇌의 보상 중추는 아이들이나 어른들의 것보다 훨씬 더 활동적이다. 비할 데 없는 첫사랑의 강렬함이나 결코 되찾을 수 없는 고등학교 야구 챔피언십의 영광에 대해 생각해보라.

10대들이 무엇보다 원하는 것은 사회적 보상, 특히 또래들의 존경이다. 한 연구에서 10대들은 fMRI 뇌 영상 기계에 누워 있는 동안 고위험 모의 운전을 했다. 뇌의 보상 체계는 자신이 하는 것을 다른 10대가 쳐다보고 있다고 생각할 때 훨씬 더 밝아졌고, 더 많은 위험을 감수했다.

진화적 관점에서 이 모든 것은 완벽한 의미가 있다. 우리가 보았듯이 인간의 독특한 진화적 특징은 특이하게 길고 보호받는 아동기다. 그러나 결국 안전한 가족 삶의 보호막을 떠나 아이였을 때 배웠던 것을 실제 어른의 세계에 적용해야 한다.

어른이 된다는 것은 부모의 세계를 떠나 또래들과 공유할 미래로 가는 자신의 길을 만들기 시작한다는 의미다. 사춘기는 새로운 힘을 가진 동기와 정서 체계를 작동시킬 뿐 아니라 가족을 떠나 또래의 세계로 향하게 한다.

두 체계 모델 중 첫 번째 체계는 동기와 관련 있지만 두 번째 체계는 통제와 관련 있다. 그것은 끓어오르는 에너지 모두를 보내 동력원으로 이용한다. 특히 전전두피질이 뻗어나가 뇌의 다른 부위들—동기와 정서를 지배하는 부위들도 포함—을 안내한다. 이것은 충동들을 억제하고, 의사결정을 안내하며, 장기적인 계획을 장려하고, 만족을 지연하는 체계다. 그리고 숙달할 수 있게 하는 체계다.

이런 통제 체계는 학습에 훨씬 더 의존한다. 이 체계는 아동 중기 동안 점점 더 효과적이 되고, 더 많은 경험을 하면서 청소년기와 성인기 동안 계속 발달한다. 그다지 좋지 않은 결정들을 하고, 그런 다음 그것들을 수정함으로써 더 나은 결정을 하게 된다. 계획을 세우고, 그것들을 실행하고 결과를 봄으로써 좋은 설계자가 된다. 전문성은 경험과 함께 온다.

먼(그리고 그렇게 멀지 않은) 과거에 이런 동기와 통제 체계는 대체로 동시에 이루어졌다. 채집과 농업사회의 아이들은 어른이 되어서 목표를 성취하는 데 필요한 기술들을 연습하고, 그래서 전문적인 설계자와 행위자가 될 기회가 많다.

과거에는 유능한 채집자나 사냥꾼, 요리사, 양육자가 되기 위해 아동 중기와 청소년 초기 내내 실제로 채집, 사냥, 요리, 아이들을 돌보는 연습을 했으며, 이것은 어른일 때 필요한 전전두 배선으로 조정했다. 그러나 모든 것은 전문가 어른의 감독 아래서 이루어졌을 것이다. 그곳에서 피할 수 없는 실패의 효과는 약해졌을 것이다. 사춘기의 동기적 즐거움이 생기면 새로 강력하고 활기차게 진짜 보상들을 추구할 준비가 되었을 것이다. 그리고 안전하고 효과적으로 그것을 할 수 있는 기술과 통제력을 갖게 되었을 것이다.

동기와 통제 체계들 간 관계는 극적으로 변했다. 오늘날 더 일찍 사춘기에 도달하고, 동기 체계 또한 더 일찍 시작한다. 만일 10대의 뇌를 자동차에 비유한다면 오늘날의 청소년들은 조정과 제동을 걸 수 있기 훨씬 전에 가속기를 갖는 셈이다.

사춘기가 점점 더 어린 나이에 시작되는 정확한 이유는 아직 불분명하다. 선도하는 이론은 에너지 균형의 변화를 지적한다. 아이들은 더 많이 먹고 덜 움직인다. 비만이 유행하게 만든 변화들이 사춘기의 시작에도 영향을 미칠 수 있다. 또 다른 후보 이론은 인공 빛—취침 시에 스크린을 보는 경향에 의해 더 악화된—과 환경 내 특히 플라스틱 용기들에 들어 있는 호르몬 같은 물질들이 영향을 준다고 말한다.

그러나 다른 사회적 변화들도 청소년기에 영향을 미친다. 처음에는 산업혁명으로, 다음에는 정보혁명과 함께 아이들은 점점 더 늦게 어른 역할들을 하게 된다. 500년 전 셰익스피어는 10대의 성과 또래가 유발하는 위험 간의 강렬한 정서적 조합은 비극적인 결과를 초래할 수 있다는 것을 알고 있었다. 로미오와 줄리엣을 보라. 그러나 다른 한편으로 운명이 아니라면 열세 살 줄리엣은 아내가 되고 한두 해 후에 엄마가 되었을 것이다.

우리의 줄리엣들은(손자를 고대하는 부모가 한숨과 함께 알게 되듯이) 어머니 시기로 정착하기 전 20년 동안 사랑의 소동을 경험한다. 그리고 우리의 로미오들은 그들이 대학원에 갈 때까지 맵 여왕(인간의 꿈을 지배하는 요정-옮긴이)의 영향 아래에 있는 시적인 미치광이일 수 있다.

현대 아이들은 어른일 때 해야 할 과제들에 대한 경험이 거의 없다. 그들은 요리나 양육 같은 기본 기술들을 연습할 기회가 점점 줄어들고 있다. 현대 청소년들은 학교 밖의 것들을 많이 하지 않는다. 신문 배달이나 베이비시터 같은 일도 대체로 사라졌다. 통제 체계의 성장은 그런 경험에 달려 있다.

청소년들이 예전보다 더 어리석다는 의미가 아니다. 많은 방식으로 그들은 훨씬 더 영리하다. 점점 길어져서 대학까지 확장된 아동기, 미성숙과 의존성의 시기는 어린 인간들이 이전보다 더 많은 것을 배울 수 있다는 의미다.

예를 들면 더 많은 아이들이 더 많은 시간을 학교에서 보내면서 IQ가 극적으로 높아졌다는 강력한 증거가 있다. IQ 검사들은 '표준화된다.' 점수는 다른 사람들과 비교해 어느 정도인지를 반영한다. 곡선으로 등급이 정해져 있다. 그러나 검사 고안자들은 더 힘든 질문들을 추가함으로써 검사를 계속 '재표준화'해야 한다. IQ 검사들에 대한 절대적 수행, 즉 사람들의 정답 개수가 지난 몇백 년 동안 극적으로 증가했기 때문이다. 이는 1980년대에 처음으로 이 현상을 알아낸 오타고의 뉴질랜드 대학교 사회학자 제임스 플린의 이름을 따서 플린 효과로 부른다.

최근 연구에서 검사들이 처음으로 등장했던 1900년대 점수부터 오늘날의 점수까지 살펴보았다. 사람들의 점수는 10년마다 약 3점이 더 높아졌고, 따라서 평균 점수는 100년 전에 비해 30점이 더 높다.

점수의 증가 속도는 흥미로운 방식으로 변했다. 속도는 1920년대에 빨라졌고, 제2차 세계대전 동안 느려졌다. 점수들은 전후 호황에 다시 급격하게 올랐고, 1970년대에 다시 한 번 성장이 느려졌다. 여전히 올라가고 있지만 더 느려졌다. 어른의 점수는 아이들의 점수보다 더 많이 올랐다. 그것은 IQ 점수가 오르는 데는 영양과 건강의 향상 이상의 요인들이 영향을 준다는 것을 시사한다.

IQ 점수의 상승은 여러 요인들의 조합에 달려 있지만 분명히 교육과 학교교육의 증가가 중요한 역할을 했다. 플린 박사는 '사회적 승수' 이론을 주장한다. 처음에 작은 변화가 큰 효과로 이끄는 되먹임 고리를 형성한다. 교육·건강·수입·영양이 약간 더 나아지면 아이는 학교에서 더 잘하고, 학습은 더 인정받게 된다. 인정이 더 클수록 책을 더 많이 읽고, 대학에 가려는 동기를 자극하게 될 것이다. 이것은 아이가 더 영리해지고 교육에 대한 의욕이 커지게 만들 것이고, 같은 식으로 반복된다.

높은 IQ와 긴 전두엽 성숙이 관련 있다는 신경과학의 증거가 있다. 시간에 따른 아이들 뇌의 변화방식에 대한 연구들에서 연구자들은 상대적으로 전두엽의 성숙이 늦은 아이들의 IQ가 더 높다는 것을 발견했다. 따라서 높은 수준의 통제와 광범위한 학습 간에는 역관계가 성립할 수 있다.

물론 영리해지는 방식은 여러 가지다. IQ는 일반 능력들을 측정하는데, 특히 학교에서 중요한 능력을 측정한다. 그러나 높은 IQ나 특정 종류의 지식, 물리학이나 과학 같은 지식은 수플레를 만들 때 도움이 되지 않는다. 고등학교와 대학교에서 격려하는 종류의 다양하고 유연하고 폭넓은 학습은 실제로 특별한 기술에서 섬세하게 연마하고 통제되고 집중된 전문성을 발달시키는 능력과 긴장 상태에 있다. 그것들은 인간 사회에서 언젠가 일상적으로 일어났던 종류의 학습이다. 우리 역사 대부분에서 아이들은 열일곱이 아니라 일곱 살에 수련 과정을 시작했다.

물론 나이 든 사람들은 항상 어린 사람들에 대해 불평했다. 그러나 발달 타이밍과 그 결과의 전환에 대한 이 새로운 설명은 특별한 청소년 무리의 역설들을 세련되게 설명한다. 아주 영리하고 아는 것이 많지만 방향이 없는 많은 젊은 어른들이 있다. 그들은 열광적이고 활기에 넘친다. 그러나 20대나 30대가 될 때까지 특정한 일이나 특정한 사람에 몰입할 수 없다.

청소년기에 대한 새로운 연구는 마음과 뇌에 관한 매우 중요하지만 자주 간과된 사실 두 가지를 보여준다. 첫째, 경험이 뇌를 조형한다. 만일 어떤 능력이 뇌의 특정 부위에 위치하고 있다면, 틀림없이 '타고난' 것이라고 생각한다. 뇌는 분명히 강력하다. 왜냐하면 경험에 민감하기 때문이다. 전전두 발달이 충동들을 더 잘 통제하게 만든다고 말하는 것만큼 충동을 통제한 경험이 전전두피질을 발달시킨다는 것도 진실이다. 우리의 사회적·문화적 삶이 우리의 생물학을 조형하고, 그 반대도 사실이다.

둘째, 발달은 인간 본성을 설명할 때 결정적인 역할을 한다. 옛 '진화심리학' 그림에서는 유전자들이 어떤 특정 패턴의 어른 행동—모듈—에 직접적인 책임이 있었다. 그러나 유전자들은 복잡한 발달 순서에서 단지 첫 단계일 뿐이고, 다음으로 연속되는 유기체와 환경 간 상호작용이 어른의 뇌를 조형한다. 발달 타이밍에서 작은 변화들은 우리가 어떤 사람이 될지에서 큰 변화를 가져온다.

다행스럽게도 이런 뇌의 특징들은 현대 청소년기를 다루는 데 들리는 것만큼 무기력하지는 않다는 것을 의미한다. 농업 생활로 돌아가거나 아이들을 학교에 보내지 않을 가능성은 없지만 발달하는 뇌의 큰 유연성이 해결책이다.

뇌 연구 결과들은 대개 청소년들이 실제로 결함이 있는 어른—무언가 부족한 어른—임을 보여준다. 10대들에 대한 공공정책

논쟁에서 중심 주제는 정확하게 어떤 뇌 영역들이 언제 발달하는지, 몇 살에 운전이나 결혼이나 투표를 허용해야 하는지, 몇 살에 범죄에 대한 책임을 져야 하는지다. 그러나 청소년 뇌에 대한 새로운 관점은 전전두엽이 제 기능을 보여주는 데 실패한 것이 아니라, 뇌가 숙달과 도제교육 기간 동안 적절하게 지도받거나 연습하지 못한다는 것이다.

예를 들면 단순하게 한두 살 정도 운전 연령을 높이는 것은 사고율에 큰 영향을 미치지 못한다. 차이를 만드는 것은 단계적 체계—운전 도제교육—를 갖는 것이며, 이를 통해 10대들은 서서히 더 많은 기술과 더 많은 자유 모두를 갖게 된다.

청소년들에게 점점 더 많은 학교 경험—방과 후 수업과 숙제들—을 주는 대신 도제교육을 위한 기회를 더 많이 배정해야 할 것이다. 청소년을 위한 연방 커뮤니티 봉사 프로그램은 좋은 예다. 왜냐하면 도전적인 실생활 경험과 함께 어느 정도의 보호와 감독 모두를 제공하기 때문이다.

'당신의 아이를 일하게 하라'는 하루 동안의 연례행사가 아닌 일상이 될 수 있다. 대학생들은 강의를 듣는 것보다 더 많은 시간을 일하는 과학자와 학자들을 보고 도울 수 있다. 캠프나 여행 같은 여름 체험 활동들—재력 있는 부모를 가진 아이들에게는 일반적인—을 여름 아르바이트와 교대로 할 수 있다.

현대 청소년기의 긴장들 중 어떤 것은 피할 수 없다. 이사야 벌린은 어떤 가치 갈등은 해결될 수 없다고 말했다. 특정 기술들의 완전한 숙달과 광범위한 학습을 할 수 있는 긴 미성숙 기간을 동시에 갖는 것은 불가능하다. 양육자로서 우리가 자주 하는 것처럼 일상적인 혼란과 타협에 만족해야 한다.

그러나 우리가 성취할 수 있고 성취해야 하는 것에 도움이 되는 더 나은 전반적인 비전이 있다. 미취학 아이들을 위한 안전하고 안정적인 환경을 제공할 수 있는 것처럼 우리는 보다 추상적인 사회적 수준에서 청소년들을 위해 같은 일을 할 수 있다. 우리는 청소년들이 어른 삶의 강력하고 빡빡한 경험에 참여하는 것을 중단시킬 수 없고 중단시키지 말아야 한다. 그러나 세 살배기들을 위해 플러그를 덮고 계단에 문을 다는 것처럼 적어도 청소년의 실험을 덜 위험하게 만드는 정책—더 쉽게 콘돔을 이용할 수 있게 하는 것부터 총을 덜 만드는 것까지—을 채택할 수 있다.

8 아이와 테크놀로지

: 미래와 과거

그들은 그녀가 단지 두 살일 때 그 장치를 주었다. 세련된 그래픽 인터페이스가 있었으며, 뇌를 대안 우주—매혹적인 다른 세계—로 신속하게 전송하는 시신경을 따라 신호를 보낸다. 일곱 살 때 그녀는 그것을 몰래 학교에 가져갔고 선생님 말을 듣는 대신 책상 밑에서 몰래 그것을 했다. 열다섯 살까지 그 장치의 환상—무도회장에 들어가는 여자아이, 전투에서 죽어가는 남자—은 실제 청소년의 삶보다 더 진짜 같았다. 주변 모든 것을 의식하지 못하고, 그녀는 몇 시간 동안 계속 그것을 가지고 꼼짝 않고 앉아 있었다. 중독처럼 사로잡힌 그녀는 자주 밤중까지 깨어 있고 그것을 내려놓지 못했다.

그녀가 어른이 되었을 때 그 장치는 그녀의 집을 지배했다. 어느 방도 그것으로부터 자유롭지 않았다. 사랑을 나눌 때조차 그녀의 마음을 가득 채운 것은 그 장치에서 나온 이미지들이었다. 그녀의 아이들 중 한 명이 뇌진탕으로 병원에 가야 했을 때 첫 번째로 떠오른 생각은 그 장치를 꼭 가져가야 한다는 거였다. 무엇보다 슬픈 것은 그녀는 아이들이 충분히 나이가 들자마자 그들이 그것에 속박되게 만들 수 있는 모든 일을 했다는 것이다.

심리학자들은 그녀가 말 그대로 그것으로부터 벗어날 수 없음을 보여주었다. 그 장치가 시신경에 도달하면 그녀는 자동적으로 어쩔 수 없이 그것에 사로잡힐 것이다. 신경과학자들은 그 장치가 뇌의 상당 부분—언젠가 실세계를 이해하는 데 사용되었던 부분들—을 끌여들였음을 보여주었다.

반이상주의 첨단 미래의 이야기인가? 아니다. 그냥 자전적 이야기다. 물론 그 장치는 책이고, 나는 일생동안 그것의 자발적인 피해자였다.

장치에 대한 이야기는 부모의 최근 공통 관심사다. 컴퓨터와 인터넷의 새로운 테크놀로지들—아이폰, 구글 글래스, 트위터, 문자, 페이스북, 인스타그램—은 아이들의 마음에 어떤 일을 할 것인가? 부모들은 무엇을 해야 하는가?

이 질문에 답을 하는 소규모 산업이 발달했다. 그 답의 범위는 묵시록에서 유토피아에 이른다. 묵시록 버전은 분명 멋있다.(나쁜 뉴스는 항상 가장 매력적이다.) 물론 단순하고 진실한 과학적 대답은 우리가 모른다는 것이다. 우리는 적어도 다른 세대를 위해 답하지 않을 것이고 할 수 없을 것이다.

그러나 이것의 기저에는 더 깊은 질문이 있다. 우리의 특정 아이들과 우리의 특정 테크놀로지 간 관계가 아니라 일반적인 아이들과 테크놀로지 간 관계는 무엇인가?

낭만주의 시대로 돌아가는 오랜 전통은 아이들을 자연의 본성, 원천적 순수함에 가까운 생명체로 상상한다. 이것은 새로운 테크놀로지와 도구의 형태로, 인공적이고 구성된 어른의 추구와 비교된다. 그러나 내가 묘사했던 진화적 그림의 관점은 매우 다르다.

인간의 인지 진화에 관한 공통적인 설명 두 가지는 우리가 물리적 도구들을 훨씬 더 잘 조작했다는 것과 우리의 동료 인간들을 훨씬 더 잘 조종했다는 것이다. 이런 능력들은 둘 다 일종의 테크놀로지를 포함한다. 물리적이든 혹은 사회적이든. 우리의 큰 뇌와 긴 아동기, 그리고 독특한 학습 능력들은 이런 두 종류의 테크놀로지를 발명하고 숙달하도록 설계된 것이다.

인간은 새로운 테크놀로지들을 발명할 뿐 아니라 다음 세대로 전달하도록 설계되었다. 다른 어떤 동물들보다 우리 인간은 지속적으로 환경을 개조한다. 그리고 우리의 뇌는 경험, 특히 초기 경험에 의해 다시 배선되고 형성된다. 각 세대의 뇌는 서로 다른 초기 경험을 하고 독특한 방식으로 배선된다. 그리고 그런 새로운 뇌가 다시 환경을 개조한다. 우리의 마음은 단 몇 세대 내에 급격하게 변할 수 있다.

심리학자들은 그 결과를 문화적 톱니 효과(일단 어떤 수준에 도달하면 이전 수준으로 돌아가기 어렵다는 경제 용어에서 유래-옮긴이)라고 부른다. 아동기는 인간의 독특한 두 가지 보완적 능력에 기여한다. 우리는 이전 세대로부터 학습할 수 있다. 관찰·모방·진술을 통해 아이들은 빠르게 이전 세대 사람들의 기량과 테크놀로지들을 받아들이고 재창조한다. 테크놀로지들을 모방하는 것은 그것들을 발명하는 것보다 빠르고 더 쉽다.

그러나 우리가 단지 연장자들을 정확하게 모방만 한다면 전혀 진보하지 못할 것이다. 그래서 각 세대는 이전 세대의 지식과 전문성에 첨가할 수 있다. 우리가 우리 자신의 것을 추구하면서 이전 세대의 발견들을 당연한 것으로 받아들이기 때문에 톱니바퀴가 돈다.

톱니는 우리가 어릴 때와 어른일 때 학습방식이 다르다는 사실을 반영한다. 어른들의 경우 새로운 기술을 학습하는 것은 고통스럽고 느리며, 초점화된 주의를 요구한다. 우리가 본 것처럼 아이들은 힘들이지 않고 무의식적으로 배운다. 이 때문에 새로운 세대는 과거의 축적된 혁신 모두를 단번에 습득한다. 종종 그것을 알지도 못한 채로. 우리가 태어났을 때 인쇄 기술이 있었기 때문에 장치에 대한 이야기는 우리 세대에게 놀랍다. 다음으로 새로운 세대는 의식적으로 그런 이전 실제들을 수정하고 새로운 것을 발명할 것이다. 그들은 미래로 움직이는 동안 과거 전체를 당연하게 여길 수 있다.

이런 세대 전환들은 문화 혁신의 엔진이며, 특히 테크놀로지 변화에 중요하다. 그러나 세대 전환은 테크놀로지를 넘어서고 전적으로 임의적인 변화들을 만들어낸다. 예를 들면 엘리자베스 1세 시대의 언어, 춤, 의상부터 우리 시대의 언어와 문화에 이르는 역사적 변화들이다. 신석기 시대에도 도자기 장식은 세대가 지나면서 변했다. 세대 변화들은 서로 다른 시간과 장소들에서 서로 다른 비율로 일어날 수 있다. 분명히 지금은 특히 빠른 듯하다. 그러나 그것은 인간 발달의 보편적이고 널리 퍼져 있는 특징이다.

아이들이 무의식적으로 빠르게 학습하고, 문화적 정보를 그렇게 효과적으로 받아들이기 때문에 혁신은 다음 세대로 전달될 수 있다. 그러나 아이들, 특히 청소년들이 종종 테크놀로지와 문화 변화의 최첨단에 있다는 증거들이 있다.

일반적인 관찰뿐 아니라 체계적 연구들은 아이들이 언어의 변화를 이끈다는 것을 보여준다. 이민자 아이들은 큰 노력 없이 이민 온 나라의 언어를 빠르게 배운다. 나이 든 사람들은 결코 숙달하지 못한 언어다. 실제로 이민자 아이들은 대개 부모를 위한 언어 해설자이자 문화 해설자 역할을 한다. 언어 배경이 다른 사람들이 함께 만나게 되면 그들은 매우 단순화된 피진어pidgin(서로 다른 언어를 사용하는 사람들이 협동해서 일해야 할 때 만들어지고 발전되어온 단순하고 초보적인 기초 언어-옮긴이)를 발명한다. 그러나 다음 세대에서는 소통 체계를 완전히 갖춘 크리올어creoles—자연 언어의 복잡성을 갖춘 새로운 언어—로 변한다. 새로운 단어들, 문법 규칙들과 소리들은 대개 10대들에서 처음 나타난다.

예를 들면 질문뿐 아니라 문장의 끝 억양을 올리는 '업토크'는 캘리포니아 '밸리걸' 10대들의 특징이었다. 업토크는 30년 전에 열네 살 딸과 녹음한 프랭크 자파의 노래 〈밸리걸〉을 통해 대중문화가 되었다. 지금은 서른 살 이하 사람들의 미국 영어에 널리 퍼져 있다.

나와 같은 세대 사람들은 끝을 올리는 억양을 들으면 얼굴이 움찔한다. 사실 대중적 신화와 반대로 업토크는 이 세대에게 불안과 불확실성이 아니라 지위와 힘의 표식이 되었다. 학문적 감독자들이 감독을 받는 사람들에게 그리고 고용주가 고용인에게 업토크를 사용할 가능성이 그 반대보다 더 높다.

어린 사람들과 특히 청소년들은 대개 대중문화에서 변화의 최첨단에 있다. 19세기 초 10대들은 왈츠라고 불리는 성적이고 불미스럽고 관습을 거스르는 춤을 추었고, 소설이라는 마찬가지로 성적이고 불미스럽고 새로운 형태의 오락에 사로잡혔다. 20세기에 그것은 로큰롤, 펑크, 힙합이고 미니스커트, 타투, 트레이닝복이었다.(나의 베이비부머 세대가 장발과 기타 같은 많은 쉬운 형태의 문화적 반란을 끌어들였고, 우리 아이들에게 타투와 피어싱 같은 불편한 선택지를 남겼다.)

문화적 혁신과 전파는 다른 동물들에서는 상대적으로 드물다. 그러나 이런 혁신이 일어날 때 어린 동물들에 의해 발명되고 전파되었다는 증거들이 있다. 동물 문화 가운데 가장 유명한 사례들 중 하나에서 일본의 짧은꼬리원숭이들은 고구마를 바다에 살짝 담그는 것을 배웠고, 그것은 모래를 씻어내고 좋은 짠맛이 나게 했다. 과학자들은 거기에서 문화적 변화행동을 발견했다. 첫 번째 발명가는 사춘기 전 암컷이었고, 그 행위는 처음에 다른 새끼들—얼리어답터 원숭이들—에게로 퍼졌고, 다음으로 다른 암컷들로 퍼졌다.(강력한 연장자 수컷이 결코 아니었다.)

물론 많은 테크놀로지 변혁과 문화적 변혁은 높은 수준의 기술에 달려 있고, 어른들에 의해 설계되었다. 그러나 이런 경우들에서도 신기함에 대한 아이 같은 편애는 다음 세대가 이런 변혁들을 택하는 방식을 바꿀 수 있다. 문화적 전수의 역설들 중 하나는 어른들은 동료 어른들 대다수가 하는 행동을 택하는 경향이 있다는 것이다. 우리는 타고난 동조자들이다. 그러나 정의에 따르면 많은 변혁은 단지 소수의 사람들이 하는 어떤 것에서 시작될 것이다. 어린 사람들, 특히 청소년들은 특이한 행동들을 광범위하게 택할 가능성이 높다는 사실을 통해 보다 별난 발명들이 보존되고 전달될 것을 확신할 수 있다.

따라서 아동기는 아이들이 테크놀로지 변화와 문화 변화로부터 보호되는 순수의 시기가 아니다. 아동기는 그런 변화의 도가니다. 그것은 변혁이 내면화되는 시기이자, 특히 청소년기 동안 변혁이 실제로 불꽃을 일으키는 시기다.

| 글 읽는 뇌 |

우리는 우리 세대의 발명품들을 '테크놀로지'로 생각하는 경향이 있다. 반면에 지난 세대의 발명품들은 그냥 물건이다. 그러나 내 연구에서 인쇄된 책과 목수가 만든 나무 탁자는 컴퓨터와 스마트폰만큼 테크놀로지다. 그것들은 단지 약간 더 오래되었을 뿐이다.

새로운 테크놀로지의 영향을 예측할 수 있는 한 가지 방식은 우리가 이미 수 세대 동안 사용했던 테크놀로지에 대해 생각해보는 것이다. 바로 이 순간에 당신이 하는 것은 검은 표식들이 찍혀 있는 흰 종이 위에서 눈을 움직이는 것이 전부다. 그리고 당신은 책 속에서 길을 잃었다고 느낀다. 임의적인 표식들로부터 생생한 경험으로의 변환은 인간 마음과 뇌의 가장 큰 미스터리다. 그것이 특히 미스터리한 것은 읽기가 최근 발명품이기 때문이다. 우리의 뇌는 읽도록 진화되지 않았다.

웹사이트에 있는 단어 인식 보안검사를 할 때마다 글 읽는 뇌의 세련됨과 미묘함에 무의식적 존경을 표하게 된다. 가장 진보된 스팸보트(스패밍에 사용되는 프로그램 또는 장치-옮긴이)도 우리만큼 글자들을 잘 인식하지는 못하며, 이런 수천 개의 글자로 만들어진 책의 중요성을 이해하지도 못한다.

인지과학은 가장 단순한 경험들—말하기·보기·기억하기—이 뇌에서 일어나는 골치 아픈 복잡한 계산의 결과임을 보여준다. 임의적으로 문자화된 상징들을 아이디어로 변환하려면 똑같이 영리한 뇌가 필요하다. 그러나 말하기·보기·기억하기는 수십만 년에 걸친 진화적 변화의 결과다. 읽기에 포함된 똑같이 복잡한 계산들은 단지 몇천 년이 되었을 뿐이다.

이것이 어떻게 가능한가? 글을 읽기 위해 우리는 원래 다른 목적으로 설계되었던 뇌 영역들을 재사용한다. 그러나 우리는 읽기만을 담당하는 새로운 뇌 영역들을 개조하고 창조하기도 한다.

우리가 문자들을 만드는 데 사용한 형태들은 영장류들이 대상들을 인식하는 데 사용하는 형태들을 반영한다. 무엇보다 나는 'Tree'를 시작하는 소리를 부호화하기 위해 'T' 대신에 제멋대로인 구불구불한 선을 사용할 수 있다. 그리고 중국어 두루마리와 인쇄된 책은 공통점이 거의 없는 듯 보일 수 있다. 그러나 실제로 문자화된 상징들의 형태는 많은 언어에서 놀랄 정도로 유사하다. 우리 모두 교차하는 수직선과 수평선의 조합들을 사용하며, 가끔씩 점이나 원 혹은 반원이 첨가된다.

'T' 형태는 원숭이들에게도 중요하다. 어떤 동물이 세상에서 'T' 형태를 볼 때 그것은 대상—원숭이가 잡거나 먹을 수 있는 것—의 모서리를 나타내는 것일 수 있다. 원숭이 뇌의 특정 영역은 그런 의미 있는 형태들, 수직선과 수평선의 조합에 특별히 주목한다. 심지어 선이 수직인지 수평인지 탐지하는 특별한 뉴런도 있다.

인간의 뇌는 같은 시각 영역을 글자를 처리하는 데 사용한다. 뇌는 교차하는 선과 모서리와 관련해 세상을 조직하는 선천적인 성향이 있다. 우리는 이 사실을 이용한 알파벳을 고안했다.

다른 한편 영장류의 뇌는 'p'와 'q' 혹은 'b'와 'd' 같은 대칭적 형태들을 동일한 것처럼 취급하도록 진화되었다. 비록 원숭이의 뇌는 수직선·사선·수평선에 다르게 반응하지만 선이 오른쪽으로 향하든 왼쪽으로 향하든 대개 같은 방식으로 반응한다. 무엇보다 실세계에서 우리는 항상 돌아다닌다. 한 시점에서는 컵의 왼쪽에서 손잡이를 볼 것이고 다른 시점에서는 컵의 오른쪽에서 같은 손잡이를 볼 것이다.

이것은 난독증이 있는 아이들과 사람들이 대칭 글자들을 구분하는 데 많은 어려움을 겪는 이유를 설명한다. 또한 '거울에 비친 반전된 글읽기'와 '거울에 비친 반전된 글쓰기'를 하는 기이하고 수수께끼 같은 능력을 설명한다. 아이들은 대개 단일 글자들이나 전체 글을 자발적으로 뒤집지 않는다.

그러나 만일 읽기가 선천적인 뇌 구조에 의해 그렇게 강력하게 제약을 받는다면 작가들은 'b'와 'd' 같은 글자들을 결코 사용하지 못했을 것이다. 대신 글 읽는 뇌는 신경학적 수준에서 이런 대칭들을 변별하는 새로운 능력을 발달시켰다. 의미가 다른 대칭 글자들에 노출되면 발달하는 뇌는 재배선하고 선천적인 대칭맹을 극복할 것이다.

읽기를 학습할 때 뇌는 재배선된다. 수년 동안 수십만 개의 단어들을 읽는 것은 재배선된 연결들을 특히 강하게 만든다. 그리고 힘들이지 않고 읽게 된다. 사실 상대적으로 이른 나이에 읽기를 학습할 때 읽기는 말 그대로 자동적이고 무의식적이 된다.

가장 좋은 예는 심리학자들이 스트룹 효과라고 부르는 것이다. 당신에게 빨간색으로 인쇄된 '파랑'이란 단어를 보여주고 색을 말하게 한다고 가정해보라. 그 단어가 파란색으로 인쇄되었을 때보다 대답하는 데 시간이 더 걸리고, 빨강 대신 파랑이라고 말할 가능성이 높다. 이 과정은 완전히 자동적이다. 단어의 의미를 무시하고 색에만 주의를 기울이려는 노력은 소용없을 것이다.

읽기에 배선되었던 뇌 영역의 손상은 특수하고 특이한 읽기 문제를 유발한다. 특정 뇌 영역이 손상되는 뇌졸중이나 사고를 당한 환자들은 읽거나 쓰는 능력을 잃는다. 그러나 여전히 완벽하게 잘 말하고 잘 볼 수 있다. 그들은 인쇄된 글을 볼 수 있지만 의미를 이해할 수 없다. 이것은 우리 뇌의 특정 영역들이 특별히 읽기에 맞춰져 있음을 시사한다.

읽기는 우리의 삶과 뇌로 깊게 통합되었다. 만일 역사를 알지 못했다면 우리는 글 읽는 뇌가 수천 년 문화의 결과가 아니라 수십만 년 된 진화의 결과라고 결론을 내릴 수도 있다.

만일 읽기를 오래된 테크놀로지가 아닌 새로운 테크놀로지로 보면, 그것이 인간의 마음에 미치는 효과가 아주 두려울 수도 있다. 인쇄된 문자가 이전에 시각과 언어를 담당했던 피질 영역들을 빼앗았다. 연습과 도제교육으로 배우는 대신 우리는 강의와 교재들에 의존하게 되었다. 난독증, 주의 장애, 다른 학습 장애의 희생자를 보라. 이 모든 것은 우리의 뇌가 그런 부자연스런 테크놀로지를 다루도록 설계된 것이 아니라는 신호다.

네 살이 아니라 마흔 살에 읽기를 배웠다고 상상해보라. 복잡한 거리를 걸을 때 지속적으로 집중을 방해하는 것들이 있다. 매 순간 현재로부터 벗어날 것이다. 표지판 위의 낯선 표식들을 보기 위해 걸음을 멈추고, 표식들의 의미를 떠올리려 노력하고, 그것들을 부호화하고, 그런 다음 다시 거리로 주의를 돌려야 할 것이다. 광고

판으로 가득한 고속도로를 운전하는 것은 아주 위험하다.

과거에 아주 똑똑한 사람들은 정확하게 이런 방식으로 새로운 읽기 테크놀로지에 반응했다. 소크라테스는 쓰기야말로 끔찍한 아이디어라고 생각했다. 플라톤의 『파이드로스』에서, 소크라테스는 어느 반테크놀로지 「타임스」 사설에서나 나올 법한 말을 한다.

> 만일 사람들이 이것을 배운다면 그것은 그들 영혼에 망각을 심을 것이다. 그들은 쓰여 있는 것에 의존하기 때문에 기억하려는 연습을 중단할 것이다. 기억에서 어떤 것들을 불러오는 것은 더 이상 자신 내부에서 오지 않고 외부의 표식들에서 온다. 당신이 발견하는 것은 기억의 비결이 아니라 상기시키는 것을 위한 비결이다. 당신이 제자들에게 주는 것은 진정한 지혜가 아니라 단지 겉모습이다. 그들을 가르치지 않고 많은 것에 대해 말함으로써 당신은 그들이 많은 것을 아는 것처럼 만들 수 있다. 그러나 그들 대부분은 아무것도 알지 못하며, 사람들이 지혜가 아닌 지혜의 교만함으로 가득 차게 되면서 그들은 동료들에게 짐이 될 것이다.

소크라테스는 읽기와 쓰기가 반성적 사고에 중요한 상호적이고 비판적인 대화를 손상시킬 것을 두려워했다. 글에 말대답을 하거나 질문을 할 수 없다. 어떤 것이 단지 쓰여 있기 때문에 그것이 진실이라고 생각할 가능성이 훨씬 더 높다.

소크라테스는 쓰기가 기억 능력을 손상시킬 것이라고 생각했다. 고대 세계에서 시인들은 수천 줄의 시를 기억하는 놀라운 능력을 발달시켰다. 호머의 서사시는 단지 기억을 통해 구전으로 시인에서 시인에게로 전수되었다. 그러나 만일 호머의 『일리아드』 복사본을 가지고 있었다면 왜 그것을 기억하는 고생을 하겠는가? 그런 인상적이고 힘들게 얻는 기억 기술들은 사라질 것이다.

물론 소크라테스는 완전히 옳았다. 읽기는 말하기와 다르다. 우리는 단지 쓰여 있기 때문에 어떤 것을 받아들이는 경향이 있다. 지금 어느 누구도『일리아드』를 진심으로 알지 못한다. 읽기는 우리 문화와 사고를 매우 광범위하게 개조했다. 문해 능력의 출현은 개신교의 탄생뿐 아니라 현대적인 개인주의와 사생활 개념의 등장과 관련 있다. 그럼에도 결국 우리 대부분(혹은 적어도 우리 독자들 대부분)은 이익이 손해보다 더 많다는 것에 동의할 것이다.

문해 능력 혁명의 또 다른 측면은 우리처럼 나이 든 독자들에게 힘이 된다. 읽고 쓰는 것이 연설, 노래, 극장 같은 훨씬 더 많은 고대의 매체를 급격하게 개조했지만 그것들을 대체하지는 못했다. 우리는 지금 호머를 기억할 수 없다. 그러나 계속 그의 시를 읽는다. 사실 완전히 사라진 인간의 매체를 생각하기는 어렵다. 적어도 어떤 사람들은 과거만큼 많은 기술과 열정으로 노래하고 춤추고 시 경연 대회들에서 소집단으로 시를 낭송하고 요리하고 목수일을 한다. 소설은 연극을 대체하지 않았고, 과거에는 두려운 문화적 침입자였던 영화가 지금은 더 작은 것에 의해 대체될 큰 예술형태로 여겨진다.

| 스크린의 세계 |

우리는 지금 또 다른 극적인 기술적 변화에 몰두하고 있다. 바로 이 순간에 당신의 눈은 책의 페이지가 아닌 스크린을 가로지르며 움직이고 있을 수 있다. 그리고 동시에 유튜브의 하이퍼링크를 클릭하고, 친구들에게 메시지를 보내고, 사랑하는 사람과 스카이핑을 하고, 트위터와 페이스북(혹은 당신이 이 구식 책을 읽고 나면 받게 되는 것이 무엇이든)을 체크하고 있을 수 있다.

우리는 새로운 디지털 환경에 의해 개조된 유연한 아기 뇌의 새로운 세대를 보고 있다. 픽사의 공동설립자인 내 남편 같은 부머 히피들은 대화형 컴퓨터 그래픽을 만들기 위해 애쓰면서 핑크플로이드를 들었다. 피어싱을 한 채 랩을 하는 그들의 Y세대 아이들은 제2의 천성으로 그런 그래픽들과 함께 성장했다. 이런 디지털 세계는 말이나 인쇄물처럼 청소년 경험의 일부였다. 어기 세대는 더 어렸을 때 그런 디지털 기술들을 갖게 될 것이다. 어기는 인쇄된 단어 '토마스'와 '기관차'의 의미를 알기 전에 스마트폰에서 꼬마 기관차 토마스를 찾는 법을 배웠다.

이런 어린 뇌가 우리의 뇌와 다를 것이라고 생각할 만한 이유가 있다. 마치 글 읽는 뇌와 문맹의 뇌 간에 놀라운 차이가 있는 것과 같다. 그러나 정확하게 그 차이가 무엇일지, 그것이 얼마나 많은 영향을 미칠지, 그것이 좋은지 나쁜지는 또 다른 의문이다.

장치 이야기는 새로운 테크놀로지가 미래 세대에 어떤 영향을 미칠지를 정확하게 알기 힘든 이유를 보여준다. 어떤 테크놀로지들은 실제로 우리의 생활·마음·사회를 개조해왔다. 테크놀로지가 등장하기 전에는 거의 언제나 사람들은 과장된 불안이나 기대를 가지고 그것을 보았다. 그리고 테크놀로지가 널리 수용된 후 그것을 간신히 알아채고 당연하게 여긴다.

책은 모든 것을 변화시켰다. 그러나 전신(전파를 이용한 통신-옮긴이)—우리가 거의 잊은 테크놀로지—도 그렇다. 정보는 항상 빠른 말의 속도로 이동했었다. 그러다가 갑자기 전기의 속도로 이동했다. 시간당 10마일에서 100만 마일로 간다. 그리고 그것은 친숙한 두려움 속에서 환영받았다. 1858년 「뉴욕타임스」는 전신은 '피상적이고 갑작스러우며 여과되지 않았고 진실을 알기에는 너무 빠르다…… 그것이 거대한 해를 입힐 것이라는 의심은 합리적이지 않다.'고 언명했다. 기차는 더 급진적인 게임 체인저였다. 19세기까지 지구상의 어떤 사람도 시간당 20마일 이상으로 빨리 이동할 수 없었다. 기차와 전신은 실제로 최근의 어떤 테크놀로지도 상대가 되지 않는 방식으로 인간의 삶을 바꿨다. 그리고 오늘날 우리는 전보와 기차를 전혀 테크놀로지라고 생각하지 않는다.

테크놀로지의 변화들은 중요한 문화적 변화들을 가져올 수 있지만 그 방식은 예측할 수 없다. 20세기로 전환되는 시기에 언제 어떻게 새롭고 독특한 미국 문화 형태가 등장할 것인지에 대한 대규모 토론이 있었다. 위대한 미국 소설과 위대한 미국 교향곡에 대한 많은 말들이 있었다. 그러나 어느 누구도 위대한 미국 예술 형태인 영화가 남캘리포니아의 황야에서 몇 년 되지도 않은 새로운 테크놀로지를 이용해 대중 엔터테인먼트를 만드는 유대계 이민자 사업가와 전직 보드빌 배우로부터 나올 것이라고 예상하지 못했다.

| 에덴과 매드 맥스 |

우리 어른들이 테크놀로지 변화의 효과를 잘못 판단하는 이유는 어른과 아이들이 변화를 그렇게 다르게 경험하기 때문이다. 다른 많은 사람들처럼 나는 인터넷이 내 경험을 단편적이고, 쪼개지고, 불연속적인 것으로 만들었다고 느낀다. 그러나 인터넷 자체 때문이 아니라 내가 어른일 때 디지털 테크놀로지의 세계에 들어왔기 때문일 것이다.

우리 모두 개방적이고 유연한 아이의 뇌를 가지고 읽기를 배웠다. 지금 생존해 있는 사람들 중 누구도 2017년에 태어난 아이들처럼 자발적이고 무의식적인 방식으로 디지털 세계를 경험하지는 못할 것이다. 그들은 디지털 원주민이다. 우리는 최근에 이민 온 사람처럼 불편하고 멈칫거리는 억양으로 디지털을 말한다.

웹에 대한 내 경험은 단편적이고 불연속적이고 노력이 필요하다고 느낀다. 왜냐하면 어른들의 경우, 새로운 테크놀로지의 학습은 연속적이고 집중적이고 의도적인 과정에 달려 있기 때문이다. 어른들에서 이런 종류의 주의는 매우 제한적인 자원이다.

이것은 신경 수준에서도 진실이다. 어떤 것에 주의를 기울일 때 전전두피질—의식적이고 목표지향적인 계획 세우기에 책임이 있는 뇌 부위—은 학습에 도움이 되는 화학물질인 콜린성 전달물질의 방출을 통제한다. 그것은 뇌의 특정 부위로만 이동한다. 전전두피질은 실제로 뇌의 다른 부위가 변하지 못하게 하는 억제적 전달물질을 방출한다. 그래서 새로운 테크놀로지와 씨름할 때 우리 어른들은 한 번에 마음을 아주 조금 바꿀 수 있다.

주의와 학습은 어린 뇌에서 매우 다르게 작동한다. 어린 동물들은 어른들보다 콜린성 전달물질들이 더 많다. 그들의 학습 능력은 계획적이고 의식적인 주의에 의존하지 않는다. 어린 뇌는 특별히 관련 있거나 유용하지 않을 때도 새롭고 놀랍고 정보가 풍부한 모든 것으로부터 배우도록 설계되어 있다.

따라서 우리에게 읽기가 그랬듯이 디지털 세계와 함께 성장한 아이들은 전체적이고 자연스런 방식으로 그것에 숙달할 것이다. 그러나 인터넷은 그들의 경험과 뇌를 조형할 수 있다. 인쇄물에 흠뻑 빠진 나의 20세기 삶이 거의 읽거나 쓰지 못하는 19세기 농부의 삶과 같지 않은 것처럼.

문제는 현재의 세대 변형, 톱니바퀴의 클릭이 강렬해서 긴 역사적 변화와 일관성을 보기 힘들다는 것이다. 어쩔 수 없이 당신이 태어나기 전 1년은 에덴 같고, 당신 아이들이 태어난 후 1년은 매드맥스 같다.

| 테크놀로지 톱니바퀴 |

디지털 비관론자들이 현대 테크놀로지의 효과로 보는 것들 중 어느 것이 급진적인 변형인가? 그리고 어느 것이 톱니바퀴 효과에 의해 확대된 상대적으로 작은 변화인가?

디지털 비관론자들은 때로 인간 본성에서의 사소한 차이를 종말론적인 심리적 혁명처럼 다루는 듯하다. 우리는 기존 테크놀로지가 수년 동안 두 살 아이들에게 미치는 장기적 효과에 대해 알지 못할 것이다. 그러나 우리는 스마트폰과 소셜미디어가 10대들에게 미치는 즉각적 효과들에 대해 아는 것이 있다. 방과 후 집에 와서 인스타그램을 업데이트하면서 친구들에게 문자를 보내는 10대들은 〈길리건스 아일랜드〉(미국 시트콤-옮긴이) 리턴즈를 보는 10대보다 정말 훨씬 더 나쁜가?(인스타그램은 보다 자전적이다.)

미디어 학자 다나 보이드는 성장 배경이 다른 많은 10대들과 수년을 보냈다. 그들의 테크놀로지 사용방식을 체계적으로 관찰하고 그들에게 테크놀로지가 어떤 의미인지에 대해 이야기를 나누었다. 그녀의 결론은 어린 사람들은 항상 해왔던 것을 하기 위해 소셜미디어를 사용한다는 것이다. 친구나 또래들의 커뮤니티를 만들고, 부모로부터 거리를 두고, 추파를 던지고, 험담을 하고, 공격하고, 실험하고, 반항한다.

정확하게 직접적인 도피 경로—하수관을 따라 미끄러져 내려오고, 열린 창문으로 기어 나오거나 현관문을 통해 걸어서 집을 나가는 것—는 훨씬 이용하기 힘들기 때문에 현대의 10대들은 가족들의 압력에서 벗어나기 위해 소셜미디어를 이용한다. 이웃이 더 멀리 흩어져 있고, 이동수단이 더 적을수록 많은 청소년들이 스스로 집을 떠나는 것은 글자 그대로 불가능하다. 로스앤젤레스에서 차 없이 어디를 갈 수 있는가? 연인의 산책로, 마을 광장, 강 옆의 황야 같은 물리적 공간들이 웹의 가상 공간으로 대체되었다.

동시에 보이드는 인터넷 테크놀로지는 책, 인쇄물, 전신이 했던 것처럼 차이를 만든다고 주장한다. 예전에는 악취가 진동하는 탈의실 공기 속에서 흩어졌던 추잡한 놀림이 이제 한순간에 전 세계로 퍼질 수 있고, 그 후 서버에 영구히 남는다. 10대들은 현대 테크놀로지들의 이런 측면들을 감안하고 방향을 잡는 법을 배워야 하며, 대부분의 경우 그것이 그들이 하는 일이다.

매드린 조지와 캔디스 오거스는 많은 과학 연구들을 조사하면서 유사한 결과들을 발견했다. 그들은 미국 10대들이 디지털 세계에 스며들듯이 몰두한다는 것을 발견했다. 10대들은 하루 평균 60개의 문자를 보냈고, 그들 중 78%는 정규적으로 웹에 접근하는데 사용하는 모바일 폰을 소유했다. 그러나 모바일 세계의 경험은 물리적 세계의 경험을 대신하기보다 병행한다. 학교에서 인기 있는 아이들은 웹에서도 인기가 있다. 공격을 하는 아이와 공격을 당하는 아이는 두 공간에서 같다. 10대들은 여전히 인터넷에서 낯선 사람보다 가까운 가족으로부터 학대나 위협을 당할 가능성이 압도적으로 높다.

조지와 오거스는 가장 널리 퍼진 부모의 인터넷 공포 목록을 만들었지만 그것들 중 어떤 것도 지지하는 증거를 발견하지 못했다. 순수한 테크놀로지 문제는 대부분의 부모가 생각해왔던 것이 아니었고, 아이들과 어른들 모두에게 영향을 미쳤다. LED 스크린이 수면을 방해하는 효과였다.

변화보다 연속성이 더 많은 보이드와 조지, 오거스의 그림은 다른 디지털 관련 걱정들에도 적용될 수 있다. 어떤 비관론자들은 사람들이 인간이 아닌 모조품들—예를 들면 로봇—이 마치 인간인 것처럼 상호작용하고 상상의 가상 세계들 속에서 자신을 잃을 것을 걱정한다. 그러나 무엇보다 대부분의 어린아이들은 실존하지 않기 때문에 로봇보다 포착하기 더 어려운 생명체인 상상의 동료들과 광범위하게 소통한다. 모든 정상적인 아이들은 실제가 아닌 가장의 세계에 몰입하게 된다. 그들의 연장자들도 같은 것을 한다. 퍼비 로봇을 보고 우는 아이는 인형 때문에 우는 아이와 정말 다른가? 챗봇에게 말하는 외로운 과부는 죽은 남편의 그림에게 말하는 과부와 정말 다른가? 가상 세계에서 연애는 할리퀸 연애와 정말 다른가?

면대면보다 점점 더 추상적인 신호들을 통해 소통한다는 사실은 어떤가? 문자 주고받기는 분명히 가장 이해할 수 없는 우리 시대의 테크놀로지 성공이다. 많은 10대들은 매일 수백 개의 문자를 보낸다. 거대한 컴퓨터의 힘을 이용해 엄지손가락으로 전보를 쓴다. 문자 주고받기는 실제 대화만이 아니라 얼마 전의 전화와도 비교된다. 전화는 많은 사람들에게 위협적이었던 테크놀로지였다.

그러나 적어도 글을 쓰기 시작한 이래로, 거의 틀림없이 말이 시작된 이래로 인간은 가장 친밀한 삶에 추상적 상징을 이용했다. 버트런드 러셀과 레이디 오톨린 모렐은 하루에도 서너 번 편지를 쓰고 런던 우편을 이용해 연애를 했다. 프루스트는 마찬가지로 빠르고 자주 다니는 파리의 공기식 쁘띠 블루(전보-옮긴이)를 이용했다. 런던의 편지들은 하루에 열두 번 배달되었고 쁘띠 블루는 발송 두 시간 후에 도착했다. 헨리 제임스의 이야기 「아주 좋은 곳」은 현대적 설비 없이 사는 삶에 관한 유토피아적 환상이다. 이야기는 전보가 넘쳐나고 이메일 받은 편지함이 가득 찬 사람이 익숙해져야 할 의무가 넘쳐나는 것에 대한 쓰라린 한탄으로 시작한다.

또 다른 걱정은 인터넷이 우리의 주의 능력을 파괴할 것이라는 것이다. 어른이 되면 주의는 제한된 자원이고 주의 패턴은 변하기 어렵다는 것이 분명한 진실이다. 결과적으로 읽기에 적절한 주의 전략들을 가지고 성장한 사람이 웹의 모든 방해 자극들을 무시하기는 어려울 수 있다. 그러나 현대 교실에서 요구되는 과장되고 초점화된 주의 그 자체는 최근의 문화적 발명품이고 이익만큼 대가가 있는 발명품이다.

글을 읽고 쓰기와 학교교육에 필요한 특수한 주의 전략은 자연스러운 것으로 느껴질 수 있다. 왜냐하면 주의 전략이 아주 널리 침투해 있고 매우 어린 나이에 학습했기 때문이다. 그러나 서로 다른 주의 배분방식들은 시대와 장소에 따라 똑같이 가치 있고 자연스러운 것으로 느껴진다. 나는 결코 채집인이나 사냥꾼처럼 넓은 영역을 바짝 경계하는 주의를 할 수 없을 것이다. 운 좋게도 아이를 돌보는 일들로 가득 찬 아동기 덕분에, 나는 일과 아기들에 동시에 집중하는 아주 오래된 기술에 숙달하게 되었다.

아마도 우리의 디지털 손자들은 지금 우리가 사냥 장인 또는 더 장인 같은 여섯 아이의 어머니에게 느끼는 경외감을 읽기 장인을 보며 느낄 것이다. 20세기의 과잉 문해 기술들은, 오늘날 사냥 기술, 시, 춤이 그렇듯이, 사라지거나 혹은 적어도 매우 특별한 열광의 대상이 될 것이다. 그러나 인류 역사가 이제까지 따랐던 과정을 계속한다면 다른 기술들이 자리를 차지할 것이고, 이전 것은 완전히 사라지지 않을 것이다.

| 웹의 도시 |

디지털 비관론자들은 어떤 면에서 무언가를 알고 있다. 10대와 함께 한 보이드의 작업은 순수하게 중요한 변화들을 나타내는 변환을 지적한다. 확신하기는 어렵지만 인터넷에는 다른 무언가가 있다. 전신 같은 변환이다. 그것은 소통의 속도나 특징의 변화에서 나온 결과가 아니다. 문자와 이메일은 전화나 전보보다 더 빨리 이동하지 않으며, 내용도 마찬가지로 더 풍부하거나 더 빈약하지 않다.

그럼에도 많은 사람들이 상호작용하는 방식에는 변형적 차이가 있다. 우리 대부분은 100명의 사람들—한 마을의 가치—에 대해서만 알 수 있다는 증거가 있다. 도시의 출현은 마을을 지리적이 아닌 사회적으로 정의하게 한다. 도시 거주자들은 거리를 지나간 사람들 대부분을 모르거나 보지 않는 학습을 한다. 시골에서 온 방문자들에게는 당황스럽고 불쾌한 기술이다. 우체국과 쁘띠 블루는 상대적으로 작은 도시의 문학계를 연결했다.

웹은 그 원을 기하급수적으로 확장한다. 구글을 검색할 때 멋진 컴퓨터와 협의하지 못하지만 수백만의 사람들이 습득한 정보들을 종합한다. 디지털 방식으로 사회적 네트워크를 정의한 페이스북은 알아볼 수 없을 정도로 급격하게 증가했다. 웹에서 우리는 행성과 소통하지만 마을을 위해 설계된 심리학에 의존한다.

도시 아이들은 도시에서 길을 찾는 기술들을 학습한다. 그러나 우리는 웹에서 길을 찾는 유사한 기술들이 발달하지 못했다. 함께 이야기할 사람을 알아내는 것은 훨씬 더 힘든 듯하다. 거리에서 불쾌한 사람을 거절하거나 고함치는 낯선 사람을 무시하기가 익명의 선동적인 말을 걸러내기보다 더 쉬울 수 있다. 웹에서 우리 모두는 대도시에서 길을 잃은 작은 마을에서 온 방문자가 된다. 적어도 지금은 그런 것 같다.

여전히 도시 거주자들은 완전히 맨해튼에서 피오리아로 돌아가지 못했다. 그들은 정말 원치 않았다. 디지털 비관론자들이 묘사하는 모순적인 정서들은 도시 세계의 특징이다. 한편에는 외로움, 산만함, 소외가 그리고 다른 한편에는 흥분, 낯섦, 가능성이 서로 균형을 잡고 있다. 인쇄된 책 훨씬 전에 호레스와 레이디 무라사키는 소박함, 마음 챙김, 의미를 동경하는 것으로 도시의 삶에 반응했다. 디지털로 된 고전적인 그리스풍의 목가적인 별장이나 불교 승원은 우리 모두에게 어느 정도 좋을 것이다. 나의 몇몇 컴퓨터 친구들은 디지털 안식일을 갖는데, 일주일에 하루 모든 스크린을 끈다. 그러나 만일 우리가 돌아갈 대도시와 www세계가 없다면 별장과 승원은 훨씬 덜 매력적일 것이다.

| 할 일 |

이런 테크놀로지에 대한 질문들은 전통과 혁신, 의존과 독립 간의 근본적인 긴장에 대해 묻는다. 부모 되기의 중심 패러독스 안에 있는 것들이다. 문제는 아이들의 변화를 통제할 수 있거나 통제할 수 있어야 한다는 기대를 하지 않으면서, 어떻게 아이들이 성장하는 데 필요한 풍요롭고 안정적이고 안전한 맥락을 제공할 것인가다.

그것은 마치 어른들은 단순히 흐름에 순응하고, 세대에 따른 테크놀로지와 문화적 변화의 불가피성을 인식하고, 아이들을 홀로 스마트폰과 남겨두라고 권장하는 것처럼 들린다. 그러나 톱니바퀴 메커니즘은 분리된 부모와 아이 세대 양쪽 모두에 의존한다는 것을 기억하라. 혁신은 전통에 의존한다. 만일 양육자가 자신의 발견, 전통, 기술, 가치를 자신의 아이들에게 전하지 못했다면 새로운 테크놀로지와 문화들로의 전환은 불가능했을 것이다. 그러나 아이들이 그런 전통들을 단순히 복제할 것이라고 기대할 수 없고 기대하지도 말아야 한다.

양육자로서 우리는 아이들에게 구조화되고 안정적인 환경을 제공하고, 그것은 다양하고 무작위적이고 예측할 수 없고 혼란하게 되는 것을 허용한다. 우리는 아이들에게 재창조할 세계를 준다. 같은 방식으로 우리가 전통과 기술, 문화적 제도와 가치를 그렇게 열심히 전하면, 우리 아이들이 그것들을 자신의 시대에 맞는 제도와 가치로 바꿀 수 있기 때문이다.

내 아이들은 내가 책을 얼마나 소중하게 여기는지를 알고 있기 때문에 그들은 스크린을 소중하게 여길 수 있다. 그리고 나는 어느 정도 정당하게 책도 계속 그들 삶의 일부가 될 것을 희망할 수 있다. 어기는 자기 세대의 시금석은 「비행기 2」이거나 정체를 알 수 없는 디지털 활동 같은 것이지만 할머니의 문화적 시금석은 「괴물들이 사는 나라」와 「오즈의 마법사」라는 것을 알고 있다. 내 할아버지의 이디시Yiddish 전통은 같은 식으로 내 마음과 내 자매들의 마음 속에서 메아리친다. 마치 많은 끔찍한 농담들과 크림치즈와 훈제연어의 맛처럼.

부모와 특히 조부모의 핵심적 역할은 문화적 역사와 연속성을 인식하게 하는 것이다. 과거와의 연결을 인식하지 못하면 아이들의 삶은 더 형편없을 것이다. 양육과 대조적으로 부모 되기는 과거와 미래를 연결한다.

내가 할 수 없고 하지 말아야 할 것은 내 아이들과 그들의 아이들이 정확하게 내 가치, 전통, 문화를 복제할 것이라는 기대를 하는 것이다. 좋든 나쁘든 디지털 세대는 그들 자신의 세대이며 자신의 세계를 만들고, 우리가 아닌 그들이 그 속에서 살아가는 법을 알아낼 책임을 질 것이다.

물론 영아기 때 친밀했던 우리 아이들이 테크놀로지의 미래로부터 온 다소 기이하고 이해할 수 없는 방문자가 되는 것은 슬프다. 이 비극은 일상적인 일이다. 그러나 적어도 한 가지 희망적인 점은 내 손자들은 내가 겪고 있는 단편적이고 산만하고 소외된 디지털 경험을 하지 않을 것이라고 과학이 말하는 것이다. 나에게 있어 낡은 펭귄 페이퍼백(종이 한 장으로 책 표지를 만든 염가본-옮긴이)이 지난 세기의 문해(글을 읽고 쓸 줄 아는) 문명의 정점으로 느껴지는 것처럼 그들에게 인터넷은 근본적인 것, 뿌리 깊고 유행을 타지 않는 것으로 느껴질 것이다.

9 부모가 된다는 것의 의미

: 아이들의 가치

나는 전형적인 양육 그림이 아닌 부모와 아이들 간 관계 그림을 주장했다. 아이들을 돌보는 것은 인간 프로젝트에서 전적으로 본질적이고 깊은 가치가 있는 부분이다. 그러나 그것은 목수 일이 아니다. 그것은 어떤 아이를 특정한 어른으로 만드는 것이 목표인 사업이 아니다. 부모 되기는 정원을 가꾸는 것과 같다. 많은 다양한 종류의 꽃들이 필 수 있게 풍요롭고 안정적이고 안전한 환경을 제공하는 것이다. 그것은 아이들 스스로 많은 다양하고 예측할 수 없는 어른 미래를 만들 수 있게 하는 강력하고 유연한 생태계를 제공하는 것이다. 그것은 또한 특정 부모와 특정 아이 간의 특정한 인간관계, 즉 헌신적이고 무조건적 사랑이다.

양육 그림은 아이가 어른이 되었을 때의 가치를 측정함으로써 아이들을 돌보는 것의 가치를 측정할 수 있다고 말한다. 그러나 아이를 돌보는 것의 가치를 다른 가치로 바꾸려고 노력하기보다 단순히 부모와 아이들 간 관계는 독특하다는 것을 인정해야 한다. 철학자들이 말하듯 그 관계들은 본질적이며 도구로서 가치가 있는 것은 아니다. 아이들을 돌보는 것은 그 자체로 좋은 일이다. 단지 그 일이 미래에 다른 좋은 일을 가져오기 때문에 좋은 것이 아니다.

아이를 돌보는 것의 가치와 도덕성에 대해 깊이 생각하면 전반적으로 가치와 도덕성에 대해 다르게 생각하게 될 수 있다. 도덕성에 대한 고전적인 철학적 접근은 부모와 아이들에게 잘 적용되지 않는다. 한 가지 중요한 접근은 존 스튜어트 밀의 공리주의다. 공리주의자들은 '최대 다수의 최대 행복'을 계산하고 결정을 내려야 한다고 생각한다. 또 다른 철학적 이론인 칸트의 '의무론'은 우리 모두가 따라야 하는 절대적이고 보편적인 도덕 원칙들이 있다고 주장한다.

그러나 이런 접근들 중 어느 것도 아이들을 돌보는 것의 특별한 도덕성을 파악하지 못한다. 논란의 여지가 있지만 현대 공리주의자 중 한 명인 철학자 피터 싱어는 일관된 공리주의자라면 중증 장애아들을 돌보는 것은 잘못이라는 결론을 내려야 한다고 주장한다. 장애가 있는 아이 한 명을 돌봐야 하는 사람들의 불행이 그 아이가 경험하는 행복을 능가할 것이다. 그러나 그것은 우리 대부분에게 미친 소리로 들린다.

공리주의자의 생각을 아이들과 관련된 결정에 적용하는 것은 자연스럽지 않다는 것을 아는 데 오래 걸리지 않을 것이다. 우리 아이들을 공립학교에 보낼지 혹은 사립학교에 보낼지에 대한 결정에 대해 생각해보라. 아이들을 공립학교에 보내는 것은 분명히 모두에게 더 좋지만 사립학교에 보내는 것은 분명 우리 아이들에게 더 좋다. 최대 다수의 최대 행복이라는 공리주의 원칙에 따른다면 공립학교를 선택할 것이다. 그러나 자신의 아이들에게 최선을 다하려는 순수한 도덕적 충동은 사립학교를 선택하게 할 수 있다.

칸트의 그림은 정말 어느 것에도 적용되지 않는다. 아이들을 돌보는 것은 심오한 선이다. 그러나 그것은 보편적인 명령이 아니고, 아니어야 한다. 사람들은 자신의 아이들을 세심하게 돌보지만 일반적인 아이들에게는 상대적으로 무심하다. 그리고 물론 많은 사람들은 스스로 선택했거나 혹은 환경 때문에 아이들을 전혀 돌보지 않는다.

아이들에 대해 생각하는 이런 방식 둘 다 사랑의 패러독스에 부딪친다. 특수성과 보편성 간의 긴장, 의존성과 독립성 간의 긴장이다. 아이들에 대한 우리의 특수하고 특별한 사랑을 공리주의나 칸트주의와 같은 일반적인 윤리 원칙이라는 측면에서 파악하기는 힘들다. 그리고 고전적인 설명에 따르면 도덕적 행위자로서의 인간은 독립적이고 자율적인 의사결정을 하는 생명체이며, 이들은 또 다른 생명체와 함께 사는 법을 발견하고자 노력한다. 그러나 부모 되기의 도덕성은 자율적이지 않으며 스스로 결정을 할 수 없는 생명체를 데려와서 자율적이며 스스로 결정하는 생명체로 바꿔놓는 것에 관한 것이다.

도덕성에 대한 다른 철학적 접근이 더 효과적일 수 있다. 철학자 이사야 벌린은 밀이나 칸트와 반대로 '가치 다원론'을 주장했다. 우리는 다중적인 윤리 가치들을 가지고 있으며, 그 가치들은 종종 공존할 수 없다. 그것들을 서로 비교해 측정하거나 무게를 잴 방법이 없다. 다른 것들을 이기는 단일 가치는 없다. 정의나 자비, 이타성이나 자율성, 예이츠가 '삶의 완전함 혹은 일의 완전함'이라고 불렀던 것과 같은 가치들은 객관적인 단일 척도로 무게를 잴 수 없다. 그것들이 가장 잘하는 것을 서로 대조해 측정할 수 없다. 그렇지만 실제 세계에서는 그것들 중에서 선택해야 한다.

벌린은 이것이 인간의 삶을 피할 수 없는 비극으로 만든다고 생각했고 그가 옳았다. 그러나 그것은 삶을 풍요롭고 깊이 있게 만든다. 아이들을 돌보는 것은 밀이나 칸트의 그림보다 벌린의 그림과 더 잘 맞는다.

처음으로 아이를 갖기로 하는 결정은 그 가치를 다른 가치들과 이론적으로 균형을 맞춤으로써 할 수 있는 결정이 아니다. 최근에 철학자 L. A. 폴은 아이를 갖거나 혹은 갖지 않기로 결정하는 합리적 방식은 없다고 주장했다.

우리는 어떻게 합리적 결정을 하는가? 고전적인 대답은 우리가 서로 다른 행동 과정의 결과를 상상한다는 것이다. 그런 다음 각 결과의 가치와 확률 모두를 고려한다. 마지막으로 경제학자들의 말처럼 '효용성'이 가장 높은 선택지를 택한다. 아기 미소의 반짝임은 잠 못 드는 모든 밤을 능가하는가? 현대 사회에서 우리는 한 명의 아이를 갖는 경험에 대한 생각에 기초해 여러 명의 아이를 가질 것인지를 결정할 수 있다고 가정한다.

그러나 폴은 거기에는 딜레마가 있다고 생각한다. 문제는 실제로 아이를 갖기 전까지는 아이를 갖는다는 것이 어떤 것인지를 제대로 알 수 있는 방법이 없다는 것이다. 다른 사람의 아이를 보는 것에서 힌트를 얻을 수도 있다. 그러나 자신의 특별한 아기에게 느끼는 압도적인 감정은 미리 이해할 수 있는 것이 아니다. 우리는 다른 사람들의 아이를 좋아하지 않을 수도 있지만 자신의 아이를 그 무엇보다 사랑한다. 또한 당신은 정말로 압도적인 책임감을 미리 이해할 수 없다. 따라서 당신은 합리적인 결정을 내릴 수 없다.

나는 문제가 더 나쁘다고 생각한다. 합리적인 의사결정은 결정을 하기 전과 후에 같은 가치를 갖는 한 사람이 있다고 가정한다. 복숭아나 배를 사려고 결정할 때 내가 지금 복숭아를 좋아한다면 구매 후에도 같은 '나'는 그것을 좋아할 것이라고 가정한다. 그러나 만일 결정이 가치를 변화시켜 결정 후에 가치가 다른 사람이 되게 만든다면 어떻게 될까?

아이를 갖는 것이 부모를 도덕적으로 변하게 만드는 경험인 이유는 부분적으로 내 아이의 행복이 내 행복보다 더 중요해지기 때문이다. 아이에게 내 생명을 줄 것이라는 말은 멜로드라마처럼 들린다. 그러나 그 말은 정확하게, 크고 작은 방식으로 모든 부모가 항상 하는 말이다.

일단 한 아이에게 몰두하면 나는 말 그대로 이전의 내가 아니다. 나의 자아는 확장되어 다른 사람을 포함한다. 그 사람이 완전히 무기력하고 보답할 수 없음에도 불구하고. 그리고 그 사람의 소망과 목표가 나의 것과 매우 다를 수 있음에도 불구하고. 그럼에도 불구하고 그것이 의존성과 독립성의 패러독스의 핵심이다.

아이를 갖기 전의 나라는 사람이 아이를 갖게 된 이후의 나를 결정해야 한다. 만일 내가 아이를 갖는다면 아마도 미래의 나는 그 무엇보다, 나 자신의 행복보다 아이들에게 더 많은 관심을 가질 것이다. 그리고 미래의 나는 그들이 없는 삶을 상상조차 할 수 없을 것이다. 그러나 만일 내가 아이를 갖지 않는다면 미래의 나는 다른 흥미와 다른 가치를 가진 다른 사람이 될 것이다. 아이를 갖는다는 결정은 단지 원하는 것을 결정하는 문제가 아니다. 그것은 우리가 어떤 사람이 될지를 결정한다는 의미다.

근본적으로 비교할 수 없는 가치에 대한 벌린의 그림은 아이를 갖는 결정뿐 아니라 아이를 갖지 않을 결정에 대해 생각하는 더 나은 방식이다. 공리주의적 관점이든 칸트주의적 관점이든 아이들을 돌보는 것이 정말 전혀 가치 없는 일이라고 주장할 수 있을 때만 아이를 갖지 않는 선택이 정당하다고 할 수 있다. 만일 아이를 돌보는 것이 정말로 모든 사람이 더 나아지게 하거나 혹은 어떤 종류의 도덕적 명령이라면, 아이를 갖지 않는 것은 이기적이거나 잘못일 수 있다. 그리고 사실 아이를 갖지 않기로 선택한 사람들은 때로 아이를 돌보는 것의 가치에 대해 회의론적이거나 적대적이다. '아이 없이 child-free'와 같은 문구는 아이들을 돌보는 것이 일종의 압박이나 제한이라는 의미다.

그러나 벌린의 비극은 위안이기도 하다. 인간적인 가치의 삶으로 이끄는 많은 길이 있다. 그리고 어느 누구도 그 모든 길을 갈 수는 없다. 아이를 갖지 않기로 결정한 사람은 아이의 가치를 거부하지 않고 다른 가치들을 받아들일 수 있다. 아이를 갖지 않기로 결정한 버지니아 울프는 현명한 말을 했다. "당신이 가지고 있지 않은 것이 가치 없는 척하지 마라."

그리고 물론 그것은 아이를 갖기로 한 결정에도 적용된다. 아이들을 돌보기로 결정하는 것은 가치 있는 다른 삶의 방식들과 양립할 수 없을 수도 있다. 예를 들면 특별한 일에 일편단심으로 전념하는 것 혹은 혼자만의 명상을 하는 금욕적인 삶을 사는 것, 혹은 단지 삶이 제공하는 모든 미적인 즐거움들을 자유롭게 즐기는 것 같은 방식들이다. 그러나 그런 삶의 방식들을 받아들인다는 것은 아이들을 돌보는 가치 있는 경험들을 놓치는 걸 의미한다.

폴이 지적했듯이 우리가 얼마나 많은 가치들을 추구할지 결정하는 완전히 합리적인 방식은 없다. 폴은 우리가 다양한 물건과 가치와 경험이 더 많은 삶이 적은 삶보다 낫다고 여기는 고차적 가치를 가질 수 있다고 주장한다. 그리고 아이와 관련해서 좋은 점 하나는 그들이 자란다는 것이다. 아이를 집중적으로 돌보는 것은 단지 당신 삶의 일부이며, 아이를 키우기 전과 후의 다른 가치들과 양립할 수 있다. 서로 다른 가치를 가진 여러 시기들로 삶을 나눌 수 있어야 한다.

그러나 여기에서도 하나의 가치에 전적으로 전념하는 삶이 많은 것에 덜 전념하는 삶보다 나은지 혹은 서로 다른 가치들이 여러 단계들로 나누어진 삶이 많은 가치들이 동시에 서로 경쟁하는 삶보다 더 나은지를 결정하는 완전히 합리적인 방식은 없다.

우리가 말할 수 있는 건 이런 결정들이 개인적 자율성의 중심이 되고 가능한 자유롭게 결정되어야 한다는 것이다. 왜냐하면 정확하게 그것들이 우리가 어떤 사람이 될지를 결정하기 때문이다. 이것은 특별한 목표들을 성취하는 방식에 대한 직접적인 결정들보다 아이를 갖는 것 같은 결정들에서 훨씬 더 진실이다.

벌린의 다원론적 도덕 관점은 다원론적 자유민주주의를 지지한다. 일할 자유, 결혼할 자유, 특정 종교를 따르거나 아무것도 따르지 않을 자유가 있다. 이것들은 모두 가치 있으며 민주주의의 핵심이다. 왜냐하면 그것들이 우리의 정체성을 정의하기 때문이다. 대부분의 사람들이 특정한 일, 결혼, 종교 관행들이 정말로 가치 있는 삶으로 이끌었다고 생각할지라도 다원론적 자유 민주주의는 다른 사람들에게 그 가치를 강요할 수 없다고 말한다.

그리고 같은 것이 아이들을 갖는 것의 가치에 대해서도 진실이다. 분명히 그 결정들은 도덕적으로 심오하고 삶을 변형시키는 것이기 때문에 개인들의 자유를 존중해야 한다. 나는 개인적으로 아이 돌보기에 가장 높은 가치를 둔다는 것을 지금까지 분명히 해왔다. 또한 종교적인 전통 속에 있는 많은 사람들에게 그것은 진실이며, 피임법이나 낙태 반대를 정당화할 때 분명해진다.

그러나 나는 아이를 돌보는 것이 가치 있고, 변환적이고, 도덕의 핵심이기 때문에 피임과 낙태의 자유가 있어야 한다고 주장할 것이다. 마흔 살 때 나는 의도하지 않은 임신을 했고 낙태를 결심했다. 어려운 결정이었지만 다행스럽게도 내가 한 결정이었다.

일단 아이를 갖게 되면 당신이 아이들, 다른 사람들, 일, 자신에 대한 책임들의 균형을 잡을 방식을 결정하는 것은 심오한 수수께끼다. 한 아이를 깊이 돌볼 때 우리는 더 이상 한 세트의 가치와 이익을 가진 한 사람이 아니다. 가치와 이익들을 서로 비교 검토할 수 있고 다른 사람들의 것과 통합한다. 대신 부모는 자기를 확장해 또 다른 사람의 가치와 이익을, 그 사람의 가치와 이익이 자신의 것과 다를 때도, 자기 안에 포함한다. 다른 사람의 이익이 당신의 것과 같을 때나 같지 않을 때 어떻게 이익을 균형 잡고 통합하는가?

이에 대한 답은 '간단한 답은 없다'이다. 벌린은 가치들이 대립하는 경우 우리가 할 수 있는 최선은 그럭저럭 해내는 것이고, 환경에 따라 할 수 있는 최선의 결정을 하는 것이라고 주장한다. 절대적으로 최선인 결정은 없으며, 우리는 결정에 뒤따르는 죄책감과 후회 그리고 위안 모두를 받아들여야 한다.

| 사적인 유대와 공적인 정책 |

아이들에 대한 우리의 도덕적 관계의 기저에 있는 근본적인 패러독스들은 정책 결정의 긴장들을 설명하는 데 도움이 된다. 만일 아이를 돌보는 것이 단지 일이라면 충분한 훈련을 받은 누군가가 그것을 할 수 있을 것이다. 우리는 부모 자신이 아니라 전문가가 그것을 해야 한다고 느낀다. 그러나 아주 어린 아이들이나 혹은 나이 든 사람들에 대해서는 그런 식으로 느끼지 않는다. 부모와 아이들 간의 관계에는 특별한 어떤 것이 있다. 부모에게 주어진 특별한 권위, 아이들에게 일어나는 일에 대한 흥미와 책임감이다.

대개 우리는 정책들에서 개인들의 권리와 이익을 강조하는 관점과 더 큰 집단—공동체나 시·도—의 이익을 강조하는 관점을 구분할 수 있다. 그러나 아이들은 재미있는 중간적 위치에 있다. 우리는 아이들이 단순히 부모 이익의 일부라고 가정하는 것에 불편함을 느끼며, 마찬가지로 그렇지 않다고 가정하는 것도 불편하게 느낀다.

이것은 많은 현실의 어려운 정책적 질문들에 대한 결론들이다. 교육은 일차적으로 개인의 선택으로, 아이들을 종교적인 근본주의자 혹은 자연 그대로의 히피 진보주의자로 키울 자유를 부모에게 주어야 하는가? 우리 모두가 돈을 내고 있는 공립학교들이 할 일을 결정하도록 허용해야 하는가? 부모가 체벌을 결정하도록 허용해야 하는가? 예방접종에 대한 결정은? 아이들에게 의료적 처치를 할 것인지의 결정은? 혹은 공동체가 아이들이 무엇을 배우고 어떤 대우를 받아야 하는지를 결정할 수 있다고 주장해야 하는가?

적어도 어느 정도까지 우리는 사람들에게 자신의 삶에 대한 책임과 권한을 기꺼이 줄 것이다. 우리가 할 일은 사람들을 나쁜 충동들로부터 보호하는 것밖에 없다. 그러나 그런 나쁜 충동들이 그들의 아이들에게 영향을 미칠 때 어떻게 해야 하는가? 지금 우리의 해결책은 근본적으로 결함이 있는 가정 위탁 시스템이다. 그 시스템 안에서 취약한 아이들은 생물학적 부모와 적은 비용을 받는 위탁 가정이나 그룹 홈(대용 수용시설-옮긴이) 사이를 전전한다. 그러면 무엇이 더 나은 시스템인가? 정말 어려운 질문들이다. 벌린의 원칙은 간단한 답은 없다고 말한다.

| 돈을 찾아서 |

각 개인은 아이를 돌보는 결정을 하거나 그러지 않을 결정을 할 수 있다. 그리고 부모들은 얼마나 자율적으로 아이들에 대한 결정을 해야 하는지, 공동체의 책임은 어느 정도인지 결정하는 것은 힘들다. 그러나 우리 모두 아이들을 돌보는 것이 중요하다는 것에 동의한다. 인간적인 가치로서 중요하고, 그 결과 때문에도 중요하다. 우리 모두 아이를 키우는 데 많은 시간과 에너지, 돈이 든다는 것에 동의한다. 최근의 추정치는 미국 아이들은 키우는 데 평균 24만 5,000달러(한화 약 3억-옮긴이)가 들며 이것은 대학 비용이 포함되지 않은 것이다.

모든 것 중 가장 긴급한 질문은 우리가 대답할 수 있는 것이다. 우리가 아이들이 잘 성장하는 데 필요한 자원들을 가지고 있다고 어떻게 보증하는가? 그렇게 많은 미국 아이들이 그런 자원들을 얻지 못한다는 사실은 우리가 당연하다고 여겼던 고약하고 천천히 움직이는 재앙이다. 그것에 대한 통계치는 암울하면서도 친숙하다. 지구상의 가장 부유한 나라에서 아이들 다섯 명 중 한 명이 빈곤 속에서 성장한다. 다른 어느 연령 집단의 사람들보다 더 많은 아이들이 가난하다. 아이들, 특히 어린아이를 돌보는 사람들은 상대적으로 보수가 낮다. 이 재앙은 점점 더 나빠지고 있다. 빈곤한 아이들의 비율이 지난 10년 동안 실제로 높아졌다. 빈곤 그 자체보다 더 나쁜 것은 점점 더 많은 사람들이 고립되거나 혼돈 속에서 성장하고 있다는 사실이다.

소규모 채집인 사회에서 우리는 자원이 아이들과 양육자에게로 흐르는 것을 당연하게 여긴다. 진화에 관한 장들에서 보았듯이 인류의 독특하고 놀라운 특징들(짝 결합, 할머니들, 동종부모 역할과 같은 독특한 진화적 현상들)은 확실하게 자원이 아이들에게 가도록 설계되었다. 특히 아이들 스스로 그런 자원들을 생산할 수 없음에도 불구하고 그렇다. 물론 그런 진화적 충동들은 여전히 거기에 있다. 배고픈 아이를 먹이려는 추동은 확실히 우리가 상상할 수 있는 그 어떤 감정만큼 강하고 보편적이다.

그러나 작은 개인적 충동은 큰 산업사회와 후기 산업사회에서 정책으로 옮겨지기 어렵다. 산업화된 세계에서 자원들은 목표지향적 작업의 보상이라는 가정이 있다.(물론 대개 그렇지만 그것들은 순전히 행운의 결과일 가능성이 더 높다.) 그런 자원들을 갖는 것은 전적으로 노동자 개인의 일이고, 아이들을 지원하기 위해 그런 자원들을 사용하는 것은 소비 지출이 된다. 아이들을 돌보는 것의 특정 가치를 분명하게 하는 정치적 방식은 없다.

이런 세계에서 아이들을 돌보는 것은 간과되고 있다. 미국에서 부모와 아이들은 이중의 곤경에 처한다. 부모들은 일을 포기하거나 혹은 어떻게든 아이들을 돌보는 다른 사람들에게 지불할 충분한 돈을 자신의 급여에서 찾아야 한다. 어떤 방식이든 이것은 아이들을 돌보는 사람들은 가장 낮은 급여를 받는 사람들이라는 의미다.

물론 잠시 동안 이 문제에 대한 해결책은 아이들을 위한 자원들과 결혼을 연결하는 것이었다. 이것은 고전적인 '핵가족' 그림이다. 아버지들은 전적으로 집 밖의 일에서 자원을 모은 다음, 그것들을 전적으로 아이들을 돌본 어머니들과 공유한다. 어떤 사람들에게 이것은 아이들을 돌보는 자연스런 방식으로 보이는 듯하다. 그러나 사실 이것은 19세기와 20세기에 산업화와 함께 등장한 매우 특별한 접근이었다.

우리는 1970년대에 어떻게 여성들이 일하기 위해 집을 떠나기 시작했는지에 대해 말한다. 그러나 아버지들이 일하기 위해 집을 떠나기 시작한 것도 상대적으로 최근이었다는 것을 인식하지 못한다. 19세기까지 그리고 20세기에도 대부분의 사람들은 농장에서 지내며 일하거나 소규모 지역 작업장에서 일하거나 장사를 했다. 1830년 미국 아이들의 70%가 부모가 함께 농장에서 일하는 가족에 속해 있었다. 단지 15%만이 일하는 아버지와 집에 머무는 어머니가 있는 '핵가족'에서 살았다. 1930년대에는 아이들 중 단지 30%만이 두 명의 농사짓는 부모가 있었고, 55%는 핵가족이었다. 1970년대 가족 구성이 다시 변하기 시작했고, 1989년이 되면 아이들 중 3분의 1 이하가 '핵가족'에서 성장했다. 대부분의 아이들은 둘 다 일하는 두 부모 혹은 일하는 한 부모에 의해 양육되었다. 한 부모 가족에서 성장하는 아이들의 비율은 계속 증가하고 있다. 2014년경에는 아이들 중 30% 이상이 한 부모에 의해 양육되었다.

농장에서 아버지와 어머니, 더 일반적으로는 가족들이 일하는 동시에 아이들을 돌본다. 집과 일터가 분리되면서 양육과 일이 분리되었다.

이제 전업주부 어머니라는 해결책의 결점들은 분명하다. 여성들은 경력 만족감을 느끼지 못한다. 여성과 아이들은 완전히 아버지에게 의존하고, 따라서 매우 취약하다. 동시에 그것은 아버지들을 아이들과 양육으로부터 고립시킨다. 이런 결점들은 특히 이혼이 폭넓게 가능해지면서 분명해진다. 아이들에게 필요한 자원을 얻는 유일한 방법이 적의를 품은 전남편에게 법률적 압박을 가하는 것이라면 아이들은 특히 고통을 받을 것이다.

적어도 1970년대 이후 전업주부 어머니 모델은 무너졌다. 이는 부분적으로 여성운동의 결과이며, 여성들이 더 많은 자율성을 얻기 위해 행동했기 때문이다. 또한 경제력의 결과이기도 하다. 평균 가족 수입은 여성이 일을 할 때만 유지되었다. 그러나 그 자리를 차지할 다른 제도들이 등장하지 않았다.

이것은 아이들, 특히 저소득층 아이들에게 처참한 결과를 가져왔다. 채집하거나 농사짓는 사회에서는 아이들을 돌볼 확대가족들이 있었다. 전통적인 '핵가족'에서는 적어도 자원이나 돌봄을 제공하는 데 전념하는 커플이 있었다. 그러나 현재 미국에서 아이들은 대개 한 명의 여성에게 의존하는데, 그녀는 풀타임으로 일하는 동시에 아이들을 돌봐야 한다. 이것은 악순환으로 이끈다. 빈곤한 환경에서 자란 아이들은 자신의 아이들을 위한 충분한 자원을 가질 수 없을 것이다. 이것은 사회적 불평등이 증가하고 계층 간 이동을 불가능하게 만든다.

잘 알려져 있고 간단하며 이미 문명화된 나라들 대부분에서 채택하고 있는 해결책이 있다. 아이들에게 자원을 제공하는 것은 생물학적 어머니 혹은 생물학적 어머니와 아버지들의 책임일 뿐 아니라 대체로 공동체의 책임이라는 인식이다. 보편적인 산전 관리, 가정방문 복지사와 간호사, 남성과 여성을 위한 유급 육아휴직, 보편적인 무료 유치원, 부모들에 대한 직접적인 보조금 같은 정책들이 갖는 도덕적 이득이나 실질적인 이점들은 밝혀졌다.

이런 정책들은 분명 전반적으로 아이들을 위한 더 나은 결과로 이끈다. 이것은 모든 사회과학에서 가장 분명한 결과들 중 하나다. 여러 연구들은 초기에 부모를 지원하는 중재들은 성인기까지 강력한 효과가 있음을 보여준다. 중재들은 '가정방문' 프로그램으로 간호사들이 부모들에게 추가적인 돌봄과 조언을 하거나, 질 높은 유치원을 제공하거나, 부모들에게 유급 휴가나 돈을 주는 것이다. 이런 지원을 받는 아이들은 자라서 더 건강하고 수입이 더 많고 감옥에 갈 가능성이 더 낮다.

이것이 양육 그림—특정 아이를 특정 어른이 되도록 조형하는—을 지지하는가? 정말 아니다. 이런 아동 초기 프로그램은 전체 집단의 확률에 영향을 미친다. 개별 아동이 성공할지 실패할지를 예측하는 것은 여전히 힘들다.

적어도 자주 이런 중재들은 실제로 아동들의 검사 점수에서 다음 몇 해 안에 영향력이 사라진다. 이것은 특정 아동을 조각해서 특정 어른으로 만들려는 기대에 어긋날 수도 있다. 대신 대개 '수면자 효과'가 있다. 즉 수년 후에야 효과가 나타난다. 아동 초기 중재는 아이의 건강과 어른일 때 행복에 영향을 미친다. 초기에 자원을 제공하는 것은 아이들에게 어른이 되었을 때 자신의 삶을 조형할 수 있게 하는 플랫폼을 주는 것이기 때문이다.

아이들에게 자원을 제공할 때 특별히 효과적인 방식은 보편적이고 질 높은 무상 보육 혹은 유치원을 통해서다. 이것은 현재 미국 아동 정책의 주요 이슈이고, 우파와 좌파 모두의 지원을 받는 드문 정책이다. 그러나 여기에서조차 '양육' 모델과 '부모 되기' 모델 간 긴장, 즉 목수와 정원사 간 긴장이 있다.

유치원 교사와 보육 종사자들은 '정원사' 모델과 더 유사한 경향이 있다. 무엇보다 유치원은 전통적으로 말 그대로여야 한다.(kindergarten. 독일어로 kinder는 아이, garten은 정원-옮긴이) 학교와는 다른 아이들을 위한 정원이다. 그러나 현재 '목수' 모델을 지지하는 두 집단의 협공을 받고 있다. 한 집단은 세 살 아이들을 하버드

신입생으로 만들고 싶어 하는 부모들이다. 다른 집단은 높은 시험 점수로 '결과'를 확실하게 보여주기를 원하는 정책 입안자들이다. 두 집단 모두 유치원에 도구적인 목수 접근을 하는 경향이 있다. 뉴욕의 한 엄마가 아이의 유치원을 고소했는데 시험 준비를 하는 대신 놀았기 때문이었다. 이런 논의들에서 '유치원'이란 단어가 '보육'을 대체하고, 마치 아이들을 돌보는 것이 학교교육을 하는 것보다 가치가 더 낮은 것처럼 보인다.

그러나 유치원을 도구로 보는 관점은 잘못된 길로 안내하고 역효과를 낳는다. 유치원은 이동이 많고 분산된 큰 산업도시에서 무기력한 아이들을 돌보는 방식으로 보아야 한다. 현대의 삶은 이전 방식의 돌봄을 제공하기 어렵게 만든다. 우리는 같은 장소에서 사는 채집인과 농부의 확대가족 모델이나 일하는 아버지와 전업주부 어머니의 초기 산업 모델에만 의존할 수 없다. 유치원은 하나의 대안이다.

유치원은 가난한 아이들과 부유한 아이들 모두 잘 성장할 수 있는 아이의 정원이어야 한다. 때로 중산층 부모들이 원하는 것처럼 최종적으로 성공적인 어른들을 생산하도록 설계된 조형 과정의 첫 단계가 아니어야 한다. 우리는 '학습준비도'와 관련해서만 유치원을 생각하지는 말아야 한다. 낯선 학교 제도에서 더 잘하는 아이들로 만드는 것이 어린아이들을 돌보는 유일한 목적이라고 생각하지 말아야 한다.

| 노인과 아이 |

어떤 것도 아이들을 키우는 것과 똑같지 않다. 그러나 일이나 학교 같은 제도를 아이를 돌보는 모델로써 사용하기보다 아이들을 돌보는 것을 다른 제도에 대한 모델로 생각할 수 있다. 우리가 아이들에 대해 생각할 때 분명하게 볼 수 있는 사랑과 학습의 패러독스들이 사적 경험과 공적 정책의 여러 다른 영역들에서 등장한다.

산업사회에서 일의 구조로 인해 아이들을 돌보기 어려운 것처럼 다른 종류의 돌봄에도 어려움이 있다. 우리가 다른 사람들에게 느끼는 특정한 헌신과 사랑은 보편적인 원칙과 긴장 관계다. 또한 사랑하는 사람들의 독립성을 존중하는 것과 그들이 때로 우리에게 의존해야 한다는 것을 인정하는 것 간의 긴장이 있다. 이 둘의 긴장은 똑같다. 비록 특정한 다른 사람들에 대한 관계가 우리의 도덕과 정서의 핵심이고 생물학의 핵심일지라도 그것을 지원하는 실질적이거나 정치적인 분명한 방식은 없다. 그것들은 일이 아니기 때문에 경제적, 정치적으로 보이지 않는다. 아이들과의 관계처럼 그 관계들이 비대칭적일 때 특히 그렇다. 우리는 다시 돌려받을 것이라고 기대할 수 있는 것보다 더 많은 돌봄을 다른 사람들에게 주어야 한다.

우리가 노화를 다루는 방식에서 이것을 생생하게 볼 수 있다. 내 남편 알비가 할아버지가 되는 것과 거의 동시에 그의 90세 부모는 돌봄이 필요하게 되었다. 그의 어머니는 관절염과 알츠하이머로 자유롭지 못해 특히 취약했다. 우리는 걱정스러운 한밤중의 전화, 알아듣기 힘든 대화, 고통스런 선택에 대한 장황한 설명을 겪게 되었다. 다행스럽게도 알비의 여자 형제는 부유했고, 은퇴해서 부모와 같은 마을에 살고 있으며, 대부분의 매우 힘든 일상적인 책임을 맡고 있었다. 결국 그의 부모는 '요양시설'(우리의 요양시설과 다름-옮긴이)로 옮겼고, 그곳에서 죽음을 맞았다. 비록 더 나아지게 만들기 위해 우리가 할 수 있는 것을 알기 어려웠지만 우리는 이 모든 과정을 통해 무언가 매우 잘못되었음을 알게 되었다.

우리가 나이 든 사람을 대하는 방식은 어린아이들을 대하는 방식만큼 천천히 움직이는 보이지 않는 재앙이다. 얼마나 헌신적이고 사랑스런 자식이었는지와 상관없이 '요양시설'이나 '은퇴자의 집'을 방문하고 마음 상하지 않기란 힘들다. 사랑하는 사람들에게 편안하고 존엄한 마지막을 제공하는 것에 보기 좋게 실패한다. 그리고 이것이 결국 우리의 운명일 것이라는 두려움을 느낄 것이다.

우리는 아이들에게 헌신하는 것처럼 부모에게도 같은 헌신을 한다. 두 경우 모두 관계의 가치는 본질적이며 도구적이 아니다. 사실 노인의 경우 가슴 아프지만 우리가 어떤 미래의 어른으로 조형할 가능성도 없다. 부모는 이미 조형되었고 우리 모두 결국 노쇠와 죽음으로 끝난다는 사실을 피할 길이 없다.

노인을 돌보는 방식은 아이를 돌보는 방식과 매우 비슷하다. 나이 든 부모가 있는 것은 개인적 문제다. 그럼에도 불구하고 만일 당신이 나와 같은 중년이라면 그것은 우리가 알고 있는 거의 모든 사람이 공유하는 개인적 문제다. 전문가 집단에게 우리 아이들을 완전히 맡기고 싶지 않은 것처럼 부모에 대한 개인적 책임을 포기하고 싶지도 않은 것이다.

이것의 의미는 아주 어린 사람들을 위해 필요한 자원과 마찬가지로 아주 나이 든 사람들을 위해 필요한 자원이 대체로 돌보는 사람의 책임이라는 것이다. 그리고 최근 역사를 보면 노인을 돌보는 것은 아이를 돌보는 것처럼 나의 시누이와 같은 여성들의 책임이었다. 그러나 이 모델은 돌보는 사람에게 필요한 시간과 돈과 지원을 체계적으로 제공하는 방식이 있을 때만 의미가 있다.

노인을 돌볼 때 아이를 돌볼 때와 똑같은 이중적 곤경에 처하게 된다. 일을 하지 않고 시간을 내 돌보거나 그 일을 할 다른 사람에게 지불할 돈을 마련해야 하기 때문이다. 또한 노인을 돌보는 사람들은 아이를 돌보는 사람들과 마찬가지로 낮은 급여를 받는다.

적어도 우리는 사회보장이나 메디케어(미국의 노인 의료보장 제도-옮긴이)처럼 준비가 되어 있는 노인들을 위한 일반적인 사회 복지 메커니즘을 가지고 있다. 사실 어린아이보다 나이 든 사람들에게 실질적으로 더 많은 공적 지원을 하고 있다. 그렇더라도 우리는 이것이 단순히 일해서 버는 돈을 미래의 자신들에게 소비하는 선택을 하는 개인의 문제라는 모델을 갖고 있다.

메디케어와 사회보장의 신화는 그것들이 저축 계획이라는 것이다. 물론 그것들은 현재 세대가 집단적으로 과거 세대를 돌보는 방식이다. 마찬가지로 육아 휴직이나 유치원 무상 교육(유치원 교육에 공적 기금을 사용하는 움직임-옮긴이)은 현재 세대가 미래 세대를 돌보는 방식이어야 한다.

우리는 어리든 나이가 많든 사랑하는 사람들의 돌봄을 본질적인 가치로 생각하기 시작해야 한다. 인정과 지원 모두를 당연히 받아야 하는 근본적인 선이다. 유급 육아휴직처럼 노인들을 돌보기 위한 유급 휴직을 주어야 한다. 그리고 일의 요구들이 때로 아이들의 요구에 양보해야 한다는 것을 공식적으로 인정해야 하는 것처럼, 때로 부모의 요구에 양보해야 한다는 것도 인정해야 한다.

| 일, 놀이, 예술, 과학 |

우리가 노화에 대해 생각하는 방식은 사랑의 패러독스를 반영한다. 학습의 패러독스는 다른 영역들에 적용된다. 놀이와 일, 전통과 혁신 간 긴장은 아이들에 대한 생각에 한정되지 않는다. 아이들에 대한 생각은 한 가지 방식으로 노화에 대한 우리의 생각을 보여줄 수 있다. 그러나 그것은 완전히 다른 방식으로 예술과 과학에 대한 생각을 보여줄 수 있다. 우리는 아동기의 진화적 목적이 다양성과 개혁이 번성할 수 있는 보호 기간을 제공하는 것이라고 보았다. 놀이는 그런 전략의 가장 놀라운 표현이다. 놀이는 분명한 목표나 목적, 결과가 없는 활동이다. 대신 움직이거나 행동하는 방식이든 생각하거나 상상하는 방식이든, 대안들을 탐색한다. 놀이는 개발 전략이기보다 탐색 전략의 정수다. 놀이가 아동기의 특징인 것은 우연이 아니다.

인간은 예외적으로 긴 아동기를 가질 뿐 아니라 어른일 때도 많은 어린아이 같은 신체적·심리적 특징들을 유지한다. 생물학자들은 그것을 유형성숙(어린 모습의 상태에서 성장이 멈추고 생식기만 성숙하여 번식-옮긴이)이라고 한다. 어른일 때도 인간은 아이의 특징인 개방적인 호기심, 탐색, 놀이에 대한 잠재력이 있다.

무엇보다 우리는 놀이를 형식화한 광범위한 어른의 제도들—스포츠, 예술, 드라마, 과학—을 가지고 있다. 이 제도들은 움직임에 대한 광범위한 탐색 및 신체적 세계와 심리적 세계를 반영한다. 이것은 아이들의 놀이에서 볼 수 있는 것들이다. 그러나 그런 제도들은 그것들을 성인기의 집중, 추동, 목적과 결합한다.

일은 산업사회와 후기 산업사회의 핵심이지만 그것은 돌봄과 놀이 모두와 긴장 상태다. 노인을 돌보는 것이든 아이를 돌보는 것이든, 일은 돌봄을 위한 자원을 이용할 수 있게 만든다. 놀이를 위한 자원들을 이용할 수 있게 만든다. 돌봄에서와 똑같은 긴장이 놀이를 다루는 방식에도 영향을 미친다.

때로 우리는 어른의 놀이—스포츠, 예술, 과학—를 단순히 개인적 만족, 일의 진행과 함께 오는 또 다른 소비재 혹은 부유한 후원자의 만족으로 여긴다. 다른 시기에 우리는 그것을 위장된 형태의 일로 여기며, 그것은 결국 실질적인 목표—신체적 건강이나 도덕적 향상, 개선된 기계들이나 더 나은 의료적 처치들—로 이끌 때만 가치가 있다. 모든 위대한 과학적 목적은 최종 결과와 관련해 정당화되는 부분이 있어야 한다.

장기적으로 놀이가 아이와 어른들을 실질적인 이득으로 이끈다는 것은 역설이다. 과학적 탐색의 경우 그것은 분명한 진실이다. 그러나 아이든 어른이든 놀이하는 사람들은 그런 실질적인 이득을 목표로 하지 않기 때문에 이득을 얻는다. 탐색/개발 거래의 근본적인 패러독스는 장기적으로 다양한 목표에 도달하기 위해 단기적으로 다양한 목표 탐색으로부터 적극적으로 벗어나야 한다.

아이들에게 놀이할 자원과 공간을 주어야 하고, 놀이에 즉각적인 보상이 있다는 주장을 하지 않고 그렇게 해야 하는 것처럼, 과학자와 예술가들을 위해 그리고 인간의 가능성들을 탐색하는 다른 모든 사람들을 위해 같은 것을 해야 한다.

우리는 후기 산업사회와 산업화 이전 사회들 모두에서 이런 놀이하는 태도의 가치를 볼 수 있다. 구글이나 픽사 같은 성공적인 하이테크 회사들, 혁신과 창의성을 요구하는 회사들은 의도적으로 놀이할 시간과 공간을 따로 떼어놓는다. 수년 동안 구글은 직원들이 단순히 재미있다고 생각하는 아이디어들을 탐색할 시간을 매주 배정하는 정책을 실시하고 있다. 픽사 건물에는 비밀 통로와 장난감 집들이 있다.

내가 본 것 중에서 어른과 아이들을 위한 놀이의 가치를 보여주는 가장 놀라운 예는 위대한 1920년대의 무성영화 〈북극의 나누크〉다. 영화는 이누이트 사냥꾼 나누크와 그의 가족의 삶을 추적하는데, 그들은 지구상에서 가장 혹독한 기후에서 생존을 위해 투쟁

한다. 자신들의 사냥과 수집 기술만으로 살아간다.

영화의 한 장면에서 나누크는 사랑하는 걸음마기 아들을 위해 작은 장난감 썰매를 만든다. 아버지와 아이는 눈 속에서 신나게 뛰어노는데, 나와 같은 캐나다인 부모에게 친숙한 모습이다. 특별할 것 없어 보이지만 잠시 생각해보라. 가까스로 연명하는 가족이 썰매를 만들고 놀이하는 데 얼마나 많은 시간과 재료를 써야 하는지 말이다. 그럼에도 불구하고 나누크는 미래의 삶을 위해 눈과 얼음에 대한 즐거운 탐색보다 더 나은 투자는 없다는 것을 알고 있었다. 지구상의 가장 부유한 나라인 미국에서도 우리는 아직 그 교훈을 배우지 못했다.

| 결 론 |

그러면 왜 부모가 되는가? 아이들을 돌보는 것을 가치 있게 만드는 것은 무엇인가? 미래에 어떤 특별한 결과로 이끌기 때문에, 즉 그것이 특별한 가치 있는 어른을 만들어내기 때문에 부모 되기가 가치 있는 것은 아니다. 대신 부모 되기는 새로운 종류의 인간을 세상에 오게 할 수 있다. 각각의 새로운 아이는 전례가 없고 독특하다. 유전자와 경험, 문화와 행운의 새롭고 복잡한 조합의 결과다. 돌봄을 받는다면 각 아이는 새롭고 전례 없는 독특한 인간의 삶을 만들어내는 어른이 될 수 있다. 그 삶은 행복하거나 슬프고, 성공적이거나 실망스럽고, 자부심이나 후회로 가득 찰 수 있다. 만일 가장 가치 있는 인간의 삶과 유사하다면 그것은 이 모든 것일 것이다. 우리가 돌본 아이에게 느끼는 매우 특별하고 무조건적인 헌신은 그 독특함을 존중하고 지원하는 방식이다.

좋은 부모는 아이를 비록 형편없는 선택일지라도 자신만의 선택을 할 수 있는 어른으로 만드는 것이다. 이것은 부모 되기의 비애일 뿐만 아니라 도덕적 깊이이기도 하다. 안전하고 안정적인 아동기는 아이들이 탐색하고, 완전히 새로운 삶과 존재의 방식을 시도하고, 위험을 감수할 수 있게 한다. 위험들은 나쁘게 되기 전에는 위험이 아니다. 만일 아이들이 어른으로서 실패할 기회가 없다면 우리는 부모로서 성공하지 못한 것이다. 그러나 좋은 부모 되기는 우리가 결코 예측하거나 상상하지 못했던 방식으로 아이들이 성공할 수 있게 허용한다는 것 또한 진실이다.

내가 시작했던 질문들—나는 내 아이들을 키울 때 옳은 일을 했는가? 나는 그들이 어떤 모습이 될지에 영향을 미쳤는가?—을 돌아보면, 분별없는 질문들이었음을 그 어느 때보다 확신한다.

내 아이들 중 누구도 내 삶을 복제하지 않았다. 대신 그들은 독특하게 가치 있는 삶을 만들어냈다. 나의 가치와 전통, 그들을 가르치거나 돌본 사람들의 가치와 전통, 자기 세대의 발명품, 자신의 발명품들이 뒤섞인 삶이다. 나는 때로 이해하지 못하거나 간담이 서늘해진다.(셉텀피어싱이나 갱스터랩?) 그러나 더 자주 놀라거나 아주 기뻐한다.(장인의 요리, 친환경 목공품!) 난 더 바랄 것이 없다.

부모와 아이들, 과거와 미래 사이 시간을 통과하는 춤은 인간 본성의 깊은 부분이다. 아마도 가장 깊은 부분일 것이다. 그것에는 비극적인 측면이 있다. 인간은 긴 역사적인 관점에서 자신을 보는 능력을 가지고 있다. 지금은 이것을 더 과학적인 방식으로 한다. 그러나 우리는 항상 우리의 조상과 선조, 그리고 이전에 살았던 사람들의 유령과 영혼들을 알고 있었다.

오르페우스와 에우리디케의 신화는 과거와의 관계에 대한 가장 생생하고 강렬한 이미지들 중 하나다. 우리는 시간적으로 앞으로 나아가면서 떠나버린 사랑의 유령을 뒤에 남겨둔다. 뒤돌아보고 계속 지키려는 모든 노력들(기억, 이야기, 사진, 비디오 등)은 훨씬 더 멀리 붙잡을 수 없는 과거로 그것들을 보낸다. 조부모와 부모의 그림자처럼 무기력하게 젊은 우리 자신, 그리고 우리 아이들의 아름답고 사랑스런 얼굴도 과거의 긴 비탈 아래로 사라지는 것을 본다.

그러나 부모 되기는 오르페우스 효과를 반대로 경험할 수 있다. 부모 또는 조부모인 우리들은 사랑하는 아이들이 우리가 결코 도달할 수 없는 미래로 돌이킬 수 없이 미끄러지듯 가는 것을 보아야 한다. 나는 어기의 40대 이후 삶을 보지 못할 것이며, 그 삶이 어떨지 추측할 수도 없을 것이다. 그러나 여기에는 또 다른 면이 있다. 나는 없을 테지만 그는 있을 것이고, 나의 일부도 있을 것이다. 결국 부모와 아이들에 대한 인간적인 이야기는 확실히 슬프기보다 희망적이다. 부모는 우리에게 과거를 주고, 우리는 아이들에게 미래를 넘겨준다.